KÜBLBECK / MÜLLER

DIE WESENSZÜGE DER QUANTENPHYSIK

PRAXIS-Schriftenreihe · Abteilung Physik · Band 60
Herausgeber: StD Max-Ulrich Farber

Die Wesenszüge der Quantenphysik

Modelle, Bilder, Experimente

Von
Dr. JOSEF KÜBLBECK
Ingersheim
und
Dr. RAINER MÜLLER
Braunschweig

AULIS VERLAG DEUBNER
Köln

Bibliografische Information Der Deutschen Bibliothek

Die Deutsche Bibliothek verzeichnet diese Publikation in der Deutschen Nationalbibliografie; detaillierte bibliografische Daten sind im Internet über <http://dnb.ddb.de> abrufbar.

Josef Küblbeck hat in Würzburg und Stony Brook Physik studiert und in theoretischer Elementarteilchenphysik promoviert. Er unterrichtet Physik und Mathematik in Ludwigsburg. Seit 1998 hat er eine Abordnung als Fachleiter für Physik am Seminar Stuttgart und ist mit verantwortlich für die Lehrerfortbildung in Baden-Württemberg.

Rainer Müller hat in Gießen und Konstanz Physik studiert und in Theoretischer Physik promoviert. In seiner Habilitation an der LMU München untersuchte er das Thema „Quantenphysik in der Schule". Seit 2002 ist er Professor für Physikdidaktik an der TU Braunschweig.

Best.-Nr. 1059
Alle Rechte bei AULIS VERLAG DEUBNER, Köln, 2002
Druck und Verarbeitung: Siebengebirgs-Druck, Bad Honnef
ISSN 0938-5517
ISBN 3-7614-2464-7

Inhalt

1. ZUR BILDUNG VON THEORIEN IN DER PHYSIK 10

1.1 Theorien bzw. Modelle und ihre Charakteristika 10

1.2 Theoriebildung als die zentrale Arbeitsweise der Physik 21

2. VIER WESENSZÜGE DER QUANTENPHYSIK ANHAND EINFACHER EXPERIMENTE 25

2.1 Statistisches Verhalten 27

2.2 Fähigkeit zur Interferenz 29

2.3 Eindeutige Messergebnisse 36

2.4 Komplementarität 41

2.5 Zusammenstellung der Wesenszüge 49

3. QUANTITATIVE BESCHREIBUNG DER VIER WESENSZÜGE 50

3.1 Beschreibung mit dem Zeigerformalismus 50

3.2 Beschreibung mit ψ-Funktionen 61

4. VERSCHRÄNKTE QUANTENOBJEKTE 72

4.1 Die Bellsche Ungleichung oder: Warum die Quantentheorie nichtlokal sein muss 72

4.2 Dekohärenz, ein Schritt zur Lösung von Schrödingers Katzenparadoxon oder: Warum gibt es im
Alltag keine Überlagerungszustände? 81

5. EXPERIMENTE MIT DEM INTERFEROMETER 88

5.1 Interferenz beim Mach-Zehnder-Interferometer 88

5.2 Komplementarität beim Interferometer 90

5.3 Der „Quantenradierer" 92

6. ANDERE INTERPRETATIONEN DES FORMALISMUS 96

6.1 Welches sind die Interpretationsprobleme? 96

6.2 Probleme mit Unbestimmtheit und statistischem Verhalten 98

6.3 Das Messproblem und Versuche zu seiner Lösung 106

6.4 Übersicht über die Interpretationsproblematik 108

6.5 Unmöglichkeiten 108

7. QUANTENEXPERIMENTE 109

7.1 Interferenzversuche mit Quantenobjekten 109

7.2 „Welcher-Weg"-Information und Komplementarität 114

7.3 Interferenzexperimente mit Photonen 117

7.4 Zustände mit unbestimmter Energie, Quantensprünge 124

7.5 Schrödingers Katze und Dekohärenz im Experiment 129

7.6 Experimente zur Bellschen Ungleichung 133

8. QUANTENPHYSIK IN DER SCHULE 136

8.1 Theorie- und Modellbildung für den Physikunterricht insgesamt 137

8.2 Bemerkungen zum Quantenphysik-Unterricht 143

8.3 Gegenständliche Veranschaulichungen 151

8.4 Beispiele für Arbeitsaufträge 157

ANHANG 171

Vorwort

Dieses Buch ist unsere Essenz aus einer intensiven Beschäftigung mit der Didaktik der Quantenphysik, vereint mit den Erfahrungen aus einigen Dutzend Lehrer-Fortbildungen in ganz Deutschland. Es wendet sich jedoch nicht nur an Lehrerinnen und Lehrer, sondern an all jene, die von den Ideen der Quantenphysik fasziniert, aber von der Unanschaulichkeit der Quantenwelt und der Schwierigkeit des Formalismus abgeschreckt sind.

Insbesondere wendet sich dieses Buch an jene,

- denen eine Quantenphysik in Form von Negativbildern („nicht Welle, nicht Teilchen") nicht ausreicht,
- für die die Quantenphysik mehr als die Summe von Wissensbruchstücken aus mehr oder weniger populärwissenschaftlichen Zeitschriften sein soll,
- die den abstrakten Formalismus der Quantenphysik an der Hochschule anzuwenden gelernt haben, aber dabei wenig vom Wesen der Quantenphysik erfahren haben.

Wir versuchen in diesem Buch viele nicht mehr aktuelle historische Schwierigkeiten zu umgehen. Statt dessen präparieren wir anhand einer Fülle von Experimenten die zentralen Wesenszüge der Quantenphysik heraus.

Die quantenphysikalischen Phänomene sind nicht mit unserer Alltagserfahrung vereinbar, die Wesenszüge dahinter sind deshalb unanschaulich. Dies verbietet jedoch nicht, die experimentellen Ergebnisse auf der einen Seite und den Formalismus auf der anderen Seite in vielen Abbildungen zu veranschaulichen. In diesem Sinne ist dieses Buch fast ein Bilderbuch, ohne fachwissenschaftlich falsch zu sein.

Das Konzept des Buchs basiert zu großen Teilen auf einer Handreichung [Küb97] zu Quantenphysik-Fortbildungen in Baden-Württemberg sowie auf dem Münchener Unterrichtskonzept zur Quantenphysik [MüW00, Mül03] und der Internet-Lehrerfortbildung *milq* [Milq]. Wir möchten darüber hinaus die drei folgenden Darstellungen hervorheben, die uns bei der Arbeit an diesem Buch beeinflusst haben:

- Die Schriften von R. P. Feynman, von den berühmten „*Feynman Lectures*" [Fey64] bis zu seinem Buch „*QED*" [Fey88],
- das Buch „*Quantenmechanik für Schüler und Studenten*" [BrF77] und die zugehörigen Filme von A. Brachner und R. Fichtner, die bereits in den siebziger Jahren Wesentliches aus der Quantenphysik heraus destilliert haben, und
- das Werk „*The Quantum Challenge*" [GrZ97] von Greenstein und Zajonc, das den aktuellen Stand der Interpretationsproblematik mit einer einfachen Darstellung der modernen Quantenexperimente verbindet.

Wir danken all jenen, die uns über die Jahre mit Anregungen, Rat und Tat zur Seite gestanden sind. Besonders wertvoll waren für uns die ungezählten Diskussionen mit M. Otter, F. Kranzinger, F. Bader, D. Hoche und H. Wiesner in den Irrgärten der Quantenphysik. Unser Dank gilt auch P. Schmälzle, W. Frey und vor allem R. P. Schloot für sorgfältiges Korrekturlesen. Wir danken auch den vielen Kollegen, die uns auf Fortbildungen durch Anregungen und Kritik unterstützt haben.

Wir wünschen uns, dass möglichst viele Leserinnen und Leser mit diesem Buch einen strukturierten Einblick in die Geheimnisse der Quantenphysik erhalten und unsere Begeisterung für diese seltsame Welt teilen werden.

J. Küblbeck, Ingersheim, und R. Müller, Braunschweig, im September 2002

Vorwort des Herausgebers

Vor gerade drei Jahren ist als Band 56 der Praxis Schriftenreihe Physik der Band „Zugänge zur Quantentheorie" von *Wolfgang Salm* erschienen. Und nun erscheint in der gleichen Reihe schon wieder ein Band zur Quantenphysik. Ist dies gerechtfertigt?

Die Quantentheorie ist vielleicht die erfolgreichste physikalische Theorie überhaupt. In den beinahe 80 Jahren seit ihrer Entstehung konnte trotz vieler Bemühungen kein einziger Widerspruch zu einem Experiment gefunden werden. Längst gilt sie deshalb unangefochten als einer der Grundbausteine der Physik. In der Schule kommt dies allerdings immer noch kaum zur Geltung. Ein Grund dafür ist sicher, dass die Quantentheorie auf ungewohnten mathematischen Formalismen aufbaut und dass ihre Ergebnisse keine Entsprechungen in der makroskopischen Physik haben, aus der sich unsere anschaulichen Vorstellungen ableiten.

Der Band 56 von Wolfgang Salm beschreibt zwei mehrfach erprobte Zugänge zu den grundlegenden Formalismen der Quantentheorie, den Zugang zur Matrizenmechanik über einfache Polarisationsexperimente und den Feynmanschen Ansatz mit Pfadintegralen. Im Band 59 von Josef Küblbeck und Rainer Müller geht es darum, wie die zentralen Wesenszüge der Quantenphysik auch ohne Formalismus aus den Experimenten abgelesen werden können, welche Konsequenzen sich daraus für unser physikalisches Denken ergeben, und wie eine quantitative Beschreibung mit bildhaften mathematischen Hilfsmitteln gelingt.

Vielleicht ist ein stark vereinfachender Vergleich erlaubt. Ein Auto kann man von zwei Seiten her erkunden: Wie funktionieren der Motor, das Getriebe, die Bremsen usw. Oder aber: Wie fährt man mit dem Auto, was für Möglichkeiten erschließt es uns, wie erweitert es unsere Kenntnisse über unsere Umgebung. Beide Sichtweisen schließen sich nicht aus, sie ergänzen sich. Genau so ist es auch mit den beiden Bänden Nr. 56 von *Wolfgang Salm* und Nr. 59 von *Josef Küblbeck* und *Rainer Müller*.

Max-Ulrich Farber

Einleitung

Von allen intellektuellen Konstrukten der Menschen
könnte die Quantenphysik die erfolgreichste Theorie
sein: Alle Anstrengungen, Widersprüche zum
Experiment zu finden, sind bislang gescheitert. Seit ihrer
Entwicklung in den zwanziger Jahren des vergangenen
Jahrhunderts erwies sich die Quantenphysik als außerordentlich erfolgreich bei der Beschreibung von Phänomenen,
denen mit der klassischen Physik nicht beizukommen war. Sie
nimmt in der physikalischen Forschung an den Hochschulen eine
hervorragende Stellung ein, z.B. in der Festkörperphysik, der
Elementarteilchenphysik oder in der Laserphysik.

Ein große Anzahl an Erklärungen und technischen Geräten basiert auf der Beschreibung und
Vorhersage der Quantentheorie:

* Erklärung der Spektren von Atomen und Molekülen
  (Farben, Laser, Sternspektren, Fraunhoferlinien)
* Erklärung des Tunneleffekts
  (Kernzerfall, Kernspaltung, Kernfusion)
* Erklärung des Verhaltens von Festkörpern insbesondere von Halbleitern
  (spezifische Wärmekapazität, magnetische Eigenschaften, Leitfähigkeit,
  insbesondere für integrierte Schaltungen in Computern, Handys, HiFi, Video usw.)
* Erklärungen in der Molekularbiologie
* Erklärungen in der Astronomie
  (Neutronensterne, Neutrinoströme, Urknall)
* Zukünftige Anwendungen
  (Quantencomputer, Quantenkryptografie).

Aufgrund fortgeschrittener Experimentiertechnik konnten in den letzten Jahren einige
Experimente durchgeführt werden, die lange für unmöglich gehalten worden waren. Damit
konnten einige wesentliche Interpretationsfragen geklärt werden und die Interpretations-
diskussion, die seit den Sechziger Jahren zugunsten von Lehre und Anwendung des mathematischen Modells in den Hintergrund getreten war, erlebt einen starken Aufschwung.

Die neuen Erkenntnisse von Quantenphysik und Relativitätstheorie haben zu Beginn dieses
Jahrhunderts nicht nur in der Physik selbst zu Umwälzungen geführt, sondern auch unser
Weltbild relativiert. Diese Veränderungen hatten bisher aber kaum Auswirkungen auf das
Bewusstsein unserer Gesellschaft. Dies liegt nicht zuletzt daran, dass wir heute immer noch
an unseren Schulen zu über 90 Prozent die Physik lehren, wie sie schon vor einem
Jahrhundert bekannt war und unterrichtet wurde.

Ein Konzept, das in der Schule zielstrebig zu einem brauchbaren quantitativen Modell führt,
ist die Methode über das Doppelspaltexperiment, wie sie Feynman entwickelt und Brachner
und Fichtner aufgegriffen haben. Letztere setzen allerdings zur quantitativen Beschreibung
dem Umgang mit den komplexen Zahlen voraus. Sowohl die Wellenmechanik mit komplexen
Zahlen, als auch der Hilbertraum-Formalismus sind sicherlich geeignete Formalismen, um in
den vielfältigen Bereichen der Quantenphysik Vorhersagen zu machen. Zur Beschreibung der
Wesenszüge stehen jedoch zwei wesentlich einfachere Werkzeuge zur Verfügung, die
Zeigermethode nach Feynman und die Veranschaulichung mit Hilfe von Wellenpaketen.

Eine wichtige Voraussetzung für eine befriedigende Beschäftigung mit der Quantenphysik ist, sich den modellierenden Charakter der Quantentheorie vor Augen zu halten. Wir wollen uns deshalb im **ersten Kapitel** allgemein mit der Bildung von Theorien und Modellen in der Physik auseinandersetzen. Einiges davon wird der Leserin und dem Leser vertraut sein, wenn nicht explizit, so doch unbewusst und aus eigener Erfahrung. Manche Aussagen sind wahrscheinlich überraschend, vielleicht rufen sie sogar Widerspruch hervor.

Die auf der Alltagserfahrung basierenden Vorstellungen und Konzepte, auf die wir uns täglich verlassen, sind in der Welt der Quantenphänomene unbrauchbar. Jedes Bild, jede Vorstellung, die man sich von den Quantenobjekten selbst macht, führt zu Widersprüchen. Dennoch sind überraschend allgemeingültige Aussagen – nicht bildhaft, sondern abstrakt – möglich. Im **zweiten Kapitel** werden vier zentrale Wesenszüge für einzelne Quantenobjekte anhand von übersichtlichen Interferenzexperimenten herausgeschält. Jeder Wesenszug wird anhand von zusätzlichen Experimenten weiter untermauert und anschließend ausführlich interpretiert.

Das **dritte Kapitel** zeigt, wie alle vier Wesenszüge sowohl durch die Zeigerregeln als auch durch Wellenpakete beschrieben werden können. Die Zeigermethode erlaubt quantitative Vorhersagen und ist mathematisch wenig anspruchsvoll, also schulgerecht. Allerdings erscheint sie uns nur für Interferenzexperimente wirklich praktikabel. Unsere Beschreibung mit den Wellenpaketen ist nicht streng quantitativ. Eine genaue Berechnung, wie sich die Wellenpakete entwickeln, vermeiden wir, da sie zu technisch ist. Vielmehr ist hier das Ziel, einen allgemeingültigeren Formalismus anschaulich darzustellen, wenn schon die Wesenszüge selbst nicht anschaulich gemacht werden können.

Der zentrale Wesenszug der Quantenphysik, der sich bei Experimenten mit mehreren Quantenobjekten zeigt, ist die Verschränktheit. In diesem Zusammenhang wollen wir uns im **vierten Kapitel** mit der Bellschen Ungleichung und mit Schrödingers Katze auseinander setzen. Diese Themen werden noch im Rahmen der Standardinterpretation bearbeitet.

Im **fünften Kapitel** werden Erkenntnisse aus den Kapiteln zwei bis vier auf Interferenzexperimente mit nichtlinearen Kristallen angewandt und ausgebaut. Wieder werden die vier Wesenszüge herausgearbeitet, die Beschreibung der verschränkten Quantenobjekte erfolgt mit Wellenpaketen.

Die Quantentheorie erlaubt Wahrscheinlichkeitsvorhersagen, die auf bis zu neun Stellen mit den experimentellen Ergebnissen übereinstimmen. Darüber hinaus bleibt die Theorie jedoch überraschend vage, um nicht zu sagen diskret: Sie erlaubt keine Aussagen, mit denen zwischen den Interpretationen entschieden werden könnte. Über einige dieser Interpretationen wollen wir im **sechsten Kapitel** einen Überblick geben. Insbesondere wollen wir auf eine nichtlokale Variante mit verborgenen Parametern eingehen.

Die in Kapitel 2 dargestellten Experimente sind aus Gründen der Verständlichkeit z.T. vereinfacht und damit nur Gedanken-Experimente. Deshalb stellt das **siebte Kapitel** ausführlich eine Auswahl an tatsächlich durchgeführten Quanten-Experimenten dar. Wir gehen dabei genauer auf Zweck und Aufbau der Experimente, sowie auf die erhaltenen Ergebnisse ein.

Im **achten Kapitel** möchten wir schließlich einige Erfahrungen weitergeben, die wir bei der Umsetzung der Konzepte in der Schule gewonnen haben.

Möge Ihnen, liebe Leserin, lieber Leser, dieses Werk die versprochenen Einsichten und Zusammenhänge vermitteln – und dabei die Freude, die man stets empfindet, wenn man beginnt, sich in einer neuen Welt zurecht zu finden.

1. Zur Bildung von Theorien in der Physik

*Eine Theorie hat man erst verstanden, wenn man das Problem
verstanden hat, zu dessen Lösung sie entworfen wurde, und versteht,
inwiefern sie das Problem besser löst als ihre Konkurrenten, d. h. den
Naturphänomenen adäquater ist, zu deren Verständnis sie ersonnen
wurde.*

(K. Popper sinngemäß zitiert in [Kuh95])

In keinem Gebiet der Physik sind die experimentellen Ergebnisse überraschender, ist die
Theorie unanschaulicher und sind die Deutungen vielfältiger als in der Quantenphysik. Um
dennoch fundiert über Vorstellungen und Interpretationen urteilen zu können, wirkt eine
Auseinandersetzung mit der Modell- bzw. Theoriebildung als zentraler Arbeitsweise der
Physik besonders klärend. Wir geben in diesem Kapitel anhand von Beispielen einen
Überblick, was für physikalische Theorien und Modelle charakteristisch ist und nach welchen
Gesichtspunkten sie konstruiert werden, um dann einige daraus resultierende Grenzen der
Physik aufzuzeigen.

Viele Schwierigkeiten besonders mit weniger anschaulichen Bereichen der Naturwissenschaften haben ihren Ursprung darin, dass Theorien mit den Phänomenen selbst identifiziert
werden. Dann entsteht Erklärungsbedarf, wo nichts erklärt werden kann. Stellvertretend seien
hier drei Fragen genannt:

1. *„Warum können einzelne Quantenobjekte Interferenzphänomene zeigen?"*
2. *„Warum teilen sich Wellenpakete am Strahlteiler?"*
3. *„Wenn es nicht kreist, was tut das Elektron dann im Atom?"*

Die Antworten geben wir in der Mitte dieses Kapitels.

Es kann hier nicht unsere Aufgabe sein, verschiedene erkenntnistheoretische Positionen ausführlich darzustellen. Unser Ziel ist, den „naiven Realismus" zu hinterfragen, um fundiertere
Urteile über Anschauung und Interpretation in der Quantenphysik zu ermöglichen.

1.1 Theorien bzw. Modelle und ihre Charakteristika

Die Begriffe „Theorie" und „Modell" werden in der Physik oft in sehr ähnlichen Kontexten
verwendet. Man versteht darunter meist ein geistiges Konstrukt, bestehend aus einer Menge
von Voraussetzungen („Hypothesen"), aus denen Folgerungen („Gesetze") abgeleitet werden.
Z. B. wird aus der Hypothese, in elektrischen Leitern existiere Ladung, also etwas Mengen-
artiges wie Wasser, die Knotenregel in der Elektrizitätslehre abgeleitet. Eine Theorie bzw. ein
Modell darf nicht zu inneren Widersprüchen führen. Das ist die Minimalanforderung der
Konsistenz.

Es gibt jedoch auch Unterschiede im Gebrauch der Begriffe: Wenn das geistige Konstrukt
besonders abstrakt ist oder auch einen besonders weiten Gültigkeitsbereich hat, wird es oft
„Theorie" genannt. Steht dagegen die Anschauung im Vordergrund, nennt man es meistens
„Modell". So sagt man zwar „Wassermodell" in der Elektrizitätslehre oder „Lichtstrahlenmodell" in der Optik, aber „Quantentheorie" oder „Relativitätstheorie".

In der Wissenschaftstheorie wird in der Regel der Begriff „Theorie" verwendet. Wir schließen
uns, insbesondere für dieses erste Kapitel, aber auch für die folgenden, diesem Gebrauch an.
Im achten Kapitel, in dem es zum Teil über die Bildung von Modellen in der Schule gehen
wird, verwenden wir den Begriff „Modell".

Im Gegensatz zum Begriff „Theorie" wird der Begriff „Modell" auch für „Modellobjekte"
verwendet. Dies sind Objekte, die Dinge oder Vorgänge abbilden. Sie können konkrete
Objekte (z. B. ein Modell des Ottomotors, ein Planetarium oder ein Spiel wie „Monopoly"),

virtuelle Objekte (Simulation einer physikalischen Situation, z. B. eines idealen Gases auf dem Computer) oder gedachte Objekte (Planetenmodell des Atoms, Lichtstrahlen, Feldlinien) sein [HeS95]. In diese Kategorie fallen auch die Modelle, die man mit sogenannten „Modellbildungssystemen" erzeugt.

In der Physik wird stets versucht, Theorien mit Modellobjekten zu versehen, um sie anschaulicher und damit intuitiv handhabbarer zu machen. Nehmen wir z. B. die zunächst rein formale Maxwelltheorie für das Licht. Hier hilft die Vorstellung von konkreten Wellen, Vorhersagen aufgrund von Analogieschlüssen zu machen. Aus einer formalen Theorie wird das anschauliche Wellenmodell des Lichts.

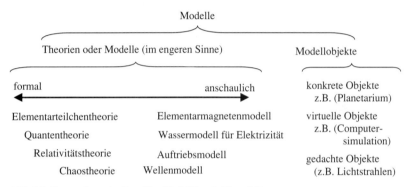

Abb. 1.1: Verwendung der Begriffe „Modell" und „Theorie"

1.1.1 Kann eine Theorie „richtig" oder „wahr" sein?

Gelegentlich hört man, eine gute Theorie müsse „richtig" oder „wahr" sein und die Gesetze könnten einfach durch Verallgemeinerung der Phänomene „induktiv" von der Natur abgelesen werden.

Tatsächlich sind jedoch weder die in der Physik verwendeten Bilder noch die Begriffe und Formeln die Wirklichkeit selbst; sondern man versucht damit die Phänomene zu beschreiben.[1] Sowohl die Veranschaulichung durch Modelle als auch die abstrakte „Formelierung" der Phänomene mit einer Theorie sind nur Modellierungen der Wirklichkeit, deren suggestiver Kraft man um so mehr erliegt, je öfter sie die Wirklichkeit richtig beschreiben.

So könnte z. B. jemand, der viele Phänomene erfolgreich mit dem Lichtstrahlenmodell beschrieben hat, zu der Überzeugung kommen, Licht bestehe tatsächlich aus Lichtstrahlen. Erst wenn diese Theorie z.b. bei Spaltexperimenten versagt, wird deutlich, dass die Lichtstrahlen nur im Kopf existieren.

Oder betrachten wir ein Beispiel aus der Mechanik, einen fallenden Stein. Das Fallgesetz von Galilei liefert präzise Vorhersagen für den freien Fall. Wenn wir davon abweichende experimentelle Ergebnisse erhalten würden, würden wir das sofort auf Messunsicherheiten schieben, denn wir sind überzeugt: Die Natur folgt gehorsam den für sie aufgestellten Gesetzen, den „Naturgesetzen".

Tatsächlich verhält es sich umgekehrt: Die Natur zeigt Phänomene. Die Physiker denken sich Theorien dazu aus. Aus diesen folgen Gesetzmäßigkeiten, mit deren Hilfe Phänomene erklärt

---

[1] Wigner ist noch konsequenter und sagt: „Die Physik beschreibt nicht die Natur. Die Physik beschreibt das Regelmäßige der Ereignisse und nichts anderes."

und Vorhersagen gemacht werden können (s. Abschnitt 1.1.2). Weichen die Vorhersagen von den Phänomenen zu stark ab, so verwirft man die Theorie.

Theorien kann man nicht einfach von den Phänomenen ablesen, ihnen liegen kühne Hypothesen zugrunde: Theorien muss man in einem schöpferischen Akt erfinden. Wir belegen dies an einem Beispiel:

Wer Abend für Abend den gestirnten Himmel beobachtet, dem werden vielleicht irgendwann die „Wandelsterne", also die Planeten, auffallen. Schon der Gedanke, dass diese Lichter eine Bahn beschreiben, ist nicht selbstverständlich. Dazu muss man erstens die Einsicht haben, dass nicht in jeder Nacht neue „Lichter" geboren werden, sondern die alten wiederkommen. Zweitens muss man erkennen, dass die Positionswechsel nicht die Folge von unstetigen Verrückungen sondern die Folge einer Bewegung sind.

Wenn man dann die *Idee* hat, deren Bewegung zu beschreiben, indem man einen kleinen Kreis in einem großen Kreis abrollen lässt, hat man die Epizykel-Bewegung der Planeten erfunden und kann damit zum ersten Mal quantitative Vorhersagen über ihre zukünftigen Positionen machen.

Um diese komplizierte Beschreibung der Bewegung zu vereinfachen, muss man erst einmal auf die völlig abwegige *Idee* kommen, dass der Boden, auf dem wir leben, gar nicht ruht. (Das entspricht bei der Sonnenuhr der Sichtweise: Der Schatten ruht, aber die Uhr bewegt sich darunter weg!) Erst dann kann man die Keplergesetze erfinden. Den neuen Gesetzen ging also ein Bruch mit der alten Anschauung, eine plötzliche Einsicht, eine kühne Hypothese voraus.

Wer nun denkt, mit dem neuen Weltbild und seinen Keplergesetzen wäre die richtige Theorie ja gefunden, der irrt. Newton hat wieder in einem genialen Akt eine neue Theorie entworfen, die nicht einfach Kepler (die Planetenbewegung) und Galilei (den fallenden Apfel) vereinheitlicht. Nein, Newton hat das Konzept des Anziehens *erfunden* und mathematisch ausformuliert. Kräfte kann man nicht sehen, man muss sie sich denken. Man kann Kräfte auch nicht direkt messen, man kann nur ihre Wirkungen, also z. B. die Dehnung einer Feder, messen. Aus den quantitativen Gesetzen, die aus Newtons neuem Konzept folgen, ergeben sich sogar Widersprüche zu Kepler und Galilei. Newton sagt eine Drehung der Himmelskörper um den gemeinsamen Schwerpunkt voraus. Nur im Grenzfall, wenn einer der Körper sehr viel mehr Masse als der andere hat, wird die Bewegung durch die Keplergesetze beschrieben. Und Galileis Fallgesetz gilt nur, wenn die Fallhöhe gegen den Abstand zum Erdmittelpunkt vernachlässigbar ist. Die von Newton vorhergesagten Abweichungen von den Keplergesetzen und vom Fallgesetz sind nachprüfbar und sie sind gleichzeitig die überzeugendsten Argumente für seine Theorie.

Wieder irrt, wer denkt, Newton hätte ja schließlich die richtige Theorie gefunden. Es war wieder eine geniale Idee, nämlich letzten Endes eine Symmetrieüberlegung, die Einstein zu den Gesetzen seiner Relativitätstheorie gelangen ließ. Und auch hier überzeugt die Theorie, weil sie im Gegensatz zur Newtonschen Theorie z. B. die Periheldrehung der Merkurbahn korrekt vorhersagt.

Wer würde nun sagen wollen, dass damit das letzte Wort gesprochen ist, wer behaupten, dass überhaupt die „richtige" Theorie je „gefunden" werde. Dem Irrglauben, dass „unsere" Theorie jetzt die endgültig richtige sei, sind schon viele Generationen aufgesessen. Wer kann ausschließen, dass schon morgen ein genialer Kopf eine Idee hat, neue Bereiche aufzeigt, in denen auch die Relativitätstheorie falsche Vorhersagen macht? Die Tatsache, dass jederzeit eine große Überraschung möglich ist, macht aus der Wissenschaft ein grandioses Abenteuer des Geistes. Die Kluft zwischen Theorie und Phänomenen wird man dabei jedoch nie überwinden (s. Abb. 1.2).

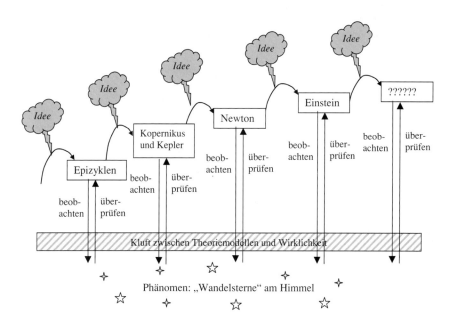

Abb. 1.2: Erkenntnissprünge bei den Theorien zur Planetenbewegung

Die Tatsache, dass die Newtonsche Theorie durch die Relativitätstheorie abgelöst wurde, ändert nichts an der Genialität der Idee, die der Newtonschen Theorie zugrunde liegt und auch nichts an ihrer Tauglichkeit für Erklärungen und Vorhersagen bei Vorgängen mit nicht zu großen Geschwindigkeiten oder Beschleunigungen. Es muss schon verwundern, dass es überhaupt möglich ist, die mechanischen Vorgänge mit so wenigen Gesetzen so gut zu beschreiben. Auch dass die Beschreibung mit den reellen Zahlen gelingt, ist nicht selbstverständlich. Dies wird einem erst bewusst, wenn man sieht, dass die Beschreibung von Quantenphänomenen mit reellen Zahlen scheitert.

Nehmen wir noch ein Beispiel aus einem Physikbereich, der nur auf den ersten Blick anschaulich ist; betrachten wir einen Festkörper. Wie erklärt man sein Verhalten z. B. bei Temperaturänderung? Man argumentiert im Teilchenmodell und behauptet, der Festkörper bestehe aus Atomen. E. Mach entgegnete einst sinngemäß: *„Atome? Haben Sie schon welche gesehen?"*

In Bereichen, die der direkten Erfahrung nicht zugänglich sind, kann der Physiker nur Hinweise sammeln. Er arbeitet wie ein Detektiv, der einen Mord nicht gesehen hat, aber versucht, ihn zu rekonstruieren. Er wird aber nie eine absolut sichere Theorie angeben können. Selbst wenn er die Tatwaffe mit den Fingerabdrücken eines Verdächtigen findet, kann er sich nicht sicher sein. Beobachtungen und Alibis können Lügen oder die Folge von Selbsttäuschungen sein. Auch in der Physik gibt es hervorragende Kriminalisten. So viele Experimente sprechen dafür, sich einen Festkörpern aus Atomen aufgebaut zu denken (Tunnelmikroskopie, Verdampfen, Braggreflexion), dass es abwegig erscheint, eine andere Erklärung für diese Effekte zu suchen. Es waren aber stets die „Abwege", die zu besseren Theorien geführt haben. Vielleicht wird es eine solche auch einmal für die Festkörper geben, denn eine neue, bessere Theorie mit anderen Erklärungen ist immer denkbar.

Feynman formulierte dies so:

„Der Wissenschaftler hat viel Erfahrung mit Unwissenheit, Zweifel und Unsicherheit.... Wenn ein Forscher die Antwort auf ein Problem nicht weiß, ist er unwissend. Wenn er eine Ahnung davon hat, wie das Ergebnis aussehen könnte, ist er unsicher. Und wenn er verdammt sicher über das Ergebnis ist, schwebt er immer noch in Zweifeln. ... die Erlaubnis zu zweifeln [ist] von höchster Wichtigkeit für jeden Fortschritt. ... Wir Wissenschaftler sind daran gewöhnt ..., dass es durchaus tragbar ist, unsicher zu sein –, d.h., dass es möglich ist, zu leben ohne sicheres Wissen. Aber ich weiß nicht, ob sich jedermann die Richtigkeit dieser Aussage vergegenwärtigt.“
(R. P. Feynman in [Fey58])

Wenn also jede Theorie unsicher und vorläufig ist, ist auch jede ihrer Folgerungen streng genommen keine endgültige Aussage über die Wirklichkeit, sondern nur vorläufig.

Obwohl den Physikern die Kluft zwischen der Theorie und den Phänomenen im Allgemeinen bewusst ist, vermischen sie die beiden Bereiche oft aus Bequemlichkeit. Aussagen über Eigenschaften der Theorie werden häufig als Aussagen über die Wirklichkeit dargestellt. Wir geben ein Beispiel, bei dem dies besonders deutlich wird:

„Feldlinien stoßen sich ab.“ Die Feldlinien existieren nur in der Vorstellung der Physiker, sie können sich deshalb auch nicht abstoßen. Um dies zu verdeutlichen, geben wir ein Analogie-Beispiel: Anstelle von „Der Ball rollt auf der Straße.“ sagt ein Sprachwissenschaftler „Das Subjekt rollt auf der Straße.“ Ein Subjekt ist ein grammatikalischer Teil eines Satzes und kann als solcher nicht auf der Straße rollen.

Eine zugegeben kompliziertere, aber dafür weniger missverständliche Aussage für die Feldlinien-Regel wäre: „Wenn man Feldlinien so zeichnet, als würden sie sich abstoßen, beschreiben sie das physikalische Feld besonders gut.“

Schwieriger wird es, wenn nicht klar ist, ob Teile der Theorie nur Modellobjekte sind oder direkt als Teile der Wirklichkeit interpretiert werden können. Wie wirklich sind z. B. in einer bestimmten Situation die einzelnen Kräfte, wenn nur die Wirkung der Summenkraft direkt erfahrbar ist? Auf jeden Fall ist man auf der sicheren Seite, wenn man Theorie und Wirklichkeit deutlich voneinander trennt.

Dadurch werden auch Fragen überflüssig, wie z. B. „Warum muss man zwei Kräfte nach den Gesetzen der Vektoraddition addieren, um die Ersatzkraft zu bekommen?“ Überlegen wir uns zunächst eine sinnvolle Alternative zu diesem Formalismus: Man könnte z. B. als Richtung der Ersatzkraft die Winkelhalbierende zwischen den Kräften nehmen und deren Beträge addieren (s. Abb. 1.3). Der Grund, warum man nach der ersten Methode vorgeht, ist, dass nur damit die Natur richtig beschrieben wird. (Natürlich kann man auch formale Gründe anführen, warum die Vektoraddition die richtige Methode ist, z. B. dass die Gesetze auch „komponentenweise“ für die einzelnen Raumrichtungen gelten müssen. Doch alle diese formalen Gründe spiegeln das Verhalten der Natur wieder. Würde sich die Natur anders verhalten, wären alle diese formalen Gründe nichtig.)

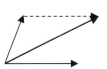 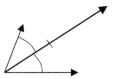

Abb. 1.3: Nur wenn die Kräfte nach den Gesetzen der Vektoraddition ersetzt werden, gelingt die Beschreibung der Natur.

Je abstrakter und unanschaulicher eine Theorie, um so klärender ist eine solche Trennung. So besteht z. B. in der Quantenphysik ständig die Versuchung, die Wellenpakete (mathematische Beschreibung) als die Quantenobjekte (Wirklichkeit) selbst anzusehen. Dementsprechend hat sich hier eine Sprechweise eingebürgert, gemäß der „sich Wellenpakete ausbreiten" oder „teilen". Auch wir folgen dieser Sprechweise, um die Formulierungen nicht zu sehr aufzublähen. Wir werden aber an gegebener Stelle noch einmal auf die Kluft zwischen Formalismus und Realität hinweisen (s. Abschnitt 3.2 und Kapitel 5).

Wir fassen zusammen:

> Theorien werden erfunden, um die Wirklichkeit zu beschreiben.
>
> Aussagen der Theorie sind keine endgültigen Aussagen über die Wirklichkeit, sondern immer vorläufig.
>
> Aussagen über Elemente der Theorie sind nicht unbedingt Aussagen über die Wirklichkeit.

1.1.2 Erklären und Vorhersagen

Wenn es also nicht möglich ist, die „richtige" Theorie zu finden, brauchen wir Kriterien, um zu entscheiden, welche von zwei Theorien die bessere ist. Dazu betrachten wir zunächst, was die Aufgabe der Wissenschaft und ihrer Theorien ist. Nach K. Popper ist die Aufgabe *„teils theoretisch – Erklärung – und teils praktisch – Voraussage und technische Anwendung"* [Pop72].

Beginnen wir mit dem Begriff *Erklären*. Damit eine Erklärung akzeptiert wird, muss sie zwei „Zutaten" enthalten:

• Ein anerkanntes Naturgesetz G, das bestimmte Ursachen mit bestimmten Wirkungen kausal verbindet, und

• eine spezifische Anfangsbedingung A, aus der das zu Erklärende E mit Hilfe des Gesetzes logisch gefolgert wird.

Wir betrachten ein Beispiel: „Erkläre mir, warum man hier einen Regenbogen sieht." Für den Regenbogen wäre G das Brechungsgesetz und A die kugelförmigen Regentropfen zusammen mit dem einfallenden Sonnenlicht. Wer eine Erklärung sucht, der sucht also zu einem zu Erklärenden E sowohl ein unabhängig überprüfbares Gesetz G als auch die unabhängig überprüfbaren *Anfangsbedingungen A* (s. Abb. 1.4 links und mitte).

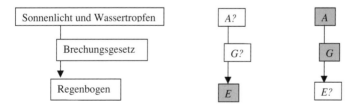

Abb. 1.4: Ein logischer Schluss (links), Erklären (mitte) und Vorhersagen (rechts)

Wird umgekehrt aus einer bestimmten Anfangsbedingung A mit Hilfe eines Gesetzes G auf einen Endzustand E geschlossen, so nennt man dies eine theoretische Vorhersage (s. Abb. 1.4 rechts). Erklären und Vorhersagen sind also deduktive Vorgänge, wobei einmal das Ergebnis vorausgesetzt und einmal das Ergebnis gesucht wird.

Wenn das Ergebnis E einer Vorhersage nicht mit dem Phänomen Ph, also dem experimentellen Ergebnis übereinstimmt, so gibt es zwei Möglichkeiten. Die eine ist: Die Anfangssituation könnte falsch analysiert worden sein. Wenn dies jedoch ausgeschlossen werden kann, so ist es zwingend die andere Möglichkeit: Das Gesetz muss falsch sein.

Dagegen ist der umgekehrte Schluss nicht korrekt: Eine Vorhersage E kann mit dem experimentellen Ergebnis übereinstimmen und dennoch kann z. B. das für die Vorhersage benutzte Gesetz falsch sein (s. Abb. 1.5).

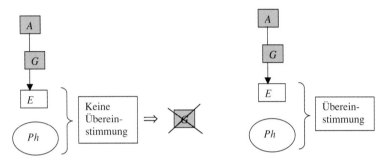

Abb. 1.5: Links: Falsifikation einer Theorie. Die Übereinstimmung rechts ist kein Beweis für G!

Ein Gesetz und damit eine Theorie kann also nur falsifiziert werden. Ein Beweis einer Theorie ist nicht möglich. Selbst von einer Bewährung einer neuen Theorie wird man nur sprechen, wenn deren Vorhersage aus der Sicht der alten Theorien überraschend ist und vielleicht sogar dazu diente, die alte Theorie zu falsifizieren. Ein Beispiel: Newtons Theorie sagt eine Abweichung von Galileis Fallgesetzen voraus, wenn die Fallhöhe nicht vernachlässigbar gegen den Erdradius ist. Wird diese Abweichung (zum ersten Mal) gemessen, nennt man dies zwar häufig eine „Bestätigung" von Newtons Theorie, man meint damit aber keineswegs einen Beweis für ihre Richtigkeit.

Gesetze können oftmals innerhalb von Theorien deduziert werden. Z. B. das Gesetz „Alle Körper auf der Erde werden von der Erde angezogen" kann aus dem Gesetz „Alle Körper ziehen sich gegenseitig an" abgeleitet werden. Für so fundamentale Gesetze wie das letztere gibt es allerdings keine Erklärung mehr. (Ausnahme: Es wird selbst aus einer noch umfassenderen Theorie abgeleitet. Doch dann enthält diese umfassendere Theorie einen solchen nicht erklärbaren Zusammenhang.) Da Erklären eine Form der Deduktion ist, hätten Newton oder Einstein die Gesetze ihrer Theorien sonst einfach deduzieren können.

Die Physik kann also die unbelebte Welt erklären, indem sie Zusammenhänge auf allgemeinere Zusammenhänge zurückführt. Für diese letzten Zusammenhänge kann sie jedoch keine Erklärung geben.

Fassen wir zusammen:

Erklärung und Vorhersage erfolgen nach dem gleichen Schema.
Theorien können nicht bewiesen, sondern nur falsifiziert werden.
Fundamentale Gesetze können nicht abgeleitet werden.

1.1.3 Die Überprüfbarkeit von Theorien

Wir können nun die Frage beantworten, wann eine Theorie eine gute Theorie ist. Offensichtlich ist zunächst: Da die Theorien nicht die Wirklichkeit selbst sind und sie auch nicht getreu abbilden, müssen die Aussagen einer Theorie empirisch überprüfbar sein. So hat z. B. eine Theorie über Teilchen, die sich schneller als Licht bewegen, („Tachyonen") nicht mehr als ästhetischen Wert, wenn die Theorie keine Möglichkeit zeigt, wie man mit diesen Teilchen in Wechselwirkung treten kann.

Wenn wir sagen, dass Theorien „richtige" Vorhersagen liefern sollen, meinen wir damit, dass die Vorhersagen (mit ihrer Unsicherheit, s. u.) übereinstimmen sollen mit den Messergebnissen (innerhalb der Messunsicherheiten). Wir nennen solche Theorien „beobachtungsnahe" Theorien. Wenn wir für eine Klasse von Phänomenen nun zwei beobachtungsnahe Theorien haben, welche ist die bessere Theorie?

Nach K. Popper hängt die Qualität einer Theorie direkt vom Maß ihrer Überprüfbarkeit ab. Besonders gut überprüfbar sind

I.   Theorien, die einen hohen Grad an Allgemeinheit haben und

II. Theorien, aus denen präzise Vorhersagen abgeleitet werden können.

Zu I: Theorien mit einem hohen Grad an Allgemeinheit können in vielen Bereichen falsifiziert werden. Die vier Maxwell-Gleichungen – zusammen mit der Formel für die elektrische und die Lorentzkraft und Newtons Bewegungsgleichung – genügen, um alle klassischen elektromagnetischen Phänomene quantitativ zu beschreiben. Besonders schön ist hier, dass diese Theorie besonders einfach im Sinne von sparsam ist. Einstein drückte dies so aus:

„Eine Theorie ist um so eindrucksvoller, je größer die Einfachheit ihrer Prämissen ist, je verschiedenartigere Dinge sie miteinander in Beziehung bringt und je umfangreicher ihr Anwendungsbereich ist."

Zu II: Zu den Theorien mit präziseren Vorhersagen gehören die quantitativen Theorien. Die Theorie „Nach jedem Blitz kommt ein Donner" ist viel schwieriger zu widerlegen als eine Vorhersage über Blitz und Donner auf der Grundlage der Ausbreitungsgeschwindigkeit des Schalls. Quantitative Theorien liefern übrigens nur auf den ersten Blick „exakte Zahlen". Tatsächlich sind die Vorhersagen so unsicher wie die Größen, die man zu ihrer Berechnung verwendet hat. Zum Beispiel fließt in die Massenberechnung für einen Stern mit Hilfe des Gravitationsgesetzes die Unsicherheit in der Gravitationskonstante ein.

Daneben muss eine Theorie so konstruiert sein, dass sie auswertbar ist, zumindest mit Computerhilfe. Zusammengefasst:

Gute Theorien sind beobachtungsnah, allgemein, einfach und quantitativ.

Anschaulichkeit ist zur Beschreibung und für Vorhersagen nicht unbedingt nötig und oft auch nicht möglich.

Um Aussagen und Relationen einer quantitativen Theorie empirisch überprüfen zu können, muss sie

a) klare Begriffe,
b) eindeutige Rechenvorschriften und
c) Interpretationen enthalten (s. Abb. 1.6).

Zu a) klare Begriffe: Basis der Berechnungen und des Redens über die Phänomene sind die Begriffe. Je genauer die gewünschten Vorhersagen der Theorie sein sollen, um so präziser definiert, um so mathematischer müssen die verwendeten Begriffe sein. Heisenberg hat die so entstehende Sprache „mathematische Kunstsprache" genannt. Dabei werden grundlegende Begriffe aus der natürlichen Sprache (Alltagssprache) entlehnt. Ihre naturwissenschaftliche Schärfe bekommen die Begriffe durch Aussagen, in denen die Begriffe miteinander verknüpft werden, wie z. B: „Wenn der elektrische Widerstand kleiner gemacht wird, wächst bei gleicher elektrischer Spannung die elektrische Stromstärke". Aus vorhandenen Begriffen können weitere Begriffe konstruiert werden. Diese neu geschaffenen Zusammenhänge wirken aber auch zurück und beleuchten neue Seiten der alten Begriffe. Sobald z. B. der Begriff Impuls eingeführt ist, gibt er der Masse und der Geschwindigkeit eine weitere Bedeutung. Tatsächlich hängen ja die für ein Phänomen verwendeten Begriffe von der benutzten Theorie ab. Beschreibt man z. B. Reflexion und Brechung mit dem Huygens-Prinzip des Wellenformalismus, so wird man Begriffe wie „Elementarwellen" oder „Phasenbeziehung" brauchen. Benutzt man hingegen für die gleichen Phänomene das Fermatsche Prinzip als Theorie, so sind statt dessen Begriffe wie „kürzester Weg" nützlich.

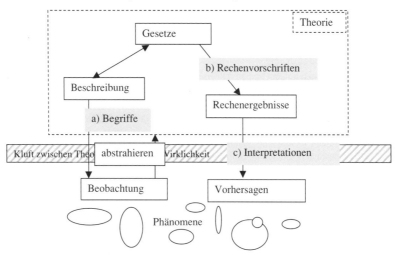

Abb. 1.6: Elemente von Theorien

Zu b) eindeutige Rechenvorschriften: Um quantitative Vorhersagen machen zu können, müssen viele Begriffe sogenannte „Größen" sein, zwischen denen überprüfbare quantitative Beziehungen hergestellt werden. Um diese Beziehungen auszuwerten, stellt die Mathematik theorieunabhängig Formalismen, also Algorithmen und Rezepte, bereit. Viele Formalismen werden in mehreren Theorien genutzt:

- Skalare Größen wie Druck oder Temperatur werden durch reelle Zahlen und ihre Verknüpfungen dargestellt, z.B: $pV = NkT$.
- Vektorielle Größen wie Kraft oder Feldstärke werden durch den reellen Vektorraum und seine Verknüpfungen dargestellt, z.B: $\vec{E}_{ges} = \vec{E}_1 + \vec{E}_2$.

- Periodisch sich ändernde Größen (Auslenkung bei harmonischen Schwingungen oder quantenphysikalische Phase) werden durch Winkelfunktionen oder Zeigerdiagramme mit deren jeweiligen Verknüpfungen dargestellt, z.B: $U(t) = \hat{U}_1 \cos(\omega t + \varphi_1) + \hat{U}_2 \cos(\omega t + \varphi_2)$.

- Größen, die sich in Raum und Zeit ausbreiten, wie die elektrische Feldstärke oder die quantenphysikalische ψ–Funktion, werden durch Wellenformalismen beschrieben. Diese beinhalten die Wellengleichung und ihre Lösungen. Erst durch die Interpretation der jeweiligen Größen und der Rechenergebnisse wird aus dem Wellenformalismus die jeweilige Wellentheorie (bzw. mit der Vorstellung von realen Wellen das Wellenmodell).

- Extremalprinzipien sind eine Klasse von Formalismen, die in verschiedenen Bereichen der Physik nützlich sind, so in der Mechanik (Prinzip der kleinsten Wirkung s. Anhang D), in der Optik (Fermatsches Prinzip) oder in der Quantenphysik (Zeigerformalismus und Pfadintegralformalismus).

Auch für die Formalismen von Theorien existieren oft veranschaulichende Modellobjekte. So kann der bereits recht anschauliche Zeigerformalismus durch das Steckerlrad noch weiter veranschaulicht werden (s. Abschnitt 8.3.2). Ein anderes Beispiel ist das Konzept des Vektorfelds mit seinem Vektoradditionsformalismus, das durch Feldlinien besonders anschaulich wird.

Zu c) Interpretationen: Die erhaltenen Formeln und Zahlen müssen interpretiert werden. Dies ist einfach, wenn man z. B. den Ort eines klassischen Objekts berechnet hat. Schwieriger ist es bereits, das mittlere Geschwindigkeitsquadrat der Moleküle einer Gaswolke als proportional zur Temperatur zu interpretieren. Problematisch ist die Interpretation von Ergebnissen, die nicht in unseren Erfahrungsschatz passen, z. B. Ergebnisse der Relativitätstheorie wie die Längenkontraktion oder Ergebnisse der Quantenphysik wie die Komplementarität. Hier sind sogar mehrere deutlich voneinander verschiedene Interpretationen möglich (s. Kapitel 6).

Um ein Phänomen zu beschreiben, muss man also die Kluft zweimal überschreiten. Zuerst wird abstrahiert, z. B. der Stein zum Massenpunkt (Sprung vom Phänomen zur Beschreibung), dann werden die Bewegungsgleichungen gelöst und anschließend die Ergebnisse interpretiert (Sprung zurück von der Beschreibung zum Phänomen).

Es kann sogar geschehen, dass Elemente des Formalismus nicht als Elemente der Wirklichkeit interpretiert werden. So hat die ψ-Funktion der Quantentheorie keine direkte Entsprechung in der Wirklichkeit. Umgekehrt sollte aber jedes Element der Wirklichkeit (der Phänomene) eine Entsprechung in der Theorie haben. So sollte eine Theorie der Mechanik die Geschwindigkeit eines Körpers und ihre Veränderung mit der Zeit beschreiben können. Eine Theorie, welche die Geschwindigkeit eines Körpers nicht beschreiben kann, wird folglich keine befriedigende Theorie der Mechanik sein können. Einstein, Podolsky und Rosen nannten dieses Kriterium für eine Theorie „Vollständigkeit".

> Formalismen können verschieden interpretiert werden.
>
> Nicht jedem Element des Formalismus muss ein Element der Wirklichkeit zugeordnet sein.
>
> Aber jedem Element der Wirklichkeit sollte ein Element des Formalismus zugeordnet sein.

1.1.4 Zur Ästhetik bei der Theoriebildung

Die Idee der ganzheitlichen Wissenschaft hat eine lange Tradition:

Heisenberg schrieb: „_Wir werden von Goethe auch heute noch lernen können, dass wir nicht zugunsten des einen Organs, der rationalen Analyse, alle anderen verkümmern lassen dürfen; dass es vielmehr darauf ankommt, mit allen Organen, die uns gegeben sind, die Wirklichkeit zu ergreifen._" [Hei67]

Früher wurde die Wissenschaft auch mit poetischen, künstlerischen Augen gesehen: Es gibt jahrhundertealte naturwissenschaftliche Gedichte, z. B. das Lehrgedicht „_De rerum natura_" von Lucretius, 55 v.Chr. oder ein Hexameter-Gedicht über den Magnetismus von Marbodaeus Gallius um 1120 (s. [Bal56]).

Feynman schrieb dazu: „_Wir fürchten niemals, dass die Antwort uns enttäuschen könnte, sondern wir wenden mit Vergnügen und Vertrauen jeden neuen Stein um und finden unerwartet Seltsames, das zu wundervolleren Fragen und Geheimnissen führt – sicher ein großartiges Abenteuer. Freilich haben wenige Nichtwissenschaftler diese besondere Art religiöser Erfahrung. Unsere Dichter schreiben nicht darüber, unsere Künstler versuchen_ *nicht, dieses bemerkenswerte Sujet zu malen. Ich weiß nicht warum. Wird niemand durch unser gegenwärtiges Weltbild begeistert? Der Wert der Wissenschaft bleibt ungesungen von Sängern ... Anstatt einem Lied oder einem Gedicht über sie zu lauschen, müssen wir uns ihren Wert in einer Abendvorlesung erklären lassen.* " [Fey58]

Diese Sichtweise hat die Wissenschaft weitgehend verloren, obwohl in der modernen, hochspezialisierten Wissenschaft ästhetische Kriterien oft eine Rolle spielen. So wird in der Physik eine Theorie „schön" genannt, wenn sie einfach und allgemeingültig ist und fundamentale Charakteristiken der Natur, wie z. B. Symmetrien, widerspiegelt. Diese Schönheit ist nicht einfach ein „schöner" Nebeneffekt; sondern Ästhetik und durch sie geleitete Intuition befähigen den Menschen zu besonderen kreativen Leistungen, und damit zu wissenschaftlichem Arbeiten. Die von Heisenberg genannten *„Organe"* sollten also nicht nur als biologische Sinne gedeutet werden, auch die Gefühle und das Unbewusste, die Intuition, sind mit einzubeziehen. Eine Wissenschaft, die ohne diese Qualitäten auskommen möchte, degeneriert leicht zu scheuklappenbewehrter, massenproduzierender Fakten- und Datensammlerei.

1.1.5 Beantwortung der drei eingangs gestellten Fragen

Zum Schluss dieses Abschnitts beantworten wir die drei Fragen aus der Einleitung zu diesem Kapitel:

1.   *„Warum können einzelne Quantenobjekte Interferenzphänomene zeigen?"*

2.   *„Warum teilen sich Wellenpakete am Strahlteiler?"*

3.   *„Wenn es nicht kreist, was tut das Elektron dann im Atom?"*

Wir setzen unter die Antworten jeweils die relevanten Merksätze dieses Abschnitts.

1.   *„Das ist einfach so. Die Frage ist von der gleichen Qualität wie: Warum ziehen sich zwei Körper an? Erst wenn ein tieferliegendes Gesetz gefunden wird, kann das genannte Gesetz deduziert und die Warum-Frage beantwortet werden."*

   - Fundamentale Gesetze können nicht abgeleitet werden.

2.   *„Die Wellenpakete teilen sich nicht von selbst, da sie nur in unserem Kopf existieren. Der Formalismus ist ja gerade so gemacht, dass $|\psi|^2$ die Häufigkeiten bei Experimenten reproduziert. Eine notwendige Vorschrift des Formalismus ist, das Wellenpaket am Strahlteiler zu teilen."*

   - Theorien werden erfunden, um die Wirklichkeit zu beschreiben.
   - Nicht jedem Element des Formalismus muss ein Element der Realität zugeordnet sein.
   - Aussagen über Elemente der Theorie sind nicht unbedingt Aussagen über die Wirklichkeit.

3.   *„Die Quantentheorie ist eine abstrakte Theorie ohne mechanistische Anschauung. Sie beschreibt alle experimentellen Ergebnisse für Atome hervorragend. Darüber, was das Elektron zwischen zwei Messungen „tut", macht sie jedoch keine Aussage. Das sieht wie ein Mangel aus, ist aber ihre Stärke. Jede bestimmte Aussage und jede bestimmte Vorstellung darüber, was das Elektron im Atom macht, führt zu Widersprüchen."*

   - Gute Theorien sind beobachtungsnah, allgemein und einfach.
   - Anschaulichkeit ist zur Beschreibung und für Vorhersagen nicht unbedingt nötig und oft auch nicht möglich.

1.2 Theoriebildung als die zentrale Arbeitsweise der Physik

Die Physik wird durch ihre Fachmethoden mindestens ebenso charakterisiert wie über ihre Inhalte. Wir unterscheiden fünf physikalische Methoden, wenngleich die Übergänge dazwischen fließend sind.

Methode 1: Der Physiker *beobachtet* Phänomene, also Naturerscheinungen oder *Experimente*, die er selbst zielgerichtet *entwirft*.

Methode 2: Phänomene werden mit Hilfe von Begriffen *beschrieben*, und zwar möglichst quantitativ. Zum Beispiel werden elektrische Phänomene mit Begriffen wie Spannung oder Stromstärke beschrieben.

Methode 3: Der Physiker *erfindet Theorien*, die ihm neue Vorstellungen und Zusammenhänge eröffnen. Dies erfordert neue Begriffe und erlaubt Gesetze abzuleiten.

Methode 4: Der Physiker macht aufgrund der Gesetze *Vorhersagen*, z. B. für eine Wurfbahn oder den Zerfall eines radioaktiven Präparats.

Methode 5: Der Physiker *erklärt* Phänomene.

Aus der Formulierung der Methoden wird zum Teil schon deutlich, dass sie alle von der Theoriebildung abhängen: Die *Theorie* stellt erst die Denk-Kategorien zur Verfügung. Ohne eine Vorstellung davon, was Anziehung ist, was eine Kraft ist, kann man kein *Experiment* zur Anziehung *entwerfen*.

„Nicht nur müssen auf theoretischem Wege gewonnene Einsichten experimentell überprüft werden, auch ist das Experiment immer theoriegeleitet: Ohne bereits eine auch noch so vage Vorstellung – d.h. ein Modell – von der Realität zu haben, ohne gewisse Züge der Realität begrifflich gefasst zu haben, kann man keine Naturbeobachtung auswerten und kein zielgerichtetes Experiment entwerfen." [Kuh95].

Einstein drückte es so aus: *„Erst die Theorie entscheidet darüber, was man beobachten kann."*

Naturvorgänge laufen auch ohne Planung des Menschen ab. Aber selbst wenn ein solcher Naturvorgang zufällig in eine bestimmte Theorie passt (z. B. ein fallender Apfel in die Newtonsche Theorie), so wird man das ohne die Theorie nicht erkennen und nicht angemessen *beschreiben* können. Dass die Theorie erst *Vorhersagen* und *Erklärungen* ermöglicht, wurde im Abschnitt 1.1.2 dargestellt.

Wir haben die Zusammenhänge schematisch in Abb. 1.7 dargestellt.

1.2.1 Wozu Theorien erfunden werden

Menschen bilden von Alters her Theorien über die Natur. Die Motivation dafür ist:

- Der Mensch strebt nach Sicherheit. Er versucht, für möglichst viele Lebenssituationen Vorhersagen zu machen. Dazu bringt er nicht nur Einzelphänomene miteinander in Beziehung, er ergänzt sie auch um nicht Sichtbares – seien dies nun Götter oder Feldlinien. *„Was ich erklären kann, dessen Herr bin ich."* *[Th. Haecker]* Dies verschaffte dem Mensch entscheidende Vorteile in der Evolution.

- Der Mensch sucht nach der Ordnung der Dinge, nach einem Weltbild. Er ist ein *„nach Ursachen suchendes Wesen."* *[G. Lichtenberg]*

- Der Mensch will über Naturerscheinungen kommunizieren. Dazu müssen die Gesprächspartner über Naturvorstellungen mit einer möglichst übereinstimmenden Begriffsstruktur verfügen.

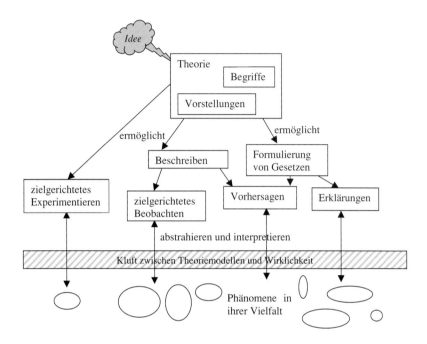

Abb. 1.7: Ohne Theoriebildung keine Physik

Die Motivation, neue Theorien zu entwickeln, kann aus verschiedenen Richtungen kommen:

Sie kann aus dem Experimentieren kommen:

- In Experimenten werden Phänomene entdeckt, denen keine Elemente in den bisherigen Theorien entsprechen (Vollständigkeitskriterium).

- Experimentelle Ergebnisse stehen mit den Vorhersagen der bisherigen Theorien im Widerspruch.

Aber auch die Beschäftigung mit Theorien gibt oft Anlass, sie zu verändern:

- Durch Vergleich von verschiedenen Theorien oder deren Folgerungen z. B. in überlappenden Gültigkeitsbereichen gelangt man zu neuen Erkenntnissen. (Z. B. das Strahlungsgesetz von Wien und das von Rayleigh-Jeans führten schließlich zu dem von Planck und der Idee, die Energien zu quantisieren.)

- Die Freude am kreativen „Herumprobieren" kann eine Theorie hervorbringen. Beispiele sind sicherlich Theorien der Elementarteilchen, wie die Supersymmetrie oder auch die erste Aufstellung der Planckschen Strahlungsformel.

1.2.2 Wie sich die Theoriebildung im Lauf der Jahrtausende gewandelt hat

Da die Theoriebildung die zentrale, inhärente Vorgehensweise der Physik ist, ist die Geschichte der Physik zwangsläufig auch eine Geschichte der Theoriebildung. Bereits die Bildung der ersten Mythen sollten den Platz des Menschen in der Welt klären und Zusammenhänge in der Welt erklären. Auch diese Mythen gehören also in die Kategorie Theorien, auch sie waren die Resultate von „Eingebungen". In den frühen Hochkulturen ersannen erste Physiker und Philosophen umfassende Weltbilder [Asi73]. Die Griechen des Altertums stellten als erste – losgelöst von einzelnen Phänomenen – mathematische Sätze (besonders in der Geometrie) auf und untersuchten Beziehungen dazwischen. Die konkreten Erscheinungen hielten sie für weniger wichtig. So konnten sich Gesetze, wie z. B. „Schwere Körper fallen schneller als leichte"[1] lange Zeit einer überschätzten Allgemeingültigkeit erfreuen. Erst mit Aristoteles wurden experimentelle Arbeitsweisen häufiger, wie physikalische und biologische Beobachtungen und das Sammeln und Systematisieren von Fakten.

Nach der griechischen Blütezeit fielen die Naturwissenschaften in einen Dornröschenschlaf. Die freie philosophische, naturwissenschaftliche Spekulation und Argumentation wurde durch die kirchliche Sicht der Welt abgelöst.

Erst in der Neuzeit gelangten Denker wie Descartes zu der Erkenntnis, dass die reellen Zahlen ein äußerst effektives Werkzeug sind, um Naturvorgänge im Prinzip beliebig genau zu beschreiben. Forscher wie Tycho Brahe zeichneten jahrelang die Ergebnisse von Beobachtungen auf, andere wie Galilei, Kepler oder Newton erfanden geniale Theorien. Zur experimentellen Überprüfung standen ihnen immer bessere Messinstrumente zur Verfügung. Die Methoden wurden in immer mehr Gebieten der Physik angewandt und langsam entstand das Gebäude der klassischen Physik aus mehr oder weniger zusammenhängenden Theorien.

Von Descartes bis Maxwell versuchte man für alle physikalischen Bereiche mechanische Veranschaulichungen zu finden. Auch Maxwell strebte zunächst ein mechanisches Äther-Modell an, Erfolg hatten jedoch allein seine Gleichungen. Das Bedürfnis nach mechanischen Modellen (oft nach einem Teilchenmodell), steckt auch heute noch in vielen Physikern. Man glaubt eine Sache erst richtig verstanden zu haben, wenn man sie in einem solchen Modell veranschaulicht hat.

In den letzten hundert Jahren stieß man immer tiefer in Bereiche vor, die der Erfahrung des Menschen und seiner Vorstellung nicht direkt zugänglich sind, den Bereich von Geschwindigkeiten nahe der Lichtgeschwindigkeit, sowie den Bereich einzelner Materie- oder Energiequanten. Während die Anschauung in der klassischen Physik meist ziemlich richtig liegt, führt sie in der Quantenphysik zu völlig falschen Schlüssen. Statt nach Theorien mit mechanischen Modellvorstellungen zu suchen, verlangte man bald schlicht nach überprüfbaren Theorien, unabhängig davon, ob sie anschaulich waren oder nicht. Im Grunde mussten die Physiker zu Beginn des Jahrhunderts das Abenteuer, die Natur mit einem mathematischen Formalismus konsistent zu beschreiben, in der Physik der Quantenobjekte noch einmal bestehen. Dabei wurden jedoch die Theorien immer mathematischer und unanschaulicher. Anstelle eines konkreten *Bildes* von der Welt der Quantenobjekte erhielten wir ein abstraktes mathematisches Formelgebäude.

---

[1] Galilei widerlegte diese Behauptung später nicht nur experimentell, sondern auch auf „altgriechische Art" mit einem Gedankenexperiment: Man verbindet einen leichten und einen schweren Körper mit einem Seil zu einem noch schwereren, der also noch schneller fallen müßte. Auf der anderen Seite müßte jedoch der leichtere den Fall des schwereren bremsen. Der Widerspruch kann nur aufgelöst werden, wenn man annimmt, dass alle Körper gleich beschleunigt werden.

1.2.3 Grenzen der Wissenschaft als Konsequenz der Theoriebildung

Aus der Tatsache, dass die physikalische Erkenntnisgewinnung auf der Theoriebildung basiert, lassen sich folgende Grenzen folgern:

1. Da die Physik eine besonders logische und mathematische Wissenschaft ist, wird ihr oft besondere – manchmal sogar die einzige – Kompetenz bei der Beschreibung von Naturphänomenen zugesprochen. Die mathematische Physik beschreibt jedoch nicht die Phänomene selbst, sondern nur die Seiten davon, die in Formeln darstellbar sind. Dies tut sie besonders gut, andere Dimensionen der Phänomene (wie Ästhetik oder Nützlichkeit) erfasst sie nicht oder nur zum Teil.

2. Die Physik erklärt Phänomene, indem sie Theorien aufstellt und versucht, die Vorgänge auf physikalische Gesetze zurückzuführen. Grundlegende Gesetze kann die Physik nicht erklären. Alle anderen physikalischen Gesetze können durch Rückführung auf allgemeinere Gesetze erklärt werden.

3. Die Physik ist keine „objektive" Wissenschaft, im Sinne von „richtig", „unveränderlich" „zweifelsfrei". Theorien werden von Menschen erfunden und verbessert. Damit haftet ihnen immer etwas Willkürliches und Vorläufiges an. Außerdem ist die mathematische Kunstsprache letzten Endes nicht objektiv, da jedes Definitionen-Gebäude auf der natürlichen Sprache aufgebaut werden muss (vgl. C. F. v. Weizsäcker in [Spr67, S.194]). Schließlich kann ein und die selbe Theorie auf verschiedene Weisen interpretiert werden. Die von der Physik produzierten „objektiven" Zahlen haben also für sich keine Bedeutung, sie entstammen der – subjektiven – Theoriebildung und bedürfen der – subjektiven – Interpretation. Nicht einmal die Beobachtung eines Phänomens ist objektiv; sie wird stets in Relation zur eigenen Erfahrung, zum eigenen Horizont von jedem Menschen anders gesehen. W. Dilthey hat es so formuliert:
    „So ist in allem Verstehen ein Irrationales, wie das Leben selber ein solches ist; es kann durch keine Formeln logischer Leistungen repräsentiert werden."
    In diesem Zusammenhang kann man in letzter Konsequenz auch nicht davon sprechen, dass Theorien grundsätzlich „falsch" sind und wir uns einem Ideal an richtiger, objektiver Erkenntnis immer mehr annähern. Die Quantenphysik (in der Standardinterpretation) zeigt uns: Von der Eigenschaft eines Objekts können wir nur sprechen, wenn sie auch gemessen wurde. Übertragen auf die Erkenntnis würde dies bedeuten: Es gibt keine Wirklichkeit an und für sich, es gibt nur, was wir beobachten und konstruieren. Wir treten einer Sache *immer* als Subjekt gegenüber. Damit sind die einzige eigentliche Wirklichkeit unsere Bilder von der Natur, unsere Theorien in ihrer Vielgestaltigkeit, ihrer Wandelbarkeit, mit ihren unterschiedlichen mathematischen Grundlagen, ihren kühnen Hypothesen – eine faszinierende und menschliche Wirklichkeit.

2. Vier Wesenszüge der Quantenphysik anhand einfacher Experimente

...wirkliches Neuland in einer Wissenschaft kann wohl nur gewonnen werden, wenn man an einer entscheidenden Stelle bereit ist, den Grund zu verlassen, auf dem die bisherige Wissenschaft ruht, und gewissermaßen ins Leere zu springen. [W. Heisenberg]

Die Tatsache, dass sich Quantenobjekte anders verhalten, als es dem Alltagsverstand „logisch" oder „verständlich" erscheint, wurde bereits mehrfach angesprochen. In diesem Buch soll versucht werden, dem Leser den Zugang zum Verständnis der Merkwürdigkeiten der Quantenwelt zu erleichtern. Zuerst arbeiten wir dazu in diesem Kapitel die wichtigsten Charakteristika von einzelnen Quantenobjekten anhand von vereinfachten Gedankenexperimenten heraus.

Wir beschränken uns in diesem Kapitel auf die Darstellung der Phänomene selbst und auf Schlussfolgerungen aus ihnen. Die Formalisierung zur quantitativen Beschreibung werden wir in Kapitel 3 vornehmen.

Man kann das eigentümliche Verhalten von Quantenobjekten unter vier Schlagworte zusammenfassen – wir nennen sie *Wesenszüge*:

Wesenszug 1: *„Statistisches Verhalten"*,
Wesenszug 2: *„Fähigkeit zur Interferenz"*,
Wesenszug 3: *„Mögliche Messergebnisse"*
Wesenszug 4: *„Komplementarität"*.

Diese zentralen Punkte charakterisieren das Verhalten von Quantenobjekten im Unterschied zum gewohnten Verhalten klassischer Objekte. Jeder Wesenszug wird in Kapitel 3 durch je ein Element des Theoriemodells beschrieben.

Auf den (daneben bestehenden) Wesenszug der Quantelung gehen wir nur am Rande ein. Die Ladungs-Quantelung zeigt sich z. B. im Millikan-Experiment, die Energiequantelung bei den Atomspektren, die Drehimpulsquantelung bei Experimenten mit Spin.

Besonders deutlich zeigen sich die Wesenszüge für einzelne Quantenobjekte im seit Feynman bewährten Doppelspalt-Experiment. Wir diskutieren in diesem Kapitel zur Einführung in die einzelnen Wesenszüge idealisierte Doppelspalt-Experimente, an denen man die Wesenszüge so einfach wie möglich verdeutlichen kann. Die Experimente sind – teils in komplizierteren Abwandlungen – tatsächlich durchgeführt worden. Darauf wird in Kapitel 7 eingegangen.

Als Quantenobjekte wählen wir Atome. Die Materie ist aus Atomen aufgebaut, und man stellt sie sich meist als Teilchen vor: Sie bewegen sich wie kleine Kügelchen oder zittern je nach Temperatur. Sie können in Teile zerlegt werden. Ionisiert laufen sie auf bestimmten Bahnen im Massenspektrometer. Viele Phänomene werden durch das Teilchenmodell gut beschrieben, in der Quantenphysik führt es zu völlig falschen Schlüssen.

Das Schema des Doppelspalt-Experiments ist in Abb. 2.1 gezeigt.

Wir schießen also einzelne Atome auf einen Doppelspalt und registrieren anschließend ihren Auftreffort auf einem Schirm. Das authentische Versuchsergebnis ist für Helium-Atome in Abb. 2.2 wiedergegeben. Dargestellt ist, wie sich im Lauf von über 42 Stunden das Schirmbild verändert, wenn man die Spuren der detektierten Atome über längere Zeit sammelt.

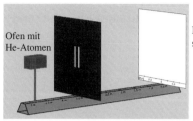

Abb. 2.1: Das Doppelspalt-Experiment mit Heliumatomen (Schemazeichnung)

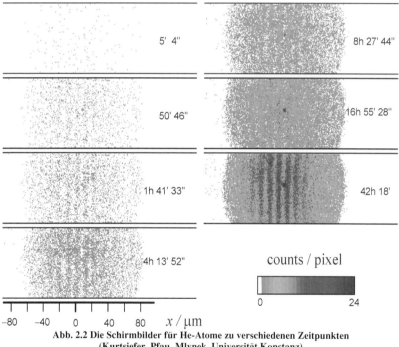

Abb. 2.2 Die Schirmbilder für He-Atome zu verschiedenen Zeitpunkten
(Kurtsiefer, Pfau, Mlynek, Universität Konstanz)

Dieses Ergebnis ist aus mehreren Gründen überraschend.

1. a) Der Auftreffort eines einzelnen Atoms ist nicht vorhersagbar.

   b) Dennoch erscheint ein regelmäßiges Muster, und zwar um so deutlicher, je mehr Spuren von Atomen gesammelt wurden.

2. Dieses Muster sieht ganz anders aus, als man es bei wahllos auftreffenden Teilchen erwarten würde. Wäre da nicht die Körnigkeit des Musters, könnte man vom Interferenzmuster einer Welle sprechen.

Wir untersuchen dies nun genauer.

2.1 Statistisches Verhalten

2.1.1 Der Wesenszug am Beispiel des Doppelspalt-Experiments

Man könnte das Doppelspalt-Experiment mit einzelnen Atomen zu einem beliebigen Zeitpunkt stoppen und versuchen, den Auftreffort des nächsten Atoms vorherzusagen. Eine solche Vorhersage wäre jedoch reine Glückssache. (Je nach verlangter Genauigkeit kann die Trefferwahrscheinlichkeit sogar gegen 0 gehen.)

Die Verteilung, die sich nach vielen Wiederholungen des Experiments ergibt, ist – innerhalb von statistischen Schwankungen – reproduzierbar. Deshalb könnte man die Chance für einen Treffer etwas erhöhen, wenn man in einen der Bereiche geht, an dem besonders häufig Atome ankommen. Offensichtlich kann man eine Aussage darüber machen, wie wahrscheinlich die Atome in den verschiedenen Bereichen auftreffen. Für Atome scheinen statistische Gesetzmäßigkeiten zu gelten.

Wir verallgemeinern dies und führen anschließend weitere Beispiele dafür an. Einen bestimmten Versuchsausgang (z. B. die Detektion eines Atoms an einem bestimmten Ort X) nennen wir ein *Ereignis*.

Wesenszug 1: „Statistisches Verhalten":

a) In der Quantenphysik können Einzelereignisse im Allgemeinen nicht vorhergesagt werden.

b) Bei vielen Wiederholungen ergibt sich jedoch eine Verteilung, die – bis auf statistische Schwankungen – reproduzierbar ist.

2.1.2 Weitere Beispiele

- *Der Kernzerfall:*

  Wir betrachten Atomkerne mit der Halbwertszeit 1 h. Wenn wir einen einzelnen Kern betrachten, können wir keine Vorhersage darüber machen, wann dieser Kern zerfallen wird. Auch bei zwei Kernen können wir uns nicht sicher sein, dass nach 1 h einer der beiden Kerne zerfallen sein wird. Je größer die Anzahl dieser Atomkerne, desto eher stimmt die Wahrscheinlichkeitsaussage: „Nach einer Stunde ist die Hälfte der Kerne zerfallen" mit den experimentellen Ergebnissen überein.

- *Reflexion an einem Strahlteiler*

  Wenn Licht auf eine schräg gestellte Glasplatte fällt, so wird ein Anteil T des Lichts durchgelassen, und ein Anteil $1 - T$ wird reflektiert (s. Abb. 2.3 links).

  Führt man das Experiment mit sehr schwachem Licht durch, sprich mit einzelnen Photonen, so zeigt sich, dass ein Photon entweder durchgelassen oder reflektiert wird (s. Abb. 2.3 rechts). Dabei ist eine Vorhersage für das einzelne Photon nicht möglich. Allerdings beträgt bei oftmaliger Wiederholung des Experiments die relative Häufigkeit für „durchgelassen" etwa T und die relative Häufigkeit für „reflektiert" etwa $1 - T$.

  Die Wahrscheinlichkeiten für die Einzelereignisse (hier „durchgelassen" oder „reflektiert") sind also stets so groß, dass bei sehr vielen Wiederholungen des Experiments die klassischen Intensitätsverteilungen reproduziert werden.

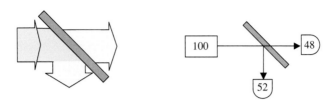

Abb. 2.3: Halbdurchlässige Glasscheibe: $T = 50\ \%$.
links: Der Anteil T **(50%) wird durchgelassen, der Anteil** $1{-}T$ **reflektiert.**
rechts: 100 Photonen treffen auf die Glasscheibe. 48 werden durchgelassen, der Rest reflektiert.

Aufgabe:

Photonen haben die Polarisationseigenschaft φ, wenn sie ein Polarisationsfilter der Orientierung φ mit Sicherheit passieren.
Wie groß ist die Wahrscheinlichkeit für ein Photon mit Polarisationseigenschaft 0^0, dass es durch ein Polarisationsfilter mit Orientierung φ hindurchgeht/absorbiert wird (s. Abb. 2.4)?

Abb. 2.4: Photonen mit Polarisationseigenschaft 0^0 treffen auf ein Polarisationsfilter mit Orientierung φ

Lösung:

Die Wahrscheinlichkeiten müssen bei vielen Wiederholungen die klassischen Intensitäten reproduzieren. Klassisches Licht der Intensität I_0 mit Polarisation 0^0 wird bei einem Polarisationsfilter der Orientierung φ mit der Intensität $I_0 \cdot cos^2(\varphi)$ durchgelassen. Der Rest, $I_0 \cdot sin^2(\varphi)$, wird absorbiert. Folglich beträgt für Einzelphotonen die Durchlasswahrscheinlichkeit $cos^2(\varphi)$ und die Absorptionswahrscheinlichkeit $sin^2(\varphi)$.

2.1.3 Interpretation

Auch in der klassischen Physik gibt es häufig Vorgänge, deren Ausgang scheinbar durch den Zufall bestimmt ist. Ein „klassisches" Beispiel ist der Würfelwurf. Wenn man dabei allerdings die Versuchsbedingungen einschließlich der Anfangsbedingungen genau genug kennen würde, also auch Luftbewegungen, Unebenheiten der Unterlage usw., dann könnte man mit Newtons Gesetzen im Prinzip die gewürfelte Zahl genau vorhersagen.

Wir betrachten ein Beispiel, das dem Doppelspaltexperiment ähnlicher ist als das Würfeln: Ein Schussapparat (s. Abb. 2.5) feuert auf einen Doppelspalt. Auch hier erhalten wir eine Verteilung, die scheinbar vom Zufall beherrscht ist. Z. B. könnte die Halterung des Apparats nicht hinreichend stabil sein, was dazu führt, dass die Anfangsbedingungen bei jedem Schuss etwas anders sind. Bei genauer Kenntnis dieser Anfangsbedingungen könnte man jedoch auch hier mit der Newtonschen Mechanik den Einschlagort der Kugel vorhersagen. Der Einschlagort ist (wenigstens im Prinzip) determiniert.

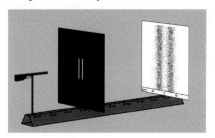

Abb. 2.5: Ein Schussapparat feuert mit scheinbar zufälliger Streuung.

Wäre es also möglich, dass auch die Atome im Doppelspalt-Experiment nur ein pseudo-zufälliges Verhalten zeigen, dass man also auch ihren Auftreffort vorhersagen könnte, wenn man sie nur genauer auf bestimmte Anfangsbedingungen präparierte?

Man hat in vielen Situationen versucht, die Anfangsbedingungen von Quantenobjekten genau zu präparieren. Es zeigt sich jedoch, dass es eine Grenze gibt, über die hinaus Anfangsort und Anfangsgeschwindigkeit nicht gleichzeitig präparierbar sind. Diese Grenze wird durch die Unbestimmtheitsrelation gegeben (siehe auch Abschnitt 2.4.4 und 6.2.1). In der Quantenphysik liegt also der Anfangszustand eines Quantenobjekts gar nicht so genau fest, dass eine determinierte Vorhersage möglich wäre.

Auch wenn man alles Wissbare über den Anfangszustand eines Atoms weiß, ist es unmöglich, seinen Auftreffort vorherzusagen. Das Versuchsergebnis, hier der Auftreffort, ist nicht determiniert.

Folgerung 1:
Während in der klassischen Mechanik der Ausgang von Experimenten grundsätzlich determiniert ist, ist bei quantenphysikalischen Ereignissen der Ausgang prinzipiell vom Zufall bestimmt.

2.2 Fähigkeit zur Interferenz

2.2.1 Der Wesenszug am Beispiel des Doppelspalt-Experiments

Das zweite überraschende Ergebnis in Abb. 2.2 sind die Streifen, die man beim Sammeln vieler Auftreffpunkte erhält. Dieses Ergebnis ist mit dem Teilchenmodell nicht vereinbar, wie das folgende Gedankenexperiment zeigt:

Wenn man den rechten Spalt schließt, so erhält man eine Atomverteilung V_{links}, die etwa wie in Abb. 2.6a aussieht. Schließt man den linken Spalt, erhält man die Verteilung V_{rechts} (Abb. 2.6b).

Zahl der Detektionen

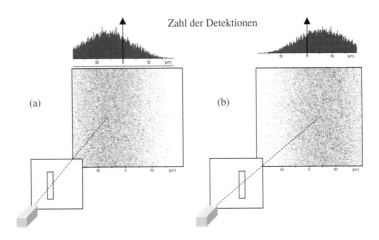

Abb. 2.6: (a) Die Verteilung V_{links}, die man erhält, wenn man den rechten Spalt schließt.
(b) die Verteilung V_{rechts}, die nach Schließen des linken Spaltes entsteht.
In den Histogrammen darüber ist jeweils die Zahl der Detektionen aufgetragen.

Was erwartet man, wenn man beide Spalte öffnet? Jedes Atom sollte entweder durch den linken Spalt oder durch den rechten Spalt fliegen. Dementsprechend sollte das Atom also *entweder* zur Verteilung V_{links} *oder* zur Verteilung V_{rechts} beitragen. In logischer Konsequenz müsste man demnach bei zwei geöffneten Spalten die additive Überlagerung

$V_{add} = V_{links} + V_{rechts}$ erhalten (s. Abb. 2.7 links). Tatsächlich beobachtet man jedoch eine Verteilung V_{int} (s. Abb. 2.7 rechts).

Zahl der Detektionen

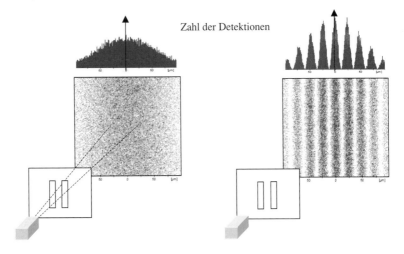

Abb. 2.7: Erwartetes Schirmbild V_{add} und beobachtetes Schirmbild V_{int} beim Doppelspalt

Solche Interferenzmuster kann man stets bei Quantenobjekten beobachten, wenn für das gleiche Quantenobjekt das gleiche Versuchsergebnis auf verschiedene *klassisch denkbare Möglichkeiten* erreicht werden kann. In unserem Beispiel hat das Atom für das Versuchsergebnis „wird am Ort x detektiert" die zwei klassisch denkbaren Möglichkeiten „durch den linken Spalt" bzw. „durch den rechten Spalt".

Bei vielen der tatsächlich durchgeführten Versuche wurde darauf Wert gelegt, dass sich stets nur ein Quantenobjekt in der Versuchsanordnung befand. In Abb. 2.2 betrug die mittlere Zeitdauer zwischen zwei Aufschlägen ca. 3 Sekunden. Man kann also nicht davon sprechen, dass verschiedene Quantenobjekte untereinander interferieren. Nach Dirac *„interferiert jedes einzelne Quantenobjekt mit sich selbst."*

Wesenszug 2: „Fähigkeit zur Interferenz"

Auch einzelne Quantenobjekte können zu einem Interferenzmuster beitragen, und zwar dann, wenn es für das Eintreten des gleichen Versuchsergebnisses mehr als eine *klassisch denkbare Möglichkeit* gibt.

Tatsächlich trägt ein Atom, das durch einen Einfachspalt endlicher Breite geht, zu einem Einzelspaltmuster bei (s. Abb. 2.8). (Wir haben in Abb. 2.6 jeweils nur den mittleren Teil davon gezeichnet.) Auch hier hat das Atom verschiedene klassisch denkbare Möglichkeiten. Es kann eher links oder eher rechts oder in der Mitte, kurz: auf unendlich viele Arten durch den Spalt gehen.

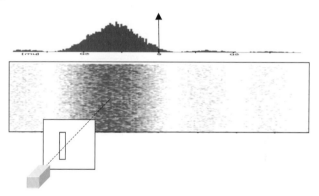

Abb. 2.8: Auch die Verteilung für den Einzelspalt ergibt ein Muster

In der Tat kann dieses Verhalten bei allen Quantenobjekten beobachtet werden. Dazu folgende Passage aus den *Feynman Lectures on Physics*:

"Quantum mechanics" is the description of the behavior of matter in all its details and, in particular, of the happenings on an atomic scale. Things on a very small scale behave like nothing that you have any experience about. They do not behave like waves, they do not behave like particles, they do not behave like clouds, or billiard balls, or weights on springs, or like anything that you have ever seen.

Newton thought that light was made up of particles, but then it was discovered, ... that it behaves like a wave. Later, however (in the beginning of the twentieth century) it was found that light did indeed sometimes behave like a particle. Historically, the electron, for example, was thought to behave like a particle, and then it was found that in many respects it behaved like a wave. So it really behaves like neither. Now we have given up. We say: "It is like neither."

There is one lucky break, however – electrons behave just like light. The quantum behavior of atomic objects (electrons, protons, neutrons, photons, and so on) is the same for all, they are all "particle waves", or whatever you want to call them. So what we learn about the properties of electrons (...) will apply also to all "particles", including photons of light.

The gradual accumulation of information about atomic and small-scale behavior during the first quarter of this century, which gave some indications about how small things do behave, produced an increasing confusion which was finally resolved in 1926 and 1927 by Schrödinger, Heisenberg, and Born. They finally obtained a consistent description of the behavior of matter on a small scale. ...

Because atomic behavior is so unlike ordinary experience, it is very difficult to get used to and it appears peculiar and mysterious to everyone, both to the novice and the experienced physicist. Even the experts do not understand it the way they would like to, and it is perfectly reasonable that they should not, because all of direct, human experience and of human intuition applies to large objects. We know how large objects will act, but things on a small scale just do not act that way. So we have to learn about them in a sort of abstract or imaginative fashion and not by connection with our direct experience.

(Feynman in [Fey64, S. 37-1f.])

2.2.2· Weitere Beispiele

- *Beugung von Fulleren-Molekülen:*

  Prominentes Beispiel ist das Muster das man mit Molekülen aus 60 Kohlenstoffatomen, den Fullerenen, beim Durchgang durch ein Gitter beobachtet hat (s. Abb. 2.9).

 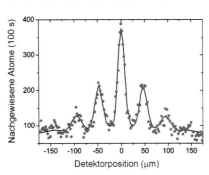

C_{60}-Molekül

Abb. 2.9: Originaldaten für die Beugung von Fullerenmolekülen (s. links) an einem Gitter.

Wir gehen in Abschnitt 7.1.5 näher auf dieses Experiment ein.

- *Beugung von Elektronen:*

  Die Beugung von Elektronen an Grafit-Pulver ist ein beliebter Schulversuch. Als Interferenzmuster erhält man Debye-Scherrer-Ringe. Auch hier hat jedes Elektron viele klassisch denkbare Möglichkeiten gestreut zu werden: Jedes Kohlenstoffatom ist ein mögliches Streuzentrum.

  In Abb. 2.10 ist das Beugungsbild von Elektronen an einer Kante im Vergleich mit der Beugung von Licht abgebildet. Es ist erstaunlich, wie ähnlich sich verschiedene Quantenobjekte verhalten.

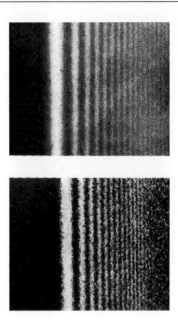

Abb. 2.10: Beugung von Licht (links) und Elektronen (rechts: stark vergrößert, um die Ähnlichkeit hervorzuheben) an einer Kante (aus [STC64]).

Abb. 2.11 zeigt ein Beugungsbild von Elektronen, die nach dem Durchgang durch drei Löcher (Größenordnung 1 nm) mit einem Elektronenmikroskop beobachtet werden. Die Aufnahme erinnert stark an die Aufnahme einer Wasseroberfläche, in die Steine geworfen wurden. Allerdings verändert sich dieses Bild nicht mit der Zeit, es gibt keine sich ausbreitende Wellenbewegung.

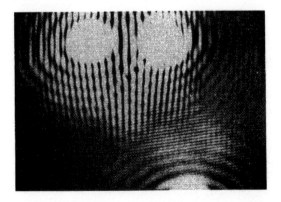

Abb. 2.11: Beugung von Elektronen an drei Löchern (Aufnahme mit Elektronenmikroskop), freundlicherweise zur Verfügung gestellt von Prof. Dr. E. Zeitler, Fritz-Haber-Institut, Berlin

Aufgabe:

^{4}He-Kerne werden an ^{4}He-Kernen gestreut (s. Abb. 2.12). Wenn man die Detektionshäufigkeit (also den Wirkungsquerschnitt) in Abhängigkeit vom Winkel θ aufträgt, beobachtet man ein Interferenzmuster. Es muss also mehr als eine klassisch denkbare Möglichkeit dafür geben, dass im Detektor ein ^{4}He-Kern nachgewiesen wird. Welche Möglichkeiten sind dies?

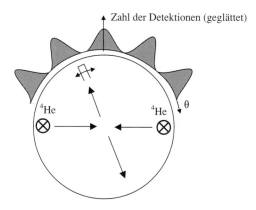

Abb. 2.12: Interferenzmuster bei der ^{4}He-^{4}He-Streuung.

Lösung:

Die eine Möglichkeit ist, dass ein ^{4}He-Kern aus der linken Quelle nach oben in den Detektor gestreut wird und der ^{4}He-Kern aus der rechten Quelle nach unten. Bei der zweiten Möglichkeit ist es umgekehrt (s. Abb. 2.13)

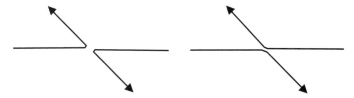

Abb. 2.13: Die zwei klassisch denkbaren Möglichkeiten bei der ^{4}He-^{4}He-Streuung.

2.2.3 Interpretation

Wir haben vorher logisch geschlossen, dass man bei zwei offenen Spalten die Verteilung V_{add} erwartet. Die Erwartung stimmt mit dem Experiment allerdings nicht überein, es ergibt sich die Verteilung V_{int}.

Bevor wir aus diesem Ergebnis folgern, dass die Logik in der Quantenphysik keine Bedeutung hat, überprüfen wir lieber noch einmal genau die Annahmen, die uns zu der Vorhersage der Verteilung V_{add} kommen ließen:

Annahme 1:　　Jedes Atom fliegt entweder durch den linken oder durch den rechten Spalt.

Annahme 2:　　Wenn das Atom durch den linken (rechten) Spalt fliegt, ist es für sein Auftreffen bedeutungslos, ob der andere Spalt geschlossen oder geöffnet ist.

An Annahme 2 hätte man vielleicht nicht unbedingt gedacht. Aber in der Tat, wenn beim Durchflug des einen Spalts der Zustand des anderen Spalts eine Rolle spielt, könnte ein Abweichen des beobachteten Musters von V_{add} damit erklärt werden. Auf der anderen Seite scheint Annahme 2 selbstverständlich erfüllt zu sein. Was würden Sie sagen, wenn Ihr Freund auf eine Torwand schießt, und die untere rechte Öffnung nicht trifft, dann aber sagt: „Kein Wunder, die linke obere Öffnung war offen. Ich trainiere immer mit geschlossener oberer Öffnung. Da fliegt der Ball anders."?

Dennoch bleibt es jeder Person unbenommen, von welcher der beiden gleichermaßen plausiblen Annahmen 1. oder 2. sie sich verabschiedet.

Die größere Gruppe in der Physiker-Gemeinschaft folgt der *Standard-Interpretation* und hat sich entschlossen, Annahme 1 fallen zu lassen. Die Konsequenzen sind unangenehm, wie wir im Folgenden sehen werden. Doch auch die Aufgabe von Annahme 2 führt zu haarsträubenden Schlussfolgerungen (s. Abschnitt 6.2.3).

Wir folgen hier der Standard-Interpretation und geben die Annahme auf, dass das Atom entweder durch den linken oder durch den rechten Spalt geht. Damit müssen wir auch jede Vorstellung darüber aufgeben, wie das Atom von der Quelle zum Detektor kommt. Würden wir uns „heimlich" eine Bahn vorstellen, auf der das Atom läuft, die uns nur nicht bekannt ist, dann hätten wir die Annahme 1 nicht wirklich fallen gelassen. Eine Bahn würde stets durch den linken oder den rechtem Spalt gehen, folglich müsste man die Verteilung V_{add} beobachten.

Nach der Standard-Interpretation liegt es nicht an der *subjektiven* Unkenntnis, dass wir dem Atom keine Bahn zuschreiben können. Vielmehr führt die Annahme, dass das Atom auf irgend einer beliebigen Bahn unterwegs ist, zwangsläufig zum Widerspruch. Man sagt: Es ist *objektiv unbestimmt*, wie das Atom auf den Schirm kommt. Klassische Modelle versagen hier; insbesondere ist die Vorstellung einer Bahn nicht haltbar. Man kann einem Atom in der Spaltebene eine klassisch wohldefinierte Eigenschaft wie „Ort" einfach nicht zuordnen. Damit müssen wir die Vorstellung von Atomen als klassischen Teilchen aufgeben, denn klassische Teilchen folgen stets einer Bahn, auch wenn man sie (subjektiv) nicht beobachten kann. Wir müssen also nicht nur die Vorstellung einer Bahn für das Atom aufgeben, sondern auch die Teilchenvorstellung vom Atom selbst.

Die Folgerung, nach der Quantenobjekte gewisse physikalische Eigenschaften (wie den Ort) nicht besitzen bzw. klassisch wohlunterschiedene Möglichkeiten (linker oder rechter Spalt) tatsächlich nicht realisieren, gilt nicht nur beim Doppelspalt-Experiment. Die beiden Möglichkeiten bei der Helium-Streuung in Abb. 2.13 sind keine Möglichkeiten, die von den Streupartnern tatsächlich realisiert werden, sondern nur klassische Denk-Möglichkeiten. Von welcher der beiden Quellen ein ^{4}He-Kern in den Detektor gelangt, ist objektiv unbestimmt.

Folgerung 2:

Wenn es für ein Quantenobjekt mehrere klassisch denkbare Möglichkeiten gibt, die zum gleichen Versuchsergebnis führen, dann realisiert das Quantenobjekt keine dieser Möglichkeiten. Vielmehr ist es objektiv unbestimmt, auf welche Weise das Versuchsergebnis eintritt.

Bemerkung:

Oft sagt man auch, das Atom im Doppelspalt-Experiment befinde sich in einem „Weder links noch rechts"-Zustand. Diese Sprechweise ist nicht ganz befriedigend. Wenn das Atom durch keinen der Spalte geht, dann kann es auch nicht auf dem Detektor ankommen. Gemeint ist mit dieser Formulierung „weder klassisch links noch klassisch rechts". Alternativ liest man in der Literatur gelegentlich, dass das Quantenobjekt durch beide Spalte geht. Dabei darf man sich nicht die Vorstellung machen, dass sich das Atom teilt, oder dass es zuerst durch den linken und dann zurück und durch den rechten fliegt. Beide Formulierungen „Weder-noch" und

„beide zugleich" stammen aus der klassischen Erfahrungswelt und sind nicht ganz geeignet, die quantenphysikalische Situation zu beschreiben. Wir werden in diesem Buch von Zuständen sprechen, die *unbestimmt* bezüglich einer bestimmten physikalischen Eigenschaft sind (z. B. orts-unbestimmt).

2.3 Eindeutige Messergebnisse

2.3.1 Der Wesenszug am Beispiel des Doppelspalt-Experiments

Wir haben im vorigen Abschnitt die Vorstellung aufgegeben, dass das Atom durch den linken oder rechten Spalt geht. Was geschieht aber, wenn wir *messen*, durch welchen Spalt das Atom geht? Werden wir ein unklares Messergebnis bekommen? Oder gar keines?

Um zu messen, durch welchen Spalt das Atom „geht" oder „gegangen ist", genügt es, wenn das Atom eine Markierung an einem der Spalte hinterlässt. Rubidium-Atome können z. B. mit einem geeignet abgestimmten Laser so angeregt werden, dass sie unmittelbar darauf ein Photon im Mikrowellenbereich in einen von zwei Hohlräumen H_1 und H_2 emittieren. Die Versuchsanordnung, von oben gesehen, ist in Abb. 2.14 dargestellt. Die Hohlraumwände können mit Detektionsebenen ausgekleidet werden. Würde das Photon in H_2 nachgewiesen (wie in Abb. 2.14 durch das dunklere Kästchen angedeutet), dann könnte man schließen, dass das Atom den rechten Spalt passiert. Ein Signal an H_1 würde auf den linken Spalt hinweisen.

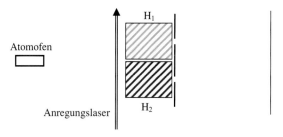

Abb. 2.14: Im rechten Hohlraum wird ein Photon detektiert.
Folgerung: Das Atom passiert den rechten Spalt.

Dieses Experiment wurde zwar von Scully und Mitarbeitern so vorgeschlagen [SEW91], aber bisher nicht genauso realisiert. Die realisierte (und kompliziertere) Version ist in Abschnitt 7.2.1 beschrieben. Dessen Ergebnis, übertragen auf das Gedankenexperiment von Scully, stimmt mit der Vorhersage der Quantentheorie überein und lautet:

Niemals stellt man fest, dass beim Durchflug eines Atoms keiner der Detektoren H_1 und H_2 anspricht, noch dass beide ansprechen. Vielmehr zeigt sich, dass bei jedem Atom *genau ein Hohlraum* – entweder H_1 oder H_2 – ein Signal gibt.

Dies scheint auf den ersten Blick im Widerspruch zur Folgerung 2 zu stehen: „Wenn es für ein Quantenobjekt mehrere klassisch denkbare Möglichkeiten gibt, die zum gleichen Versuchsergebnis führen, dann realisiert das Quantenobjekt keine dieser Möglichkeiten." Hier muss man jedoch beachten, dass nun zum Versuchsergebnis nicht nur der Aufschlagort X des Atoms gehört, sondern auch das Signal des Photons im Hohlraum H_1 oder H_2. Wir haben also zwei verschiedene Versuchsergebnisse, die wir durch die Paare *(X, H_1)* und *(X, H_2)* darstellen können. Somit ist die Voraussetzung von Folgerung 2, dass die Möglichkeiten „zum gleichen Versuchsergebnis" führen, nicht mehr gegeben.

Wenn man ein zweites Hohlraumpaar (H_3, H_4) (s. Abb. 2.15) aufstellt, wird nach der Detektion am Paar (H_1, H_2) des gleiche Ergebnis am Paar (H_3, H_4) erhalten, d. h: Wenn H_1 ein Signal gibt, gibt auch H_3 ein Signal; gibt H_2 ein Signal, dann auch H_4.

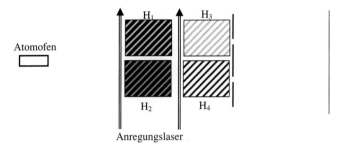

Abb. 2.15: Bei einer weiteren Messung erhält man das gleiche Ergebnis.

Wir verallgemeinern und interpretieren zunächst wieder und führen anschließend noch einige Beispiele an. Zunächst definieren wir jedoch, was wir unter der *Präparation auf eine Eigenschaft* verstehen wollen: Ein Objekt wurde auf eine bestimmte Eigenschaft präpariert, wenn diese Eigenschaft bei einer Messung mit 100% Wahrscheinlichkeit festgestellt wird (siehe auch das Arbeitsblatt in Abschnitt 8.4.2).

Wenn an einem Quantenobjekt eine Messung gemacht wird, so ist das Ergebnis bezüglich dieser Messung stets eindeutig. Außerdem wird durch die Messung das Quantenobjekt so *präpariert*, dass es bei weiteren Messungen stets das gleiche Ergebnis zeigt, (sofern es nicht zwischendurch anderweitig beeinflusst wurde).

Wesenszug 3: „Mögliche Messergebnisse"

a) Messergebnisse sind stets eindeutig, auch wenn sich das Quantenobjekt in einem Zustand befindet, der unbestimmt bezüglich der gemessenen Größe ist.

b) Eine Wiederholung der Messung am gleichen Quantenobjekt führt zum gleichen Ergebnis, wenn das Quantenobjekt nicht zwischendurch anderweitig beeinflusst wurde.

2.3.2 Interpretation

Fassen wir zunächst zusammen: Das Atom befindet sich ohne die Messung in einem unbestimmten Zustand („weder links noch rechts"). Wird eine Messung durchgeführt, so erhält man a) ein eindeutiges Ergebnis und b) ist dieses Ergebnis nun reproduzierbar. Daraus können wir folgern, dass die Messung mit Hilfe des Photons aus dem „Weder-Noch"-Zustand des Atoms einen eindeutigen Zustand bezüglich der durchgeführten Messung macht.

Dies könnte man bei unserem Doppelspalt-Experiment dadurch überprüfen, dass man nur die Spuren der Atome auf dem Schirm aufsammelt, die ein Signal in H_1 hinterlassen. Wenn unsere Folgerung richtig ist, werden diese Atome auf den Zustand „links" präpariert. In der Tat erhält man für diese Atome die Einzelspaltverteilung des linken Spalts (s. Abb. 2.16).

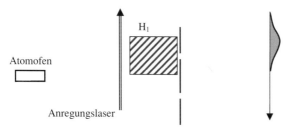

Abb. 2.16: Wenn man nur Atome registriert, die in H_1 ein Signal auslösen, so erhält man die Verteilung V_{links}.

Durch die Messung wird ein unbestimmter Zustand also verändert, nämlich umpräpariert in einen bestimmten Zustand. In der klassischen Physik wird dagegen durch eine Messung eine bereits vorher festliegende Eigenschaft festgestellt.

Der Quantenphysiker Pascual Jordan formuliert dies so: *„Beobachtungen stören nicht nur, was in einem System gemessen wird, sie erzeugen es. Bei einer Ortsmessung wird das Elektron zu einer Entscheidung gezwungen. Wir zwingen es an einen bestimmten Ort, vorher war es nicht hier, nicht dort, es hatte sich für keinen Ort entschieden."*

Und weiter folgert der Quantenphysiker N. David Mermin: *„Die Tatsache, dass das Messergebnis durch die Messung selbst erzeugt wird, zeigt, dass das Quantenobjekt und der Messapparat untrennbar verbunden sind."*

Mit der untrennbaren Verbundenheit von Quantenobjekt und Messapparat ist gemeint, dass nicht das Quantenobjekt für sich schon bestimmte Eigenschaften hat, sondern nur das Quantenobjekt in einer bestimmten Versuchsanordnung. Dies spiegelt sich auch im Formalismus wieder (s. Abschnitt 3.1.4).

Folgerung 3:

Ist ein Quantenobjekt bezüglich einer Eigenschaft in einem unbestimmten Zustand, so wird es durch eine Messung auf diese Eigenschaft umpräpariert. Es befindet sich unmittelbar nach der Messung in einem Zustand, in dem diese Eigenschaft bestimmt ist.

Quantenobjekt und Messapparat sind untrennbar miteinander verbunden.

Man kann dies durch eine Analogie verdeutlichen: Ein potentieller Bräutigam sei vor der Hochzeit noch unsicher, also in einem unbestimmten Zustand. Vor dem Traualtar muss er jedoch Farbe bekennen und eine eindeutige Antwort „Ja" – oder ev. „Nein" – geben (s. Abb. 2.17). Wenn er ein guter Mann ist, wird er bei jeder weiteren Nachfrage, ob er zu seiner Frau steht, ebenfalls mit „Ja" antworten. (Ein zwischendurch möglicher Einfluss, der diese „Präparation auf Ja" ändern könnte, wäre z. B. eine andere Frau.)

Abb. 2.17: Präparation eines Bräutigams

2.3.3 Weitere Beispiele

- *Ortsmessung bei Atomen:*
  Der Wesenszug zeigt sich bereits bei der Detektion des Atoms am Schirm. Vor dem Auftreffen ist der Ort des Atoms unbestimmt. Das Auftreffen ist eine Ortsmessung und liefert ein bestimmtes Ergebnis: Das Atom wird an *einem* bestimmten Ort nachgewiesen.

- *Ortsmessung bei Photonen:*
  Man kann auch bei Photonen eine Ortsmessung durchführen, z. B. mit einem CCD-Element, wie es in Videokameras verwendet wird. Auch hier zeigt sich, dass ein Photon an einem ganz bestimmten Ort nachgewiesen wird. Die Ortsmessung liefert ein bestimmtes Ergebnis. Sie ist allerdings nicht wiederholbar, denn das Photon wird bei der Messung absorbiert.

- *Polarisationsmessung:*
  Ein Photon, das die Polarisationseigenschaft $\varphi = 45^0$ hat, ist weder senkrecht ($\varphi = 0^0$) noch waagrecht ($\varphi = 90^0$) polarisiert. Es befindet sich in einem unbestimmten Zustand bezüglich einer Messung mit einem Polarisationsfilter mit $\varphi = 0^0$. Ob es absorbiert oder durchgelassen wird, ist unbestimmt. Trifft das Photon auf ein 0^0-Filter, so stellt dies eine Messung auf $\varphi = 0^0$ dar (s. Abb. 2.18).

Abb. 2.18: Messung auf die Polarisation 0^0

Das Messergebnis ist a) klar und deutlich: Das Photon wird entweder durchgelassen oder absorbiert. Es gibt keine „Zwischen-Fälle". Außerdem ist das Messergebnis b) reproduzierbar: Wenn das Photon durchgelassen wird, dann wird es von jedem weiteren Filter mit Orientierung $\varphi = 0^0$ ebenfalls durchgelassen. Das Photon hat also eine neue Polarisationseigenschaft, nämlich $\varphi = 0^0$; es ist durch die Messung umpräpariert worden. Die alte Polarisationseigenschaft hat es verloren. Von einem Filter mit Orientierung 45^0 wird es nun mit der Wahrscheinlichkeit 0,5 absorbiert.

Aufgabe:

Elektronen haben einen Spin. Misst man den Spin in einer bestimmten Raumrichtung (z. B. in y-Richtung), so gibt es zwei mögliche Messergebnisse, nämlich „spin up" und „spin down". Elektronen mit spin up werden in inhomogenen Magnetfeldern anders abgelenkt als Elektronen mit spin down (s. Abb. 2.19). Dies wurde im sogenannten Stern-Gerlach-Experiment gezeigt:

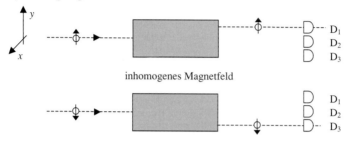

Abb. 2.19: Prinzip des Stern-Gerlach-Experiments

Die Detektoren D_1 bis D_3 sollen das Elektron nicht absorbieren, sondern nur eine Ortsmessung machen. Diese Messung ist gleichzeitig eine Messung auf den Spin, denn wenn das Elektron in D_1 nachgewiesen wird, hat es Spin „up", wird es in D_3 nachgewiesen, hat es Spin „down".

Wir betrachten nun ein Elektron, dessen Spin unbestimmt ist. (Wenn der Spin z. B. in x-Richtung bestimmt ist, ist er in y-Richtung unbestimmt.)

a) An welchen der Detektoren D_1 bis D_3 kann ein solches Elektron im Stern-Gerlach-Experiment nachgewiesen werden?

b) An welchen der Detektoren d_1 bis d_5 in Abb. 2.20 kann das Elektron nachgewiesen werden, wenn es eine Kette von zwei Stern-Gerlach-Experimenten durchläuft?

Abb. 2.20: Zwei Stern-Gerlach-Apparate mit Detektoren hintereinander

Lösung:

a) Eine quantenphysikalische Messung gibt stets eindeutige Messergebnisse. Wenn Detektor D_2 das Elektron registrieren würde, dann hätte die Anordnung, die ja auch den Spin misst, kein klares Ergebnis gebracht. Das Elektron kann also nur entweder von D_1 oder von D_3 nachgewiesen werden.

b) Duch diese Spin-Messung wird der Spin des Elektrons umpräpariert. Es hat dann „spin up", wenn es von D_1 nachgewiesen wird und „spin down", wenn es von D_3 nachgewiesen wird. Dementsprechend wird es im zweiten Stern-Gerlach-Apparat noch einmal genau so wie beim ersten abgelenkt. Es kann also nur in d_1 oder in d_5 nachgewiesen werden.

2.4 Komplementarität

2.4.1 Der Wesenszug am Beispiel des Doppelspalt-Experiments

Kommen wir noch einmal auf das Doppelspalt-Experiment zurück. Mit Hilfe einer Photonen-„Markierung" kann gemessen werden, ob das Atom durch den linken oder durch den rechten Spalt ging. (Nach Wesenszug 3 erhalten wir ein eindeutiges Messergebnis, einen der beiden Spalte, und bei nochmaliger Messung finden wir das Atom am selben Spalt.)

Außerdem hatten wir geschlossen: Wenn wir die Verteilung V_{int} beobachten, kann das Atom unmöglich links oder rechts durchgegangen sein, sonst würden wir V_{add} beobachten. Im Umkehrschluss müssen wir also folgern: Wenn mit dem Experiment feststellbar ist, ob das Atom links oder rechts durchgegangen ist, darf sich auf dem Schirm kein Doppelspaltmuster V_{int} ergeben.

Das Experiment bestätigt diese Überlegung: Sobald wir messen, durch welchen Spalt das Atom ging, beobachten wir *kein* Doppelspalt-Interferenzmuster, sondern die Überlagerung V_{add} der beiden Einzelspaltmuster. Wenn diese Information aus der Versuchsanordnung nicht erhalten werden kann, zeigt sich das Doppelspaltmuster (Abb. 2.21).

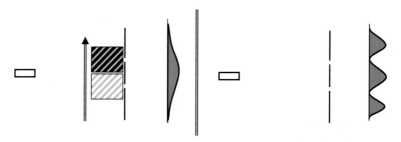

Abb. 2.21: links: Information über den passierten Spalt, rechts: Interferenzmuster

Allgemeiner: Wenn „wissbar" ist, welche der klassisch denkbaren Möglichkeiten ein Quantenobjekt realisiert hat, dann zeigt es bezüglich dieser Möglichkeiten kein Interferenzmuster. Wenn dies nicht „wissbar" ist, dann realisiert das Quantenobjekt auch keine dieser Möglichkeiten (s. Folgerung 2) und ein Interferenzmuster kann beobachtet werden.

Man nennt die Information über die Realisierung der *klassisch denkbaren Möglichkeit* in der Literatur *„Welcher-Weg"-Information*, obwohl von einem Weg im klassischen Sinne keine Rede sein kann. Wir setzen deshalb „Welcher-Weg" stets in Anführungszeichen.

> Wesenszug 4: „Komplementarität"
> „Welcher-Weg"-Information und Interferenzmuster schließen sich aus.

Der Umkehrschluss gilt natürlich nicht. Wenn keine „Welcher-Weg"-Information zur Verfügung steht, muss nicht automatisch ein Interferenzmuster auftreten. Z. B. kann das Interferenzmuster ausbleiben, wenn die Werte für die Geschwindigkeiten der Quantenobjekte zu stark streuen (weil dementsprechend auch die de-Broglie-Wellenlänge streut).

2.4.2 Interpretation

Wir sehen also zunächst, dass man Quantenobjekte nicht beliebig auf alle Eigenschaften gleichzeitig präparieren kann. Präpariert man sie auf „Interferenzmuster", so kann man keine „Welcher-Weg"-Information bekommen und umgekehrt.

Bei dieser Präparation ist die gesamte Messapparatur entscheidend. Eine Veränderung im Versuch von Abb. 2.21 links an der Apparatur *für die Photonen* beeinflusst auch das Versuchsergebnis *für die Atome*. Enthalten zum Beispiel die Hohlräume thermische Strahlung ausreichend hoher Temperatur, dann ist die Photonenzahl im Hohlraum unbestimmt. Ein Photon mehr oder weniger kann dann prinzipiell nicht nachgewiesen werden, und man kann also auch keine Information über die Möglichkeiten „links" oder „rechts" bekommen. In diesem Fall erhält man ein Interferenzmuster auf dem Schirm.

Unabhängig davon, wie subtil eine „Welcher-Weg"-Messung durchgeführt wird, sie führt auf jeden Fall dazu, dass das Interferenzmuster nicht mehr beobachtet werden kann. Auch in der klassischen Physik wird ein Zustand durch eine Messung stets ein wenig beeinflusst, aber dieser Einfluss kann im Prinzip beliebig klein gemacht werden: Wenn wir z. B. eine Geschwindigkeitsmessung an einem Auto machen, kann man mit einem Radar den Einfluss der Messung sehr klein machen. Durch geeignete Geräte kann man ihn theoretisch sogar beliebig klein machen (nach der klassischen Sichtweise). In der Quantenphysik ändert sich mit der Messung der Zustand des Quantenobjekts völlig. Hat es vorher noch zu einem Interferenzmuster V_{int} beigetragen, trägt es nun zur Summenverteilung V_{add} bei. Der Wesenszug „Komplementarität" zeigt: Unabhängig davon, wie eine Messung durchgeführt wird, ihr Einfluss kann nicht beliebig klein gemacht werden kann.

Es ist auch gleichgültig mit welchem Teil der experimentellen Anordnung die „Welcher-Weg"-Messung gemacht wird. Die gesamte Messapparatur bestimmt das Versuchsergebnis. Man spricht hier auch vom Prinzip der „Ganzheitlichkeit der Messung" .

Folgerung 4:

Quantenobjekte können nicht auf alle Eigenschaften gleichzeitig präpariert werden.

Der Einfluss einer Messung auf ein Quantenobjekt, das bezüglich dieser Messung in einem unbestimmten Zustand ist, kann nicht beliebig klein gemacht werden.

Die gesamte Messapparatur bestimmt das Versuchsergebnis.

Auf zwei häufige Missverständnisse gehen wir hier kurz ein:

1. Man könnte versucht sein, hier klassisch zu argumentieren: Das emittierte Photon beeinflusse durch Rückstoß das Atom in seiner ursprünglichen Bahn. Dadurch werde das Interferenzmuster verwischt. Dagegen ist zu sagen: Zunächst ist eine Bahnvorstellung nicht mit der Beobachtung der Verteilung V_{int} vereinbar. Außerdem kann man rechnerisch zeigen, dass man im betrachteten Beispiel das Verwischen des Interferenzmusters nicht durch den Rückstoß erklären könnte. Man kann sich leicht plausibel machen, dass der Impuls eines Mikrowellen-Photons nicht ausreichen kann, um den Impuls eines Atoms nennenswert zu beeinflussen (dieser Punkt wird in Abschnitt 7.2.2 noch einmal am Beispiel eines real durchgeführten Experiments diskutiert). Man kann sich nicht in klassische Vorstellungen retten, es bleibt nichts anderes übrig, als auch die Komplementarität als fundamentalen Wesenszug der Quantenphysik zu akzeptieren.

2. Das hier formulierte Komplementaritätsprinzip sollte man nicht mit dem Welle-Teilchen-Dualismus gleichsetzen. In keiner der Versuchsanordnungen reicht das Wellenbild oder das Teilchenbild allein aus. Wenn ein Interferenzmuster beobachtet wird, sind es doch diskrete Orte, an denen die Quantenobjekte auf dem Schirm nachgewiesen werden. Dies ist mit dem Wellenmodell nicht vereinbar. Und auch, wenn kein Doppelspalt-Interferenzmuster beobachtet wird, heißt das noch lange nicht, dass die Quantenobjekte als Teilchen unterwegs sind. Wie könnten sie sonst zu einem Einzelspaltmuster (s. Abb. 2.8) beitragen?

Ein weiterer Punkt sollte noch erwähnt werden: Eine „Welcher-Weg"-Messung muss nicht unbedingt tatsächlich durchgeführt werden, damit das Interferenzmuster nicht auftritt: In der Tat genügt es, dass man die „Welcher-Weg"-Information in Erfahrung bringen *könnte*. Ein solcher Fall wäre gegeben, wenn man den Detektor an den Hohlräumen nicht auslesen würde. Es ist sogar noch nicht einmal notwendig, dass der Hohlraum Detektoren enthält. Wenn das Photon in den Wänden absorbiert wird, könnte man im Prinzip aus dem Zustand der Wände die „Welcher-Weg"-Information wieder gewinnen.

Nicht möglich ist dies jedoch, wenn das Atom gar kein Photon emittiert. In diesem Fall wird ein Interferenzmuster beobachtet. Man kann das Experiment auch so konstruieren, dass das Photon zwar emittiert wird, aber die zwei Möglichkeiten durch eine Messung am Photon nicht unterscheidbar sind. Ein solches Beispiel ist in Abschnitt 3.2.4 dargestellt. Auch in diesen Fällen wird das Interferenzmuster beobachtet.

Das Interferenzmuster verschwindet auch dann, wenn man die Information im Nachhinein bekommt. Ein Beispiel wäre, wenn man das Hohlraumpaar erst hinter dem Doppelspalt aufstellt, so dass das Atom seine Markierung erst hinterlässt, wenn es bereits seinen „Weg" durch die zwei Spalte gemacht hat (s. Abb. 2.22).

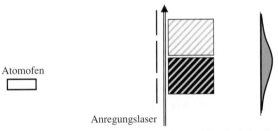

Atomofen

Anregungslaser

Abb. 2.22: Auch nachträgliches Messen sorgt für das Verschwinden des Interferenzmusters

Man kann nicht erwarten, dass man durch eine solche Messung „im Nachhinein" eine Information über den tatsächlich gemachten „Weg" des Quantenobjekts bekommen kann. Es handelt sich vielmehr um ein Beispiel für Wesenszug 3: Bei einer Messung des Orts wird ein eindeutiger Zustand gefunden (z. B. Hohlraum H_1), selbst wenn das Atom vorher in einem bezüglich des Orts unbestimmten Zustand war. Durch die Messung wird es umpräpariert und befindet sich ab diesem Zeitpunkt (aber nicht vorher) in einem bezüglich des Orts bestimmten Zustand, nämlich in Hohlraum H_1.

Der Begriff „Welcher-Weg"-Information ist also bei einer Messung im Nachhinein nicht mehr zutreffend. Dennoch wird er in der Wissenschaft auch für solche Situationen benutzt.

Fassen wir zusammen: Das Interferenzmuster wird nicht beobachtet,

a)   wenn man eine „Welcher-Weg"-Information erhält,

b)   wenn man eine „Welcher-Weg"-Information erhalten könnte,

c)   wenn man eine Messung im Nachhinein macht, die aus dem unbestimmten Zustand einen bestimmten Zustand macht,

d)   wenn in der Versuchsanordnung eine Information (ein „Fingerabdruck") zu den Möglichkeiten hinterlassen wird, auch wenn diese Information gar nicht ausgelesen wird.

Wir fassen dies mit der kurzen Wendung zusammen: Ein Interferenzmuster kann nicht beobachtet werden, wenn die klassisch denkbaren Möglichkeiten *unterscheidbar* sind.

Wir geben nun zwei Beispiele für den Fall d):

2.4.3 Weitere Beispiele

- Variation der Streuung von Heliumkernen:
  Bei der bereits angesprochenen Streuung von Heliumkernen kann man auch ^{4}He an ^{3}He streuen. Nun sind die zwei klassisch denkbaren Möglichkeiten unterscheidbar. Selbst wenn der Detektor nicht zwischen den beiden Kernen unterscheiden könnte, wäre eine Unterscheidung prinzipiell möglich. Zum Beispiel könnte man den Detektor vor und nach der Detektion wiegen. Die Folge ist: Wir könnten eine „Welche-Möglichkeit-Information" bekommen und in der Tat beobachtet man in diesem Fall kein Interferenzmuster im Wirkungsquerschnitt (s. Abb. 2.23).

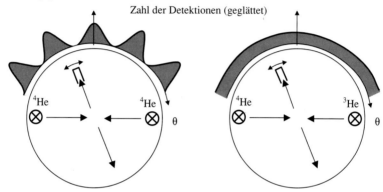

Abb. 2.23: Streuung von ^{4}He- an ^{4}He- bzw. von ^{4}He- an ^{3}He-Kernen (schematisch)

- Braggreflexion von Neutronen am ^{13}C-Kristall:
  Ein eindrucksvolles weiteres Beispiel für Fall d) ist die Braggreflexion von Neutronen an einem Kohlenstoff-^{13}C-Kristall [Fey65, S.17f.]. Hierbei tritt nämlich zusätzlich zu den scharfen Interferenzmaxima eine gleichmäßige Verteilung auf. (Beobachtet wird die Summe der beiden Verteilungen, s. Abb. 2.24.)

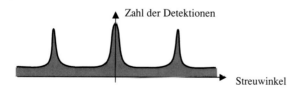

Abb. 2.24: Summe von Interferenzmuster und glatter Verteilung (schematisch)

Sowohl die Neutronen als auch die Streuzentren, die ^{13}C-Kerne, tragen Spin. Nehmen wir an, die Spins aller ankommenden Neutronen wären *up*. Misst man nun die Spins der gestreuten Neutronen, stellt man fest, dass es z. T. Spin *up* und z. T. Spin *down* haben (s. Abb. 2.25). Dabei tragen die ersteren zum Interferenzmuster bei, die letzteren zur glatten Verteilung.

Dieses Phänomen ist ein Beispiel für das Komplementaritätsprinzip: Das Neutron kann an jedem der Kohlenstoff-Kerne gestreut werden. Das sind die verschiedenen klassisch denkbaren Möglichkeiten. Ändert ein Neutron bei der Streuung seinen Spin, dann sind die

Möglichkeiten unterscheidbar, sonst nicht. Denn wenn das Neutron seinen Spin von *up* nach *down* ändert, muss wegen der Drehimpulserhaltung einer der Kohlenstoffkerne seinen Spin von *down* nach *up* ändern. Dadurch wird das Streuzentrum *unterscheidbar* von allen anderen ^{13}C-Kernen. Um diese Information wirklich zu erhalten, müsste man im Prinzip alle Spinstellungen der ^{13}C-Kerne vor dem Experiment notieren und mit allen Spinstellungen nachher vergleichen. Dies ist *praktisch* unmöglich, doch entscheidend ist allein, ob eine unterscheidende Information („Fingerabdruck") in der Versuchsanordnung hinterlassen würde. Dies trifft zu, wenn ein Spin umgeklappt wird, folglich beobachtet man in diesem Fall kein Interferenzmuster.

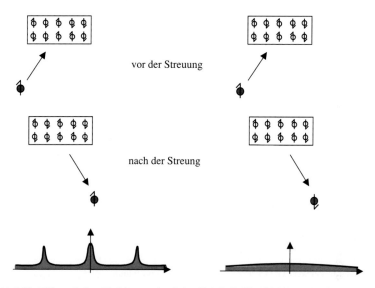

vor der Streuung

nach der Streung

Abb 2.25: Während ohne Umklappen des Spins (links) die Möglichkeiten nicht unterscheidbar sind, ist mit Umklappen (rechts) eine Unterscheidung prinzipiell möglich.
(Rechts hat der vierte Kern in der oberen Reihe den Spin geändert.)

Bemerkungen:

1. Man kann den 4. Wesenszug „Komplementarität" also verallgemeinern: Wenn ein experimentelles Ergebnis auf mehrere klassisch denkbare Möglichkeiten entstehen kann und aus dem Experiment eine Information erhalten werden kann, die genau einer der Möglichkeiten zugeordnet werden kann, dann kann man kein Interferenzmuster beobachten.

2. In den vergangenen Jahren hat man auch untersucht, was bei unzuverlässiger „Welcher-Weg"-Information beobachtet wird (siehe auch Abschnitt 8.2.2): Je deutlicher das Interferenzmuster, um so unzuverlässiger ist eine „Welcher-Weg"-Information erhaltbar, und umgekehrt: Je zuverlässiger die „Welcher-Weg"-Information gewonnen werden kann, um so weniger zeigt sich das Interferenzmuster. Man kann dies durch eine Balkenwaage illustrieren (s. Abb. 2.26):

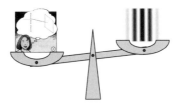

Abb. 2.26: Je mehr „Welcher-Weg"-Information, um so weniger Interferenzmuster

Der Begriff *Komplementaritätsprinzip* kann von der Mengenlehre her veranschaulicht werden: Die Komplementmenge *K* einer Teilmenge *T* bezüglich einer Obermenge ist um so größer, je kleiner die Teilmenge *T* ist (s. Abb. 2.27).

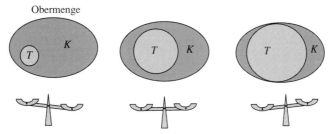

Abb. 2.27: Die Komplementmenge ist die Obermenge „abzüglich" der Teilmenge

2.4.4 Die Unbestimmtheitsrelationen

Andere Beispiele für das Komplementaritätsprinzip sind die Unbestimmtheitsrelationen. Bekanntester Vertreter ist sicher die Relation für Ort und Impuls:

$$\Delta x \cdot \Delta p \geq \frac{\hbar}{2}.$$

Dabei ist Δx oder Δp keine Messunsicherheit oder -unschärfe. Vielmehr ist der Ort im gleichen Sinne unbestimmt, wie beim Doppelspalt-Experiment unbestimmt ist, durch welchen Spalt das Quantenobjekt geht. Es gibt keinen „wahren Ort", den das Quantenobjekt unabhängig von einer Messung hat. Wenn wir eine Ortsmessung durchführen, so bekommen wir zwar ein bestimmtes Ergebnis (s. Wesenszug 3 „Mögliche Messergebnisse" a). Doch wird dieses Messergebnis vom Zufall abhängen und eine statistische Streuung aufweisen (s. Wesenszug 1 „Statistisches Verhalten"), wenn das Quantenobjekt nicht gerade auf einen bestimmten Ort präpariert wurde (s. Wesenszug 3 „Mögliche Messergebnisse" b). Die Streuung Δx ist also ein Maß dafür, wie unbestimmt der Ort des Quantenobjekts vor der Messung ist. Ebenso ist Δp ein Maß für die Unbestimmtheit des Impulses, d. h. für die statistische Streuung der Impulsmesswerte. Aus diesem Grund nennen wir die Relationen „Unbestimmtheitsrelationen" und nicht „Unschärferelationen".

Die Aussage der Unbestimmtheitsrelation ist nun, dass es nicht möglich ist, Quantenobjekte in einen Zustand zu bringen, in dem Δx und Δp gleichzeitig beliebig klein sind.

Wir wenden die Orts-Impuls-Unbestimmtheitsrelation auf die Anfangszustände der Helium-Atome unseres Doppelspalt-Experiments (s. Abb. 2.1) an. Jedem Impuls p entspricht eine de-Broglie-Wellenlänge $\lambda = h/p$. Um ein Interferenzmuster zu erhalten, muss die Unbestimmtheit der Impulse zumindest kleiner als der durchschnittliche Atomimpuls sein, also

$$\Delta p \leq 1 \cdot 10^{-23} \text{ kg·m/s.}$$

Damit ist $\Delta x \geq \frac{\hbar}{2} \cdot \frac{1}{\Delta p} = 5 \cdot 10^{-12}$ m.

Dies bedeutet, dass die Unbestimmtheit im Ort mindestens $5 \cdot 10^{-12}$ m betragen muss. Dies ist etwa 10% des Atomdurchmessers. Von gut bestimmten Anfangsbedingungen kann hier also keine Rede sein. Damit schließt sich der Kreis zum ersten Wesenszug (s. Abb. 2.28). Ein deterministisches Verhalten der Quantenobjekte kann schon aufgrund der Unbestimmtheit der Anfangsbedingungen nicht erwartet werden.

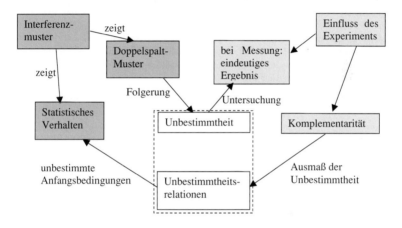

Abb. 2.28: Zusammenhang der Wesenszüge mit der Unbestimmtheit

Die „übliche" Herleitung der Orts-Impuls-Unbestimmtheitsrelation anhand des Einzelspalts ist problematisch [Wie88]. Wir wollen deshalb lieber eine Unbestimmtheitsrelation für polarisierte Photonen herleiten.

Wir betrachten die Situation zunächst qualitativ:

Ein Photon habe eine bestimmte Polarisationseigenschaft, sagen wir in 0^0-Richtung, d. h. es wird von einem Filter mit Orientierung in 0^0-Richtung mit Sicherheit durchgelassen und von einem Filter mit Orientierung in 90^0-Richtung mit Sicherheit absorbiert. Die Unbestimmtheit des Photons bezüglich der Richtungen 0^0 und 90^0 beträgt 0.

Ein 0^0-Photon, das auf ein Filter trifft, dessen Orientierung von 0^0 (bzw. 90^0) nur wenig abweicht, wird weiterhin mit hoher Wahrscheinlichkeit von einem 0^0-Filter durchgelassen (bzw. absorbiert), es gibt aber auch Fälle, bei denen das Photon absorbiert (bzw. durchgelassen) wird. Der Ausgang des Experiments ist unbestimmt geworden.

Am größten ist die Unbestimmtheit, wenn das 0^0-Photon auf ein Filter mit Orientierung in $+45^0$- oder -45^0-Richtung trifft: Durchlass und Absorption sind jeweils gleich wahrscheinlich.

Allgemein kann man sagen: Photonen, die in einer bestimmten Richtung polarisiert sind, zeigen bei Messungen in ähnlichen (und dazu orthogonalen) Richtungen φ nur relativ kleine Streuungen. Wird jedoch in Winkelbereichen φ gemessen, die um ca. 45^0 von der Polarisationsrichtung der Photonen abweicht, bekommt man besonders große Streuungen. Wir betrachten eine große Anzahl von Photonen mit beliebigen Polarisationen. Für diese Photonen bestimmen wir die Streuungen für zwei Orientierungen φ_1 und φ_2. Wenn sich die Winkel φ_1 und φ_2 um etwa 45^0 voneinander unterscheiden, so wird bei Photonen jeglicher Polarisationsrichtung bei mindestens einer der Orientierungen φ_1 und φ_2 eine Streuung auftreten, die deutlich von 0 verschieden ist. Addiert man die beiden Streuungen, so wird in diesem Fall ein bestimmter Minimalwert nie unterschritten. Da dieser Wert für Photonen beliebiger Polarisation gilt, kann auf diese Weise eine Unbestimmtheitsrelation formuliert werden.

Betrachten wir die Situation nun quantitativ:

Beim Durchgang durch ein Filter in φ-Richtung wird ein 0^0-Photon mit der Wahrscheinlichkeit $\cos^2(\varphi)$ durchgelassen und mit der Wahrscheinlichkeit $\sin^2(\varphi)$ absorbiert (s. Abschnitt 2.1.2). Wir bezeichnen das Ergebnis „durchgelassen" mit „$\Pi = 1$" und das Ergebnis „absorbiert" mit „$\Pi = 0$". Π ist also hier eine Polarisationsquantenzahl. Die Funktion $E(x)$ steht für den Erwartungswert einer Größe x. Dann beträgt die Streuung $\Delta\Pi_\varphi$ des 0^0-Photons an einem Filter in φ-Richtung:

$$\Delta\Pi_\varphi \ (0^0\text{-Photon}) = E(\Pi^2) - E^2(\Pi) = 1^2 \cdot \cos^2\varphi + 0^2 \cdot \sin^2\varphi - [1 \cdot \cos^2\varphi + 0 \cdot \sin^2\varphi]^2 =$$

$$= \cos^2\varphi \cdot [1 - \cos^2\varphi] = \cos^2\varphi \cdot \sin^2\varphi = \tfrac{1}{4}\sin^2(2\varphi)$$

Für $\varphi = 0$ und $\varphi = 90^0$ ist $\Delta\Pi$ (0^0-Photon) $= 0$, für diese φ-Werte ist der Versuchsausgang bestimmt.

Für $\varphi = 45^0$ erhalten wir die maximale Unbestimmtheit, nämlich $\Delta\Pi_{45°}(0^0\text{-Photon}) = \tfrac{1}{4}$.

Aus der Formel für $\Delta\Pi_\varphi$ (0^0-Photon) kann man folgende Unbestimmtheitsrelation herleiten (s. Anhang A):

Für jedes Photon mit beliebiger Polarisation gilt für die Summe der Unbestimmtheiten bezüglich zweier Polarisationsrichtungen φ_1 und φ_2 stets

$$\Delta\Pi_{\varphi1} + \Delta\Pi_{\varphi2} \geq \text{Min}[\ \tfrac{1}{2}\sin^2(\varphi_1 - \varphi_2),\ \tfrac{1}{2}\cos^2(\varphi_1 - \varphi_2)\ ].$$

Dabei bedeutet Min die Minimumsfunktion, es ist also das kleinere der beiden Argumente zu nehmen.

Aufgabe:

Ein Photon habe bezüglich $\varphi_1 = 10^0$ die Unbestimmtheit 0,1.

Kann dieses Photon bezüglich der Richtung $\varphi_2 = 40^0$ bestimmt sein?

Lösung:

Der Zwischenwinkel $\varphi_1 - \varphi_2 = 30^0$. Da $\sin(30^0) < \cos(30^0)$ gilt:

$$\Delta\Pi_{\varphi2} \geq \tfrac{1}{2}\sin^2(\varphi_1 - \varphi_2) - \Delta\Pi_{\varphi1} = 0{,}125 - 0{,}1 = 0{,}025 > 0.$$

Das Photon kann also bezüglich $\varphi_2 = 40^0$ nicht bestimmt sein.

2.5 Zusammenstellung der Wesenszüge

Wir stellen hier die vier Wesenszüge und Folgerungen in einer Übersicht zusammen:

Wesenszug 1: „Statistisches Verhalten"	a) In der Quantenphysik können Einzelereignisse im Allgemeinen nicht vorhergesagt werden. b) Bei vielen Wiederholungen ergibt sich jedoch eine Verteilung, die – bis auf statistische Schwankungen – reproduzierbar ist.	Folgerung 1: Während in der klassischen Mechanik der Ausgang von Experimenten grundsätzlich determiniert ist, ist bei quantenmechanischen Ereignissen der Ausgang prinzipiell vom Zufall bestimmt.
Wesenszug 2: „Fähigkeit zur Interferenz"	Auch einzelne Quantenobjekte können zu einem Interferenzmuster beitragen, und zwar dann, wenn es für das Eintreten des gleichen Versuchsergebnisses mehr als eine klassisch denkbare Möglichkeit gibt.	Folgerung 2: Wenn es für ein Quantenobjekt mehrere klassisch denkbare Möglichkeiten gibt, die zum gleichen Versuchsergebnis führen, dann realisiert das Quantenobjekt keine dieser Möglichkeiten. Vielmehr ist objektiv unbestimmt, auf welche Weise das Versuchsergebnis eintritt.
Wesenszug 3: „Mögliche Messergebnisse"	a) Messergebnisse sind stets eindeutig, auch wenn sich das Quantenobjekt in einem Zustand befindet, der unbestimmt bezüglich der gemessenen Größe ist. b) Eine Wiederholung der Messung am gleichen Quantenobjekt führt zum gleichen Ergebnis, wenn das Quantenobjekt nicht zwischendurch anderweitig beeinflusst wurde.	Folgerung 3: Ist ein Quantenobjekt bezüglich einer Eigenschaft in einem unbestimmten Zustand, so wird es durch eine Messung auf diese Eigenschaft umpräpariert. Es befindet sich danach in einem Zustand, in dem diese Eigenschaft bestimmt ist. Quantenobjekt und Messapparat sind untrennbar miteinander verbunden.
Wesenszug 4: „Komplementarität"	„Welcher-Weg"-Information und Interferenzmuster schließen sich aus.	Folgerung 4: Quantenobjekte können nicht auf alle Eigenschaften gleichzeitig präpariert werden. Die gesamte Messapparatur bestimmt das Versuchsergebnis. Der Einfluss einer Messung kann nicht beliebig klein gemacht werden.

3. Quantitative Beschreibung der vier Wesenszüge

Alles sollte so einfach wie möglich gemacht werden, aber nicht einfacher. [A. Einstein]

Auch in Bereichen wie der Quantenphysik, die nicht durch Anschaulichkeit und „gesunden Menschenverstand" zugänglich sind, gelingen der Physik quantitative Vorhersagen, die auf bis zu neun (!) Stellen mit den experimentellen Ergebnissen übereinstimmen.

Wir stellen in diesem Kapitel diejenigen Elemente der Quantentheorie dar, mit denen die vier Wesenszüge aus Kapitel 2 quantitativ beschrieben werden können.

Die Beschreibung gelingt nicht mit reellen Zahlen wie in der klassischen Physik. Auf die mathematisch schwierige Beschreibung durch Vektoren im Hilbertraum verzichten wir hier (s. z.B: [Sak85]). So manchem Leser dürfte die Beschreibung mit den komplexwertigen ψ-Funktionen aus dem Studium bekannt sein. Wir gehen darauf qualitativ ein, da viele Vorgänge formal-anschaulich mit Wellenpaketen beschreibbar sind. Beginnen wollen wir jedoch damit, darzustellen, wie die Wesenszüge mit Hilfe des Zeigerformalismus beschrieben werden können. Dieser ist abstrakt, aber mathematisch einfach: Anstelle des Umgangs mit komplexen Zahlen muss nur die Vektoraddition beherrscht werden.

3.1 Beschreibung mit dem Zeigerformalismus

Wir beschränken uns auf die quantitative Beschreibung von Interferenzmustern bei Mehrfachspalt-Experimenten.

3.1.1 Berücksichtigung des statistischen Verhaltens

Quantenobjekte verhalten sich statistisch. Einzelereignisse können nicht vorhergesagt werden, es kann also höchstens eine Wahrscheinlichkeit dafür vorhergesagt werden, mit der ein bestimmtes Ereignis (bei vielen Wiederholungen) eintritt.

> Das Ziel der Quantentheorie ist, eine quantitative Vorhersage für die Wahrscheinlichkeit zu machen, dass ein bestimmtes Ereignis eintritt.

In unserem Fall, wäre das die Wahrscheinlichkeit P, dass das Atom an einer bestimmten Stelle des Schirms auftrifft. Wir beschränken uns auf Vorhersagen in horizontaler Richtung des Schirms und nennen diese x-Richtung. Um die Auftreffhäufigkeiten der Atome (dargestellt durch Histogramme), – abgesehen von den statistischen Schwankungen – quantitativ zu beschreiben, suchen wir eine Wahrscheinlichkeitsvorhersage für jedes x, also die Funktion $P(x)$ (s. Abb. 3.1). Wenn wir die Gesamtfläche unter der Kurve von $P(x)$ auf den Wert 1 normieren, dann ist $P(x)$ ein Maß für die Wahrscheinlichkeit $P(x) \cdot dx$, mit der ein Atom im Intervall $[x; x+dx]$ auftrifft.

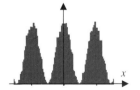 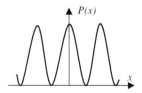

Abb. 3.1 Die Verteilung der Auftreffpunkte wird beschrieben durch eine Funktion $P(x)$

3.1.2 Beschreibung des Interferenzmusters

Man ermittelt die quantenphysikalischen Wahrscheinlichkeiten mit den folgenden *Zeigerregeln*. Wir formulieren sie so allgemein, dass sie für Experimente mit Gangunterschieden (Mehrfachspalte, Interferometer, usw.) anwendbar sind, sofern keine weiteren Messungen (Wesenszug 3) gemacht oder „Welcher-Weg"-Information erhalten werden kann. Wie die Zeigerregeln für diese Fälle abgeändert werden müssen, beschreiben wir in den Abschnitten 3.1.3 und 3.1.4.

Eine Quelle Q emittiere ein Quantenobjekt der Wellenlänge λ. Wir suchen die Wahrscheinlichkeit $P(x)$ für das Ereignis: Das Quantenobjekt wird am Ort x detektiert.

I. Zunächst muss man alle **Zeigerlinien** zwischen Q und x finden. Das sind die **relativ kürzesten** Verbindungen, also alle Verbindungen, die durch jede kleine Deformation länger werden (s. Abb. 3.2).

Z. B. sind die Zeigerlinien für ein Spaltsystem alle Kombinationen von geraden Verbindungen, die eine durchgehende Linie zwischen Q und x ergeben.

Abb. 3.2: Die Linie ——— **ist eine Zeigerlinie. Sie ist zwar nicht die kürzeste, aber eine relativ kürzeste Verbindung: Durch jede** <u>kleine</u> **Deformation (z. B. ----) wird sie länger.**

II. Auf jeder Zeigerlinie rollt ein Rad mit dem Umfang λ, auf das ein Zeiger der Länge eins aufgezeichnet ist. An der Quelle zeigt der Zeiger nach oben, dann dreht er sich mit dem Rad, bis er am Ort x stehenbleibt (s. Abb. 3.3).

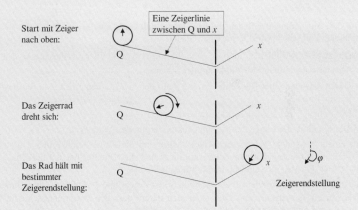

Abb. 3.3: Für eine Zeigerlinie wird die Zeigerendstellung gewonnen.

Die Endstellung eines Zeigers ist ein Vektor mit der Länge eins und einer Phase φ, die sich aus der Länge ℓ der Zeigerlinie berechnen lässt: $\varphi = \ell/\lambda \cdot 2\pi$ modulo 2π.

III. Nun werden jeweils die Zeiger(-endstellungen) für alle Zeigerlinien vektoriell addiert.

IV. Das Quadrat des Summenzeigers ist der gesuchte Funktionswert $P(x)$ für den Ort x.

Streng genommen müsste das Integral über $P(x)$ noch auf 1 normiert werden. Wir beschränken uns im Folgenden aber auf quantitative Aussagen über Verhältnisse von Wahrscheinlichkeiten $P(x_1) / P(x_2)$. Dabei spielt der Normierungsfaktor keine Rolle.

Es versteht sich von selbst, dass die Zeiger nur in der mathematischen Beschreibung, also in unserem Kopf, existieren. Quantenobjekte brauchen zu ihrer Ausbreitung keine Zeiger, genauso wenig, wie eine geworfene Kugel mit reellen Zahlen rechnen muss, um ihren Auftreffpunkt zu „finden".

Wir wenden die Zeigerregeln zunächst auf das Doppelspaltexperiment an (s. Abb. 3.4).

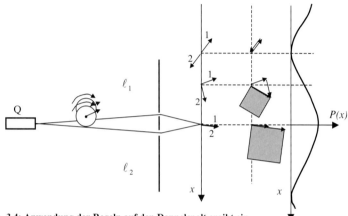

Abb. 3.4: Anwendung der Regeln auf den Doppelspalt ergibt ein (in diesem Fall sehr breites) Doppelspaltmuster

I. Die zwei Zeigerlinien ℓ_1 und ℓ_2 sind die Linien von Q über den linken bzw. den rechten Spalt zum jeweiligen Messpunkt auf der x-Achse.

II. Durch Abrollen eines Rads mit Umfang λ auf den zwei Linien erhält man für dieses X die Zeiger 1 und 2.

III. Die Zeiger 1 und 2 werden vektoriell addiert.

IV. Das Quadrat der Länge des Summenvektors ergibt den Wert $P(x)$.

Für einen Messpunkt auf der optischen Achse sind die Zeigerlinien 1 und 2 gleich lang. Deshalb sind die zugehörigen Zeiger kollinear und das Quadrat hat die maximale Fläche $(1+1)^2 = 4$. $P(x)$ hat also ein Maximum mit dem Wert 4.

Für den Messpunkt darüber (in der Abbildung) ist Zeigerlinie 1 kürzer als Zeigerlinie 2, und zwar um etwas mehr als $\lambda/4$. Dies sieht man daran, dass der Phasenunterschied zwischen den Zeigern etwas mehr als $2\pi/4$ beträgt. Die Addition der zugehörigen Zeiger ergibt das kleinere Quadrat mit einem Flächeninhalt von etwa 2.

Wenn der Längenunterschied zwischen den Zeigerlinien gerade $\lambda/2$ beträgt (siehe oberster Messpunkt in der Abbildung), dann erhält man für die Zeigersumme und damit auch für $P(x)$ den Wert Null, also ein Minimum. Wird die Prozedur für genügend Punkte wiederholt, so erhält man die eingezeichnete Kurve $P(x)$, also eine quantitative Beschreibung des Interferenzmusters.

Wir erhalten hier für alle Maxima den Wert 4, weil wir den Einfluss der Einzelspaltbreite vernachlässigt haben. Wie dieser Effekt berücksichtigt werden kann ist in Anhang B ausgeführt.

Bei Mehrfachspalten ist das Zeigermodell besonders leistungsfähig:

Aufgabe:

In Abb. 3.5 zeigen wir Auftreffverteilung und Messwert-Histogramm für einen Dreifachspalt. Zwischen je zwei Hauptmaxima erhält man ein Nebenmaximum.
Konstruieren Sie die Funktion P(x) mit Hilfe der Zeigerregeln. Benutzen Sie die Fraunhofer-Näherung, so dass die Gangunterschiede zwischen benachbarten Zeigerlinien gleich groß sind.

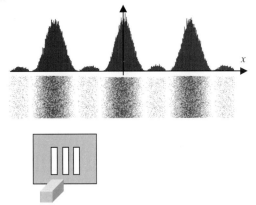

Abb. 3.5: Messwert-Histogramm und Auftreffverteilung beim Dreifachspalt

Lösung:
Die Geometrie in Fraunhofer-Näherung ist in Abb. 3.6 skizziert.

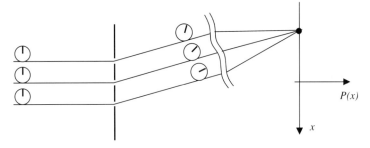

Abb. 3.6: Die Zeigerstellungen in der Fraunhofer-Näherung

Es sind also für jedes x drei Zeiger zu addieren, von denen jeweils zwei benachbarte den gleichen Zwischenwinkel $\Delta\varphi$ haben. Je weiter x von der optischen Achse entfernt ist, um so größer ist dieser Phasenunterschied $\Delta\varphi$. Da es zur Bestimmung von P(x) auf die Richtung des Summenzeigers nicht ankommt, können alle Zeigersummen so ausgerichtet werden, dass der erste Zeiger nach rechts gerichtet ist. Abb. 3.7 zeigt für einzelne Werte von $\Delta\varphi$, wie P(x) erhalten wird. Man kann diese Pfeiladdition gut mit den ersten drei Gliedern eines zusammenklappbaren Zollstocks veranschaulichen. Versieht man dessen Teilstücke mit Pfeilen, so kann man Zeigerketten wie in Abb. 3.8 erzeugen: Bei Phasenunterschied 0 sind alle Gelenke zunächst gestreckt. Von dieser Position aus werden die einzelnen Teilstücke gegeneinander um den jeweiligen Phasenwinkel $\Delta\varphi$ verdreht. Der Summenzeiger ist die gedachte Verbindung zwischen Anfangs- und Endpunkt.

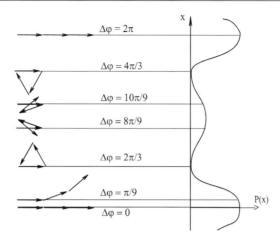

Abb. 3.7: Zeigeraddition beim Dreifachspalt, die Summenzeiger sind nicht eingezeichnet.

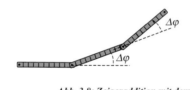

Abb. 3.8: Zeigeraddition mit dem Zollstock

Für die Hauptmaxima erhalten wir $P(x_{Hauptmaximum}) = 3^2 = 9$. An der Stelle jedes Neben-maximums haben die drei Zeiger jeweils den Phasenunterschied π. Der Summenzeiger hat also die Länge 1, folglich ist $P(x_{Nebenmaximum}) = 1^2 = 1$. Somit können wir folgende quantitative Vorhersage machen: An den Hauptmaximumsstellen kommen im Mittel neun mal so viele Quantenobjekte an, wie an den Nebenmaximumsstellen.

Die P(x)-Funktion ist in Abb. 3.9 dargestellt.

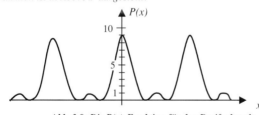

Abb. 3.9: Die P(x)-Funktion für den Dreifachspalt.

In Folgerung 2 haben wir festgestellt: „Wenn es für ein Quantenobjekt mehrere klassisch denkbare Möglichkeiten gibt, so dass das gleiche Versuchsergebnis eintritt, dann realisiert das Quantenobjekt keine dieser Möglichkeiten. Vielmehr ist es objektiv unbestimmt, auf welche Weise das Versuchsergebnis eingetreten ist". Diese Tatsache spiegelt sich in den Zeigerregeln dergestalt wider, dass die Zeiger zu allen Möglichkeiten gleichberechtigt addiert werden.

Dies kann man noch wörtlicher nehmen, und tatsächlich *alle* möglichen Linien berücksichtigen, also auch die krummen Linien, die an der Quelle Q beginnen und am Punkt X enden (s. Abb. 3.10).

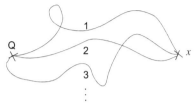

Abb. 3.10: Drei Vertreter aller Zeigerlinien zwischen den Punkten Q und x

Man kann zeigen, dass dies zum gleichen Ergebnis führt. Zur Begründung argumentiert Feynman ausführlich über mehrere Seiten [Fey88, S.62ff.]. In wenigen Worten: Im Minimum einer stetigen Funktion ändert sich der Funktionswert in erster Näherung nicht. Für Linien nahe der kürzesten Linie unterscheiden sich deshalb die Zeiger nur sehr wenig. Somit sind hier besonders viele Zeiger annähernd kollinear und geben addiert den entscheidenden Beitrag zur Gesamtzeigersumme.

3.1.3 Beschreibung des Wesenszugs 3 „Mögliche Messergebnisse"

Wir betrachten noch einmal das Beispiel, bei dem nur die Spuren von denjenigen Atomen auf dem Schirm gesammelt werden, die ein Signal in H_1 hinterlassen. Wenn die Spalte sehr schmal sind und der Schirm genügend weit entfernt ist, so erhalten wir als Einzelspalt-verteilung eine sehr breite Verteilung, die in guter Näherung als konstante Funktion betrach-tet werden kann (s. Abb. 3.11).

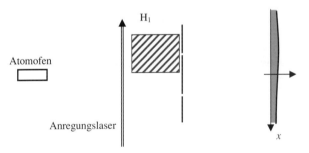

Abb. 3.11: Nur Atome, die in H_1 in Signal auslösen, werden registriert.

Das Ereignis, für das wir $P(x)$ suchen, ist also nicht „Detektion am Ort x", sondern „Detektion in H_1 und am Ort x". Dazu trägt nur die Möglichkeit „links" bei, deshalb dürfen wir auch nur den Zeiger berücksichtigen, der zum linken Spalt gehört (s. Abb. 3.12). Dieser einzelne Zeiger ist also zugleich der Summenzeiger. Das Quadrat von dessen Länge ist 1, unabhängig vom x-Wert, das heißt: $P(x) \equiv 1$.

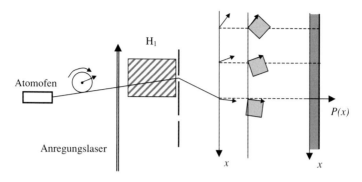

Abb. 3.12: Für die Atome, die am linken Spalt nachgewiesen werden, wird *P(x)* durch einen Zeiger ermittelt.

Eine zusätzliche Messung schränkt die Zahl der Möglichkeiten ein, die mit dem Messergebnis (hier „links" und „Detektion am Ort x") vereinbar sind. Nur für diese Möglichkeiten müssen die Zeiger ermittelt werden.

> Eine zusätzliche Messung schränkt die Zahl der Zeigerlinien ein, dementsprechend werden weniger Zeiger addiert.

Man könnte auch sagen: Die Summe aller Zeiger „kollabiert" zu einer Teilsumme von Zeigern. In der Literatur spricht man öfter vom „Kollaps der ψ-Funktion", der dem Kollaps der Zeigersumme entspricht und in Abschnitt 3.2.3 dargestellt ist.

Das Umpräparieren des Zustands durch eine Messung (s. Folgerung 3) spiegelt sich also wider im Kollaps der Zeigersumme. In der Fachliteratur wird sie auch als „Zustandsreduktion" bezeichnet.

Aufgabe:

Gegeben ist ein Vierfach-Spalt, bei dem nur die Spuren von denjenigen Atomen gesammelt werden, die durch die oberen beiden Spalte gehen (s. Abb. 3.13). Skizzieren Sie, welche Zeiger in den beiden Situationen berücksichtigt werden müssen.

Abb. 3.13: Vierfachspalt: Links ohne Messung, rechts mit Messung an zwei von vier Spalten

Lösung: Die maßgeblichen Zeiger sind in Abb. 3.14 gezeigt.

Abb. 3.14: Kollaps der Zeigersumme

3.1.4 Beschreibung der Komplementarität

Wir betrachten nun das Doppelspalt-Experiment mit Messung an den Spalten, bei dem am Schirm alle Atomspuren gesammelt werden (s. Abb. 2.21 links). Das Ergebnis ist die Summe von zwei Einzelspaltmustern. Wir bekommen also auch hier im Idealfall kleiner Spaltbreiten und großen Schirmabstands eine konstante Verteilung, die durch eine konstante Funktion $P(x)$ beschrieben werden muss.

In diesem Fall geht es wieder um das Ereignis „Detektion am Ort x". Es sind wieder beide Möglichkeiten „links" und „rechts" zu berücksichtigen, folglich müssen wir nach den Zeigerregeln beide Zeiger berücksichtigen. Wir dürfen die Zeiger allerdings nicht vektoriell addieren, sonst würden wir ein Doppelspaltmuster erhalten.

Der entscheidende Punkt ist, dass die beiden Möglichkeiten in diesem Fall unterscheidbar sind, denn die durchgehenden Atome haben in den Detektoren Spuren hinterlassen, die der Experimentator auslesen kann. Wir betrachten die Ereignisse, für die ein Atom am Ort x detektiert wird. Sie lassen sich unterteilen in jene Ereignisse, bei denen H_1 ein Signal gibt, und jene, bei denen H_2 ein Signal gibt. Wir ermitteln also für beide Teilereignisse die Funktionen $P_{links}(x)$ und $P_{rechts}(x)$, ihre Summe ist die gesuchte Funktion $P(x)$. Wir müssen folglich die Zeiger zu den zwei Zeigerlinien zuerst getrennt quadrieren und anschließend die Quadrate addieren (s. Abb. 3.15).

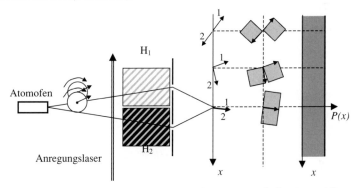

Abb. 3.15: Die Zeiger werden zuerst quadriert und dann die Quadrate addiert.

Zeiger, die zu unterscheidbaren Möglichkeiten (im Sinne von Abschnitt 2.4.2) gehören, dürfen also nicht addiert werden.

> Wenn zu einem Ereignis eine Menge von Möglichkeiten beiträgt, dann muss man diejenigen Teilmengen (maximaler Mächtigkeit) heraus suchen, deren Elemente untereinander nicht unterscheidbar sind. Innerhalb dieser Teilmengen dürfen die zugehörigen Zeiger vektoriell addiert werden, die entstehenden Summenzeiger werden quadriert. Die Summe dieser Quadrate ist $P(x)$.

Hier zeigt sich die Verbundenheit von Quantenobjekt und Messapparatur (s. Abschnitt 2.3.2) im Formalismus: Auf welche Weise die Zeiger addiert und quadriert werden müssen, hängt nicht nur vom Quantenobjekt allein ab, sondern auch von der gesamten Apparatur.

Wir fassen zusammen:

Doppelspalt ohne Messung	2 nicht unterscheidbare Möglichkeiten	2 Zeiger, die vektoriell addiert werden
Doppelspalt mit Messung und Auswahl	1 Möglichkeit	nur 1 Zeiger, der quadriert wird
Doppelspalt mit Messung und ohne Auswahl	2 unterscheidbare Möglichkeiten	2 Zeiger, die einzeln quadriert werden

Um alle Variationen zu berücksichtigen, formulieren wir unsere Zeigerregeln von Abschnitt 3.1.2 neu:

> Um die Wahrscheinlichkeit dafür zu bestimmten, dass ein Quantenobjekt (von der Quelle Q) am Ort x nachgewiesen wird, müssen folgende Regeln beachtet werden:
>
> I.   Suche alle Zeigerlinien zwischen Quelle Q und Ort x.
>
> II.   Bestimmte die Zeiger zu jeder Zeigerlinie.
>
> III.   Addiere die zu ununterscheidbaren Möglichkeiten gehörenden Zeiger vektoriell.
>
> IV.   Quadriere alle Summenzeiger und zähle die Quadrate zusammen.
>   Das Ergebnis ist $P(x)$ für den Ort x.

Das Komplementaritätsprinzip („Welcher-Weg"-Information oder Interferenzmuster) spiegelt sich also in der Regel wider, dass bei Unterscheidbarkeit zuerst quadriert und dann addiert wird, bei Ununterscheidbarkeit hingegen zuerst addiert und dann quadriert werden muss.

Am Dreifachspalt können wir einen Fall studieren, bei dem sowohl unterscheidbare als auch nicht unterscheidbare Möglichkeiten vorkommen:

Aufgabe:

An einem Spalt eines Dreifachspalts wird eine Ortsmessung durchgeführt (s. Abb. 3.16). Welche Verteilung kann man auf dem Schirm erwarten?

Um welchen Faktor ist die Nachweiswahrscheinlichkeit bei einem Maximum größer als bei einem Minimum?

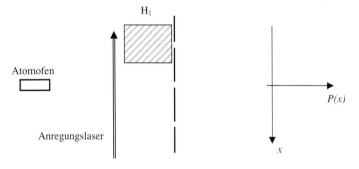

Abb. 3.16: Der Dreifachspalt mit einer Messung an einem Spalt

Lösung:
Die Möglichkeiten durch die Spalte 2 und 3 sind nicht unterscheidbar. Deshalb sind die entsprechenden Zeiger vektoriell zu addieren. Hingegen hinterlässt Möglichkeit 1 einen „Fingerabdruck" im Experiment. Zeiger 1 wird deshalb einzeln quadriert (s. Abb. 3.17).

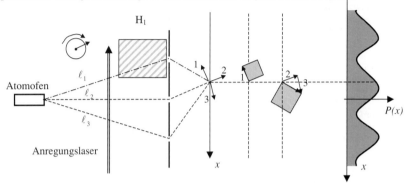

Abb. 3.17: Möglichkeit 1 (—·—··) ist unterscheidbar von den Möglichkeiten 2 und 3, die Möglichkeiten 2 und 3 (-----) sind nicht unterscheidbar. Deshalb wird Zeiger 1 getrennt quadriert, die Zeiger 2 und 3 werden vektoriell addiert.

Das Quadrat der Zeigersumme aus 2 und 3 trägt über x aufgetragen zu einem Doppelspaltmuster der Höhe 4 bei, das Quadrat des Zeigers 1 verursacht einen konstanten Beitrag der Größe 1. Die Summe ergibt P(x) (s. Abb. 3.18).

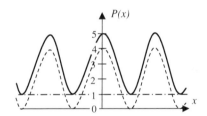

Abb. 3.18: P(x) entsteht aus dem Doppelspaltmuster der Höhe 4 und dem konstanten Beitrag der Höhe 1.
Die Wahrscheinlichkeit für eine Detektion bei einem Maximum ist also 5 mal so groß wie bei einem Minimum.

Die Zeigerregel zur Komplementarität wird oft auch *Grundregel* oder *Fundamentalprinzip* der Quantentheorie genannt, weil sie in jedem Gebiet der Quantenphysik beachtet werden muss. Um dies zu zeigen, wollen wir die Zeigerregeln so formulieren, dass sie nicht nur auf Experimente mit Gangunterschieden anwendbar sind:

I.   Definiere das Ereignis, zu dem die Wahrscheinlichkeit bestimmt werden soll.

II. Unterteile das Ereignis in unterscheidbare Teilereignisse.

III. Bestimme für jedes Teilereignis die Zeiger, addiere sie vektoriell und quadriere die Zeigersummen. Dies ergibt die Wahrscheinlichkeiten für die Teilereignisse.

IV. P(x) ist die Summe der Wahrscheinlichkeiten für die Teilereignisse.

Diese Regeln gelten z. B. auch in der Hochenergiephysik. Dort werden die Zeiger nicht mit Hilfe von Gangunterschieden bestimmt, sondern mit Hilfe der sogenannten *Feynmanregeln*. Wir betrachten als Beispiel den Zerfall von Kaonen, ein beobachteter Zerfallskanal ist der Zerfall in zwei geladene Pionen. Wir suchen also die Wahrscheinlichkeit (hier ein winkelabhängiger Wirkungsquerschnitt $P(\theta)$ wie bei der Streuung von Heliumkernen, s. Abschnitt 2.2.2) für das Ereignis: „Nach dem Zerfall werden genau ein positiv geladenes und ein negativ geladenes Pion detektiert." Dieses Ereignis kann auf mehrere mögliche Weisen eintreten. Wir stellen diese Möglichkeiten, wie in der Hochenergiephysik üblich, als *Feynmangrafen* dar (s. Abb. 3.19). (Man kann noch mehr Möglichkeiten finden, z. B. mit mehr als einer Schleife, doch beschränken wir uns auf diejenigen Möglichkeiten, die die größten Beiträge zu $P(\theta)$ liefern.)

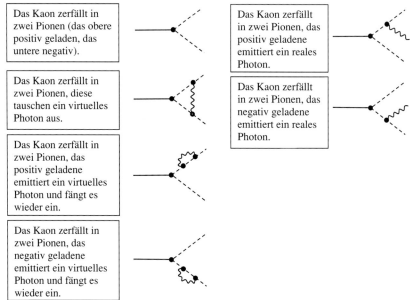

Das Kaon zerfällt in zwei Pionen (das obere positiv geladen, das untere negativ).	Das Kaon zerfällt in zwei Pionen, das positiv geladene emittiert ein reales Photon.
Das Kaon zerfällt in zwei Pionen, diese tauschen ein virtuelles Photon aus.	Das Kaon zerfällt in zwei Pionen, das negativ geladene emittiert ein reales Photon.
Das Kaon zerfällt in zwei Pionen, das positiv geladene emittiert ein virtuelles Photon und fängt es wieder ein.	
Das Kaon zerfällt in zwei Pionen, das negativ geladene emittiert ein virtuelles Photon und fängt es wieder ein.	

Abb. 3.19: Feynmangrafen zum Zerfall eines Kaons (——) in zwei geladene Pionen (- - - -).

Bei den zwei Möglichkeiten auf der rechten Seite werden Photonen emittiert, die zu energiearm sind, um sie in den Detektoren nachzuweisen. Dennoch machen sie diese Möglichkeiten unterscheidbar von denen auf der linken Seite. Untereinander sind sie nicht unterscheidbar. (Die Feynmangrafen geben nicht die tatsächlichen Impulsrichtung des jeweiligen Photons an. Diese ist durch den Impulserhaltungssatz eindeutig bestimmt und bei beiden Vorgängen gleich.)

Die Zeiger zu jedem Feynmangrafen können mit Hilfe der Feynman-Regeln gefunden werden (s. z. B. [BDJ01]). Diese Zeiger sind anschließend nach unseren Zeigerregeln zu addieren. In unserem Fall heißt das:

Die untereinander nicht unterscheidbaren Diagramme in der linken Spalte und die in der rechten Spalte müssen getrennt voneinander vektoriell addiert werden, um den Wirkungsquerschnitt $P(\theta)$ zu erhalten (s. Abb. 3.20).

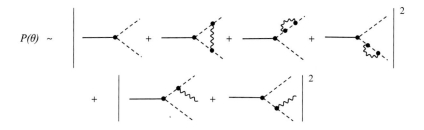

Abb. 3.20: Addition der Feynmangrafen unter Beachtung der Zeigerregeln

Zum Schluss dieses Abschnitts stellen wir Wesenszüge und Formalismus noch einmal gegenüber:

Wesenszug und Folgerung	Im Zeiger-Formalismus
Statistisches Verhalten	Vorhersage einer Wahrscheinlichkeitsfunktion
Interferenzmuster Unbestimmtheit in den Möglichkeiten	Alle Zeiger werden gleichberechtigt vektoriell addiert, die Summe quadriert.
Umpräparieren durch Messung	Kollaps der Zeigersumme
Interferenzmuster oder „Welcher-Weg"-Information	Bei Nicht-Unterscheidbarkeit vektoriell addieren und dann quadrieren, ansonsten getrennt quadrieren

3.2 Beschreibung mit ψ-Funktionen

Wir zeigen an dieser Stelle qualitativ und bildhaft, wie die Wesenszüge mit Hilfe von ψ-Funktionen beschrieben werden können.

Hierbei ist jedoch eine Warnung am Platz: Die bildhaften Darstellungen mögen auf den ersten Blick wie eine Veranschaulichung der Quanten-Vorgänge selbst aussehen. Tatsächlich handelt es sich jedoch nur um die bildhafte Darstellung der mathematischen Beschreibung. Genauso wenig wie eine Zeit-Geschwindigkeits-Funktion ein sich bewegendes Objekt darstellt, genauso wenig stellt eine ψ-Funktion ein Quantenobjekt selbst dar.

Zusätzlich weisen wir ausdrücklich darauf hin, dass die Schaubilder in diesem Abschnitt nicht das Produkt von exakten Rechnungen sind, sondern qualitative Bilder, bei denen die Übersichtlichkeit der Darstellung im Vordergrund steht.

Die Zustände von Quantenobjekten können durch komplexe Funktionen $\psi(\bar{x},t)$ beschrieben werden, deren zeitliche Entwicklung durch die Schrödingergleichung bestimmt, also determiniert, ist. Die Schrödingergleichung im kräftefreien Raum ist eine abgewandelte Wellengleichung; deshalb breiten sich ihre Lösungen $\psi(\bar{x},t)$ ähnlich im Raum aus wie z. B. Schallwellen. Allerdings wird die komplexe ψ-Funktion in der Standardinterpretation nicht als eine eigenständige physikalische Entität angesehen (wie z. B. das elektromagnetische Feld). Sie ist ein Konstrukt der Theorie, und um eine Beziehung zum Experiment herzustellen ist ein weiterer Schritt nötig:

3.2.1 Beschreibung des statistischen Verhaltens

Das Betragsquadrat $|\psi(\bar{x},t)|^2$ der ψ–Funktion am Ort $\bar{x}$ ist ein Maß für die Wahrscheinlichkeit, das Quantenobjekts zur Zeit t am Ort $\bar{x}$ zu detektieren, wenn dort eine Ortsmessung durchgeführt wird:

$$P(\bar{x},t) = |\psi(\bar{x},t)|^2.$$

Eigentlich ist $P(\bar{x},t)$ hier eine Wahrscheinlichkeitsdichte. Um die Wahrscheinlichkeit für einen Nachweis zu bekommen, muss P noch mit der Größe des Detektors multipliziert werden. Da wir bei den Wellenpaketen aber keine quantitativen Betrachtungen durchführen, vernachlässigen wir dieses Detail im Folgenden zugunsten knapperer Formulierungen.

Da sich die ψ–Funktion determiniert mit der Zeit entwickelt, gilt dies auch für ihr Betragsquadrat. $P(\bar{x},t) = |\psi(\bar{x},t)|^2$ ist also zu jedem Zeitpunkt eine aus den Anfangs-bedingungen exakt berechenbare Funktion. Allerdings sind mit $P(\bar{x},t)$ selbst nur Wahrscheinlichkeitsvorhersagen möglich. Das Versuchsergebnis ist für einzelne Quanten-objekte vom Zufall abhängig, obwohl sich $\psi(\bar{x},t)$ und damit auch $P(\bar{x},t)$ determiniert entwickeln.

Da Funktionen mit komplexen Werten schlecht grafisch darstellbar sind, zeichnen wir hier nicht $\psi(x,t)$ selbst, sondern die positiv reelle Funktion $P(\bar{x},t) = |\psi(\bar{x},t)|^2$. Mögliche Lösungen der kräftefreien Schrödingergleichung sind Wellenpakete, die sich mit der Zeit sowohl fortbewegen, als auch auseinanderlaufen (s. Abb. 3.21). Kleine Filme, die den quadrierten Realteil der ψ–Funktion – weitgehend berechnet aus den exakten Formeln – zeigen, gibt es z.B. von M. Komma im Internet [Kom01].

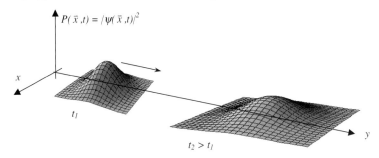

Abb. 3.21: Zwei Momentaufnahmen eines Wellenpakets $|\psi(\bar{x},t)|^2$**, mit dem ein Quantenobjekt beschrieben wird, das entlang der y-Achse läuft; die z-Koordinate ist nicht dargestellt.**

Die Wellenpakete bewegen sich natürlich nur in unserer Vorstellung (s. Abschnitt 1.1). Wir schreiben dies in Zukunft nicht mehr dazu: Wenn sich Wellenpakete „fortbewegen“, „ausbreiten“ oder „teilen“, dann tun sie das nicht von selbst. Vielmehr ist es die verkürzte Sprechweise dafür, dass das Wellenpaket vom Physiker mittels der Schrödingergleichung ausgebreitet, fortbewegt und geteilt wird, um die Phänomene richtig zu beschreiben.

3.2.2 Beschreibung von Interferenzmustern

Ein wesentliches Element der Quantenmechanik sind Zustände, in denen gewisse Eigenschaften keinen bestimmten Wert haben. Dies schlägt sich auch im Formalismus nieder. Wenn z. B. ψ_{E1} und ψ_{E2} Zustände mit den bestimmten Energien E_1 und E_2 beschreiben, dann beschreibt die Summe $\psi_{E1} + \psi_{E2}$ einen Zustand mit nicht bestimmter Energie. Man sagt: Bezüglich der Energie befindet sich das Quantenobjekt in einem Überlagerungszustand oder, in der Terminologie von oben, in einem bezüglich der Energie unbestimmten Zustand.

Ähnlich hat die ψ–Funktion für ein Atom im Doppelspaltversuch die Form

$\psi(\bar{x},t) = \psi_{li}(\bar{x},t) + \psi_{re}(\bar{x},t)$.

ψ_{li} steht dabei für ein Wellenpaket, das seinen Ursprung im linken Spalt hat, während ψ_{re} vom rechten Spalt ausgeht.

Die Antreffwahrscheinlichkeit am Ort x (z. B. auf einem Beobachtungsschirm) ist dann:

$|\psi_{li}(\bar{x},t) + \psi_{re}(\bar{x},t)|^2 = |\psi_{li}(\bar{x},t)|^2 + |\psi_{re}(\bar{x},t)|^2 + 2\,Re[\,\psi_{li}^*(\bar{x},t)\cdot\psi_{re}(\bar{x},t)\,]$.

Die ersten beiden Quadrate geben die Wahrscheinlichkeiten für die Einzelspalte an, der letzte Term ist der Interferenzterm. (Da ψ eine komplexwertige Funktion ist, muss komplex gerechnet werden, deshalb die mathematischen Symbole „*" und „Re[...]". Dies spielt für das Verständnis jedoch keine Rolle: Der Term *2 Re[$\psi_{li}^*(\bar{x},t)\cdot\psi_{re}(\bar{x},t)$]* kann wie bei einem Produkt von reellen Funktionen positive oder negative Werte annehmen, wie sich dies für einen Interferenzterm auch gehört.)

Wir beobachten nicht nur dann kein Interferenzmuster, wenn eine der Funktionen $\psi_{li}(\bar{x},t)$ oder $\psi_{re}(\bar{x},t)$ identisch 0 ist. Der Interferenzterm (und damit auch das Interferenzmuster) verschwindet auch dann für alle $\bar{x}$, wenn für jedes $\bar{x}$ mindestens eine der beiden Funktionen $\psi_{li}(\bar{x},t)$ oder $\psi_{re}(\bar{x},t)$ den Wert 0 hat. Mit anderen Worten: Der Interferenzterm verschwindet, wenn ψ_{li} und ψ_{re} in verschiedenen Raumbereichen ungleich null sind, wenn sich die Wellenpakete ψ_{li} und ψ_{re} also nicht überlappen. Z. B. ist kein Interferenzmuster zu beobachten, wenn der Schirm in sehr kleiner Entfernung hinter dem Doppelspalt steht (s. Abb. 3.22).

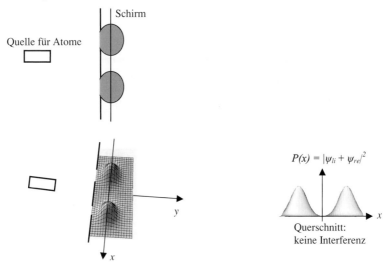

Abb. 3.22: Die Wellenpakete überlappen sich zu wenig für ein Interferenzmuster.
Oben: die zwei dunklen Ellipsenflächen sollen die Bereiche andeuten, in denen die zwei Teil-Wellenpakete „deutlich von Null" verschieden sind.
Unten: Räumliche Darstellung von *P(x,y)* und Querschnitt *P(x)*

Erst wenn die beiden Wellenpakete genügend auseinander gelaufen sind, so dass sie sich überlappen, dann wird ein Interferenzmuster beobachtbar (s. Abb. 3.23).

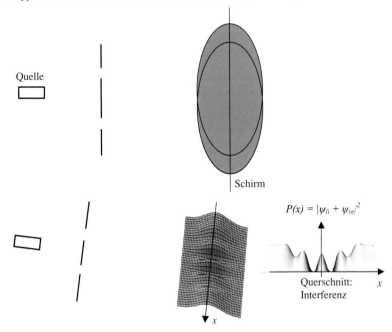

Abb: 3.23: Die Wellenpakete überlappen beträchtlich. Ein Interferenzmuster bildet sich aus.

Wie kann man die feine Interferenzstruktur von Abb. 3.23 unten erklären? Eigentlich besitzt auch die ψ–Funktion für das einzelne Wellenpaket eine Periodizität gemäß seiner de-Broglie-Wellenlänge, und zwar in der Phase. Da es auf diese bei der Bildung des Betragsquadrats aber nicht ankommt, erhält man bei *einem* Wellenpaket oder bei Wellenpaketen, die sich nicht überlappen, für $P(x)$ die Glockenkurve. Anhand von Zeigern wird dies besonders deutlich (s. Abb. 3.24 oben). Werden hingegen zwei dieser ψ–Funktionen addiert, so erhält man stark variierende Beträge, so dass auch in der Funktion $P(x)$ Maxima und Minima erscheinen (s. Abb. 3.24 unten). Wir verweisen hier auf die Computerprogramme von F. Bader [Bad96], die anhand von bewegten Zeigern diese und weitere Zusammenhänge eindrücklich demonstrieren. Für den Zusammenhang der ψ-Funktion mit den Zeigern siehe Abschnitt 3.2.5.

Wir fassen wieder zusammen:

> Wenn es für Quantenobjekte mehrere klassisch denkbare Möglichkeiten gibt, werden die zugehörigen Zustände durch Summen von ψ-Funktionen dargestellt. Wo sich die einzelnen ψ-Funktionen überlappen, kann ein Interferenzmuster beobachtet werden. (Ausnahme: s. Abschnitt 3.2.4).

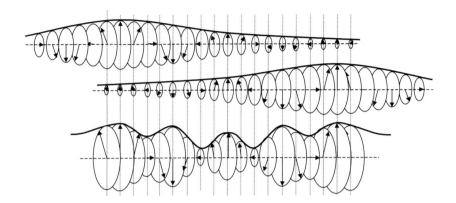

Abb: 3.24: Zeiger für zwei Wellenpakete (oben und mitte) und deren Überlagerung durch Zeigeraddition (unten). Die Ausbreitung erfolgt in Richtung des Betrachters. Die zugehörigen P(x)-Funktionen sind durch die dicken Linien angedeutet.

3.2.3 Beschreibung des Wesenszugs 3 „Mögliche Messergebnisse"

Durch eine Messung wird aus der Menge der möglichen Messergebnisse ein einzelnes herausgegriffen (im Doppelspaltexperiment etwa das Ergebnis „links" oder „rechts"). Die ψ-Funktion wird dadurch beeinflusst: Da die Wahrscheinlichkeit für die nicht realisierten Möglichkeiten nach der Messung ja Null sein muss, reduziert sie sich auf die ψ–Funktion der als Messergebnis gefundenen Möglichkeit.

Aus dem Doppelberg in Abb. 3.22 wird durch eine Messung auf „links" oder „rechts" ein einzelner Berg (s. Abb. 3.25). Diese Reduktion der ψ-Funktion auf eine Komponente nennt man „Kollaps der ψ-Funktion" oder auch „Zustandsreduktion".

Damit ist auch kein Doppelspalt-Interferenzmuster mehr beobachtbar. Dieser Vorgang wird nicht durch die Schrödingergleichung beschrieben, sondern ist neben der Schrödingergleichung die zweite Vorschrift, welche die Dynamik der ψ-Funktionen beschreibt. Eine weitere Messung auf „links" oder „rechts" gibt das gleiche Ergebnis wie bei der ersten (s. Abb. 2.15), verändert aber nichts mehr an der ψ-Funktion.

> Die Auswirkung einer Messung auf die ψ-Funktion wird durch den „Kollaps der ψ-Funktion" beschrieben.

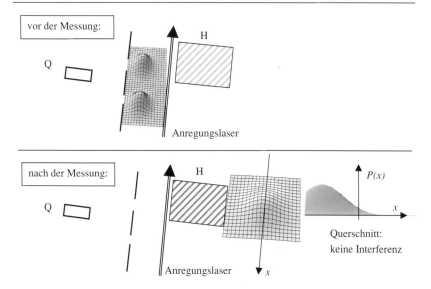

vor der Messung:

Q

H

Anregungslaser

nach der Messung:

Q

H

$P(x)$

x

Querschnitt:
keine Interferenz

Anregungslaser x

Abb. 3.25: Das vom Atom emittierte Photon wird im Hohlraum H nachgewiesen. Dies wird durch den Kollaps der ψ-Funktion beschrieben: Durch die Messung wird aus zwei Wellenbergen einer.

3.2.4 Beschreibung der Komplementarität

Um das Experiment von Abb. 2.21 links mit ψ-Funktionen zu beschreiben, müsste man auch ψ-Funktionen für die Hohlräume aufstellen. Da diese schwieriger zu behandeln sind, ändern wir unsere Versuchsanordnung zur Erlangung der „Welcher-Weg"-Information etwas ab: Wir streuen Quantenobjekte (z. B. Elektronen oder Photonen) an den Atomen und schließen aus der Streurichtung auf den durchflogenen Spalt (s. Abb. 3.26).

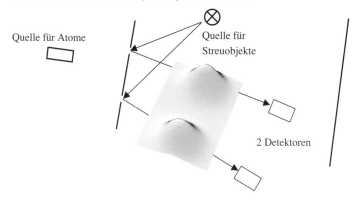

Quelle für Atome

Quelle für
Streuobjekte

2 Detektoren

Abb. 3.26: Messung durch Streuung eines Quantenobjekts. Die Pfeile deuten an, in welche Richtungen sich die „Schwerpunkte" der Wellenpakete des Streuobjekts (hellgrau) bewegen.

Die Wellenpakete der Streuobjekte sollen in unseren Darstellungen weniger schnell auseinanderlaufen als die der Atome. In Abschnitt 7.2.2 ist beschrieben, wie eine Variante des Experiments als Realexperiment mit Atomen und Photonen durchgeführt wurde.

In der Beschreibung durch ψ-Funktionen haben wir nun das Gesamtsystem aus Atom und Streuobjekt zu betrachten. Betrachten wir zunächst die Situation, dass das Streuobjekt bei geschlossenem rechten Spalt von einem Atom am linken Spalt gestreut wird. Das Atom wird dann durch eine ψ-Funktion ψ_{li}^{atom}, das Streuobjekt durch ψ_{li}^{streu} beschrieben. Die ψ-Funktion des Gesamtsystems wird durch Multiplizieren der Einzelfunktionen gebildet:

$$\psi_{li} = \psi_{li}^{atom}(\bar{x}_{atom},t) \cdot \psi_{li}^{streu}(\bar{x}_{streu},t).$$

Die Streuung am rechten Spalt wird durch eine analoge ψ-Funktion ψ_{re} beschrieben.

Kehren wir nun zum Doppelspalt mit zwei geöffneten Spalten zurück. Die ψ-Funktion des Atoms ist nicht mehr einfach ψ_{li} oder ψ_{re}, sondern der Überlagerungszustand $\psi_{li} + \psi_{re}$. Entsprechend handelt es sich auch bei der ψ-Funktion des Gesamtsystems um einen Überlagerungszustand.

$$\psi^{atom+streu} = \psi_{li}^{atom}(\bar{x}_{atom},t) \cdot \psi_{li}^{streu}(\bar{x}_{streu},t) + \psi_{re}^{atom}(\bar{x}_{atom},t) \cdot \psi_{re}^{streu}(\bar{x}_{streu},t).$$

Die ψ-Funktion des Gesamtsystems ist in diesem Fall nicht mehr als ein Produkt $\psi^{atom} \cdot \psi^{streu}$ darstellbar. Atom und gestreutes Objekt bilden eine Einheit, man sagt sie sind *verschränkt* (s. Abschnitt 4.1.5).

Beim Ausmultiplizieren des Betragsquadrats erhalten wir einen Interferenzterm, der folgendes Produkt enthält:

$$\psi_{li}^{atom}(\bar{x}_{atom},t) \cdot \psi_{re}^{atom}(\bar{x}_{atom},t) \cdot \psi_{li}^{streu}(\bar{x}_{streu},t) \cdot \psi_{re}^{streu}(\bar{x}_{streu},t)).$$

Wir zeichnen die Wellenpakete des Atoms dunkel, die des Streuobjekts heller (s. Abb. 3.27).

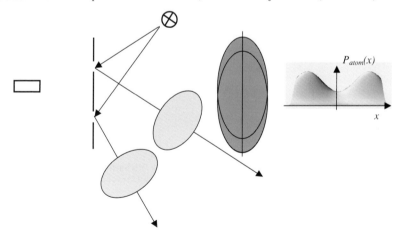

Abb. 3.27: Die vier Teil-Wellenpakete, die zum Interferenzterm
$\psi_{li}^{atom}(\bar{x}_{atom},t) \cdot \psi_{re}^{atom}(\bar{x}_{atom},t) \cdot \psi_{li}^{streu}(\bar{x}_{streu},t) \cdot \psi_{re}^{streu}(\bar{x}_{streu},t)$ **beitragen.**
Die Wellenpakete des Atoms (dunkel) überlappen, die des Streuobjekts (hell) nicht.
Folge: Auch die Atome tragen nicht zu einem Interferenzmuster bei.

Der Interferenzterm verschwindet bereits, wenn eines der Produkte null wird. Dies ist in Abb. 3.27 für das Produkt $\psi_{li}^{streu}(\bar{x}_{streu},t) \cdot \psi_{re}^{streu}(\bar{x}_{streu},t)$ der Fall: Die Wellenpakete überlappen nicht, so dass für jedes $\bar{x}$ mindestens eine der Funktionen $\psi_{li}^{streu}(\bar{x}_{streu},t)$ oder $\psi_{re}^{streu}(\bar{x}_{streu},t)$ gleich 0 wird. Somit verschwindet der Interferenzterm und auch das Atom trägt nicht mehr zu einem Interferenzmuster bei, obwohl dessen Wellenpakete überlappen.

Damit ein Interferenzmuster beobachtbar ist, müssen sich zum Zeitpunkt der Detektion sowohl die Teilwellenpakte des Atoms als auch die des Streuobjekts überlappen. Wir gehen bei allen folgenden Fällen davon aus, dass der Schirm für die Atome so weit vom Doppelspalt entfernt ist, dass die Wellenpakete des Atoms auf jeden Fall überlappen. Ob ein Interferenzmuster beobachtet werden kann, hängt dann nur noch davon ab, ob sich die Teilwellenpakete des Streuobjekts überlappen. Wir konzentrieren uns deshalb im Folgenden darauf, wie sich die Wellenpakete zu den zwei Möglichkeiten des Streuobjekts im Lauf der Zeit entwickeln.

In Abb. 3.28 überlappen sich die zwei Wellenpakete noch beträchtlich. Zu dem dargestellten Zeitpunkt würde sowohl eine Ortsmessung an den Streuobjekten als auch eine an den Atomen zu einem Interferenzmuster führen.

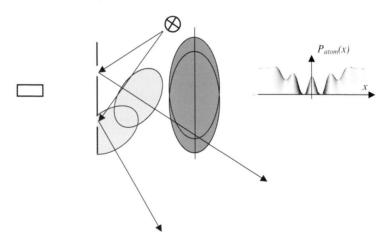

Abb. 3.28: Die Wellenpakete des Streuobjekts überlappen sich nach kurzer Zeit noch beträchtlich. Sowohl für die Atome als auch für die Streuobjekte erhält man für $P(x)$ ein Interferenzmuster.

Erst, wenn das Streuobjekt so weit vom Spalt entfernt ist, dass die Überlappung zwischen den Wellenpaketen vernachlässigbar ist, verschwindet der Interferenzterm des verschränkten Systems. Die beiden Möglichkeiten sind dann durch eine Messung an den Streuobjekten klar unterscheidbar und weder das Streuobjekt noch das Atom trägt nun zu diesem späten Zeitpunkt zu einem Interferenzmuster bei (s. Abb. 3.27). Es hängt also entscheidend davon ab, zu welchem Zeitpunkt die Atome auf dem Schirm aufgefangen werden. Überlappen sich zu diesem Zeitpunkt die Wellenpakete der Streuobjekte noch, gibt es ein Interferenzmuster, ansonsten nicht. Dies ist nichts anderes als die formale Fassung des Wesenszugs der „Komplementarität".

> Wenn die Wellenpakete für die Möglichkeiten „links" und „rechts" bei einem der beteiligten Quantenobjekte nicht mehr überlappen, kann kein Doppelspalt-Interferenzmuster mehr beobachtet werden.

Je ähnlicher die Impulse für die zwei Möglichkeiten des Streuobjekts sind, um so länger überlappen die Wellenpakete. In diesem Fall bekommt man auch dann noch ein Interferenzmuster, wenn man die Atome erst zu einem späteren Zeitpunkt (s. Abb. 3.29) auf einem Schirm auffängt. Wartet man jedoch, bis auch hier die Wellenpakete keinen Überlappung mehr zeigen, kann man auch in diesem Fall kein Interferenzmuster mehr beobachten.

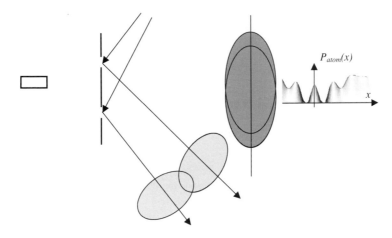

Abb. 3.29: Die Impulse für die zwei Möglichkeiten, die das Streuobjekt hat, sind fast parallel; die Wellenpakete überlappen sich auch nach längerer Zeit noch stark.

Solange die Auswirkungen der Überlagerung (z. B. das Interferenzmuster) beobachtet werden können, spricht man von „Quantenkohärenz". Werden diese Auswirkungen nicht mehr beobachtet, spricht man von *Dekohärenz*.

Haroche und Mitarbeiter haben die Verschränkung von Photonen mit Atomen experimentell untersucht und die zeitliche Entwicklung der Dekohärenz beobachtet (s. Abschnitt 7.5).

Damit das Interferenzmuster bei den Atomen nicht beobachtet wird, muss also nicht unbedingt eine Messung am Atom oder am Streuobjekt gemacht werden. Es genügt, dass die Wellenpakete, die zu den zwei Möglichkeiten des Streuobjekts gehören, praktisch nicht mehr überlappen, also wenn die Richtungen des Impulse unterschiedlich genug sind und genug Zeit vergangen ist.

Damit kann man auch verstehen, wie man die „Welcher-Weg"-Information, die das Streuobjekt bezüglich des Atoms trägt (s. Abb. 3.27), wieder ausradieren könnte. Dazu muss das Streuobjekt (im Prinzip) nur wieder zurückgespiegelt werden, so dass sich seine zwei Wellenpakete wieder überlagern (s. Abb. 3.30). Streuobjekt und Atom tragen dann wieder zum Interferenzmuster bei.

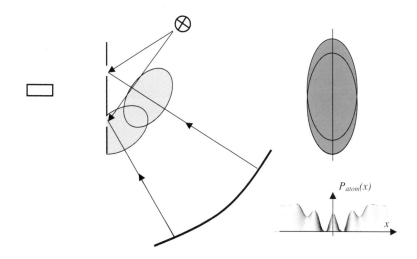

$P_{atom}(x)$

x

Abb. 3.30: Die „Welcher-Weg"-Information ging durch Rückspiegeln wieder verloren.

Damit wird nun auch im Formalismus deutlich, was in Abschnitt 2.4.2 mit *„Hinterlassen einer Information (eines „Fingerabdrucks"), auch wenn diese gar nicht ausgelesen wird"* gemeint war. Abb. 3.27 zeigt einen unterscheidenden Fingerabdruck, Abb. 3.28 bis 3.30 nicht. Eine tatsächliche Durchführung der Messung ist nicht nötig.

Wieder fassen wir das Wichtigste in einer Tabelle zusammen:

Wesenszug und Folgerung	spiegelt sich wider bei den ψ-Funktionen
Statist. Verhalten	$P(x) = \|\psi(x)\|^2$
Interferenzmuster Unbestimmtheit in den Möglichkeiten	Interferenzterm Summe der einzelnen ψ-Funktionen
Umpräparieren durch Messung	Kollaps der ψ-Funktion
Interferenzmuster oder „Welcher-Weg"-Information	Überlappung der einzelnen ψ-Funktionen oder keine Überlappung

3.2.5 Zusammenhang mit dem Zeigerformalismus

Die Schrödingergleichung für den kräftefreien Raum ist eine Wellengleichung. Die Lösungen sind z. B. die Zylinderwellen, die von Spalten ausgehen (s. schematische Darstellung in Abb. 3.31 links). Aus diesen Lösungen kann man Wellenpakete überlagern, wie wir sie im vorigen Abschnitt betrachtet haben.

Die Amplitude der Elementarwellen ändert sich entlang des Beobachtungsschirms kaum, so dass man sich – ohne das Ergebnis wesentlich zu verändern – auf die Phaseninformation beschränken kann. Dazu genügen Zeiger (s. Abb. 3.31 rechts). Wenn man die Zeigerstellungen entlang der Zeigerlinien verfolgt, erhält man die Zeigerdrehung, die wir mit dem Abrollen eines Rades simuliert haben.

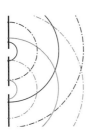 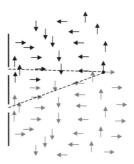

Abb. 3.31: Elementarwellen (links) und Zeigerwellen (rechts)

Für eine ausführliche Darstellung des Zusammenhangs mit Pfadintegralen, sowie eine Einführung in den Hilbertraum-Formalismus anhand von Polarisationszuständen bei Photonen verweisen wir auf den in der gleichen Reihe erschienenen Band „Zugänge zur Quantentheorie" von W. Salm [Sal99].

4. Verschränkte Quantenobjekte

„Wer dem Paradoxen gegenüber steht, setzt sich der Wirklichkeit aus."

[Friedrich Dürrenmatt]

4.1 Die Bellsche Ungleichung oder: Warum die Quantentheorie nichtlokal sein muss

In diesem Abschnitt geht es um ein Experiment, bei dem Photonenpaare ein bemerkenswertes Verhalten zeigen. Auch hier können wir das Verhalten nicht begründen, sondern wir suchen eine Theorie, die dieses Verhalten beschreibt. Dabei zeigt sich, dass eine solche Theorie nichtlokal sein muss.

4.1.1 Lokale und nichtlokale Theorien

Es ist nicht möglich, eine Kraft auf einen Körper mit sofortiger Wirkung (instantan) auszuüben. Will man z. B. auf einen bewegten geladenen Körper eine Kraft ausüben, kann man durch Einschalten eines elektrischen Stroms ein Magnetfeld erzeugen, wodurch die Probeladung eine Lorentzkraft erfährt. Allerdings breitet sich auch das Magnetfeld nur mit endlicher Geschwindigkeit, nämlich mit Lichtgeschwindigkeit aus, so dass die Wirkung auf den geladenen Körper nicht instantan ist. Würde die Sonne verschoben werden, so würden wir dies auf der Erde erst acht Minuten später registrieren; so lange braucht auch die Ausbreitung bei einer Änderung der Gravitation. Selbst wenn man mit einem Band an einem Körper zieht, tritt die Wirkung nicht instantan ein, da die Kraft erst über die elektromagnetischen Kräfte von Atom zu Atom innerhalb des Bandes weitergeleitet werden muss. (Im Wellenmodell: Durch das Ziehen breitet sich eine Längs-Störung auf dem Wellenträger Band mit endlicher Wellengeschwindigkeit aus.)

Es gibt also in der klassischen Physik keine Fernwirkungen, sondern nur Nahwirkungen, die sich maximal mit Lichtgeschwindigkeit ausbreiten. Man sagt auch, die klassische Physik verwendet nur *lokale Theorien:* Änderungen an einer Stelle wirken sich in kurzer Zeit nur in der unmittelbaren Umgebung, also lokal aus.

Nichtlokale Theorien oder Fernwirkungstheorien sind dagegen Theorien, bei denen eine Ursache an einem Punkt des Raums instantan eine Wirkung auf ein entferntes Objekt hat. Während man früher elektrische und Gravitationskräfte für Fernwirkungskräfte hielt, weiß man heute, dass in der klassischen Physik alle bekannten Kräfte durch lokale Theorien beschrieben werden können. Dies macht sie auch konsistent mit der Relativitätstheorie: Wenn Informationen instantan über weite Strecken übertragen werden könnten, dann könnte man in einem geeignet bewegtem Bezugssystem diese Informationen in die Vergangenheit schicken.

4.1.2 Ein Experiment mit speziellen Photonen-Paaren

Man kann ein Kalzium-Atom in einen angeregten Zustand bringen, aus dem es durch Abstrahlung von zwei Photonen *a* und *b* in den Grundzustand übergeht. Mit Hilfe eines Blendenpaars kann man Photonenpaare auswählen, deren Impulse in entgegengesetzte Richtungen zeigen. Außerdem wird je ein Polarisationsfilter in die „Wege" der Photonen *a* und *b* gebracht (s. Abb. 4.1). Wenn die beiden Polarisationsfilter die gleiche Ausrichtung φ gegen die Vertikale haben, so stellt man fest:

1. Unabhängig von der Orientierung des Filters, wird im Mittel die Hälfte der Photonen *a* durchgelassen, die andere Hälfte absorbiert. Das gleiche stellt man für die Photonen *b* fest.

2. Jedesmal wenn Photon *a* von „seinem" Filter durch gelassen wird, wird auch *b* durchgelassen. Jedesmal wenn Photon *a* vom Filter absorbiert wird, wird auch *b* absorbiert.

Während Ergebnis 1. das nach Abschnitt 2.1.2 erwartete Verhalten ist, ist Ergebnis 2. erstaunlich: Die zwei Zufallsprozesse, denen Photon *a* und Photon *b* unterliegen, sind offensichtlich nicht unabhängig voneinander. Man sagt, die Ergebnisse von Photon *a* *korrelieren* mit denen von Photon *b*. Die *Korrelationen* beobachtet man bei jeder Stellung φ der beiden Filter.

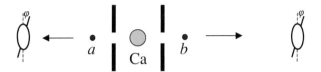

Abb. 4.1: Photonen aus einem Calcium-Atom bewegen sich auf gleich orientierte Polarisationsfilter zu. Photon *a* trifft zuerst auf sein Polarisationsfilter.

Um das Auftreten der Korrelationen zu beschreiben, bieten sich zwei Theorien an.

Theorie I: Die Photonen hatten schon vorher die Eigenschaft, von einem Filter mit Orientierung φ durchgelassen bzw. absorbiert zu werden.

Theorie II: Wenn Photon *a* durchgelassen bzw. absorbiert wird, geht die Information zum Photon *b*, das sofort die gleiche Eigenschaft erhält.

Theorie I ist eine lokale Theorie mit verborgenem Parameter. Der verborgene Parameter ist in diesem Fall die Eigenschaft „wird durchgelassen bei Orientierung φ" bzw. „wird nicht durchgelassen bei Orientierung φ". Bei der Wechselwirkung eines Photons mit dem Filter wird diese Eigenschaft aufgedeckt; und zwar ist sie offensichtlich für beide Photonen gleich. Mit diesem verborgenen Parameter können die Korrelationen erklärt werden.

Ein klassisches Analogon ist folgende Situation: Kartoffeln werden halbiert und die Hälften jeweils in zwei verschiedenen Feldern eingesetzt (s. Abb. 4.2). Man stellt fest, dass die sich entwickelnden Pflanzen, die zur gleichen Kartoffel gehören, jeweils gleiche Eigenschaften wie „Blütenblattfarbe" oder „Blattkräuselung" haben. Erklärt werden kann dies durch verborgene Parameter, die Gene.

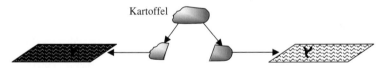

Abb. 4.2: Kartoffelhälften werden in zwei verschiedenen Feldern eingesetzt.

Theorie II erklärt die Korrelationen nicht mit verborgenen Parametern, sondern durch eine Art von Informationsübertragung. Ein Beispiel: Ein des Bankraubs verdächtiges Ehepaar wird getrennt verhört. Sie haben ein gemeinsames Alibi vereinbart, ein „Mensch-ärgere-dich-nicht"-Spiel, nicht aber, wer dabei gewonnen hat. Die verhörenden Beamten wollen aber genau das wissen. Die Frau antwortet (zufällig) mit „ja" oder „nein" und es gelingt ihr heimlich eine SMS an ihren Mann zu schicken, der nun konsistent antworten kann (s. Abb. 4.3).

Abb. 4.3: Verhör mit abgestimmten Ergebnissen

In dieser Version ist die Theorie lokal, da sich die Wellen maximal mit Lichtgeschwindigkeit ausbreiten. Um die Absprache (mit Mitteln der klassischen Physik) unmöglich zu machen, müsste man die beiden Verhöre in sehr weit voneinander entfernten Räumen durchführen.

Bei den Experimenten mit Photonen wurden die Messungen mit räumlichen Abständen von mehreren Kilometern zwischen den Polarisationsfiltern und so schnell hintereinander durchgeführt, dass die beobachteten Korrelationen mit Überlichtgeschwindigkeit herbeigeführt werden müssen, wenn man nicht auf verborgene Parameter zurückgreifen will. Theorie II. zur Erklärung der Photonenkorrelationen muss also eine nichtlokale Theorie sein. Einstein bezeichnete die Wirkung einer solchen Theorie als *„spukhafte Fernwirkung"*.

Da nichtlokale Theorien in der Physik möglichst vermieden werden, liegt es zunächst nahe, Theorie I. zur Beschreibung der Photonkorrelationen heranzuziehen. Wir untersuchen deshalb Theorie I. genauer.

4.1.3 Genügt ein verborgener Parameter pro Photon?

Bei jeder Polarisationsrichtung φ wird die Korrelation bei jeder Messung festgestellt.

Nehmen wir nun an, jedes Photonenpaar hätte nur eine verborgene Polarisationseigenschaft, z. B. in α-Richtung. Derartige Photonenpaare würden sich an einem Polarisationsfilter in $(\alpha + 45^0)$-Richtung statistisch unabhängig voneinander (man sagt „unkorreliert") verhalten: Die Hälfte der Photonen a würde durchgelassen, ebenso die Hälfte der Photonen b. Aber keineswegs würde immer dann, wenn a durchgelassen wird, auch b durchgelassen. Im Experiment werden aber genau solche Korrelationen in $(\alpha + 45^0)$-Richtung beobachtet. Damit ist unsere Annahme nicht haltbar.

Um doch nur mit einer Polarisationseigenschaft pro Photonenpaar auszukommen, könnte man eventuell noch so argumentieren: Könnte es nicht sein, dass sich die verborgene Eigenschaft der Photonen bei der Entstehung so einstellt, dass die Orientierung α mit der Orientierung φ der Polarisationsfilter übereinstimmt? Man kann jedoch im Experiment die Orientierung der Polarisationsfilter auch noch nach der Entstehung der Photonen verändern, und beobachtet auch dann stets Korrelation.

Um die Korrelationen bei jeder Messung bei jeder Polarisationsrichtung φ zu beschreiben, brauchen wir also für jede Richtung φ einen verborgenen Parameter $\Pi (\varphi)$, also eine Funktion $\varphi \mapsto \Pi$. Anders ausgedrückt:

> Wenn die Korrelationen durch verborgene Parameter (Theorie I.) erklärt werden sollen, dann braucht man unendlich viele davon.

Wir könnten in Gedanken an das Photonenpaar ein Etikett hängen, auf dem die Eigenschaften aufgeführt sind (s. Abb. 4.4). (Natürlich müsste das Etikett eigentlich unendlich lang sein.)

Normaler Druck heißt: Photon kommt bei einem Filter mit dieser Orientierung durch.

Inverser Druck heißt: Photon kommt bei einem Filter mit dieser Orientierung nicht durch.

Abb. 4.4: Photonenpaar mit (unendlich langem) Etikett, auf dem die Eigenschaften aufgeführt sind, wie es in einer lokalen Theorie mit verborgenen Parametern nötig wäre

Bei dem Photonenpaar in Abb. 4.4 würde z. B. Photon a bei 12^0 durchgelassen, aber bei 13^0 absorbiert. Auch das Verhalten von Photon b kann von dem Etikett abgelesen werden: Auch Photon b wird bei 12^0 durchgelassen, aber bei 13^0 absorbiert. Da die Eigenschaften für beide Photonen gleich sein müssen, um die Korrelationen zu erklären, genügt für beide Photonen ein Etikett.

4.1.4 Eine statistische Untersuchung

In diesem Abschnitt zeigen wir, dass das Experiment mit den Photonenpaaren Eigenschaften aufweist, die mit keiner lokalen Theorie (Theorie I.) beschrieben werden können.

Dazu führt man das Experiment mit Polarisationsfiltern in verschiedenen Ausrichtungen durch und misst relative Häufigkeiten, mit der bestimmte Ereignisse auftreten. (Die Auswahl der Winkel erscheint zunächst willkürlich, den Sinn können wir erst später erkennen.)

Anordnung 1:

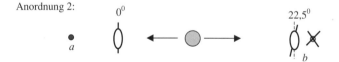

In dieser Anordnung wird die relative Häufigkeit $H(a\ 0^0 \wedge b\ 45^0)$ dafür bestimmt, dass Photon a bei 0^0 durchgelassen wird und Photon b bei 45^0 absorbiert wird.

Anordnung 2:

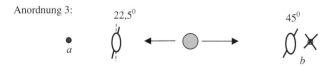

In dieser Anordnung wird die relative Häufigkeit $H(a\ 0^0 \wedge b\ 22,5^0)$ dafür bestimmt, dass Photon a bei 0^0 durchgelassen wird und Photon b bei $22,5^0$ absorbiert wird.

Anordnung 3:

In dieser Anordnung wird die relative Häufigkeit $H(a\ 22,5^0 \wedge b\ 45^0)$ dafür bestimmt, dass Photon a bei $22,5^0$ durchgelassen wird und Photon b bei 45^0 absorbiert wird.

Konkrete Messungen ergaben, dass die relativen Häufigkeiten folgender Ungleichung gehorchten:

$H(a\ 0^0 \wedge b\ \boxed{45^0}) > H(a\ 0^0 \wedge b\ \boxed{22,5^0}) + H(a\ 22,5^0 \wedge b\ \boxed{45^0})$ (Ungleichung 4.1)

Diese Größer-Relation wurde bei verschiedenen Wiederholungen des Experiments deutlich (mit bis zu 40 Standardabweichungen!) immer wieder bestätigt (s. Abschnitt 7.6).

Wir zeigen nun, dass diese Größer-Relation mit keiner lokalen Theorie beschrieben werden kann.

In jeder solchen Theorie muss jedes Photon – wie oben beschrieben – für jede Orientierung eine verborgene Eigenschaft haben, um die Korrelationen bei gleicher Ausrichtung φ der beiden Polarisationsfilter beschreiben zu können. Wir können uns hier auf drei dieser Eigenschaften beschränken, jene für die 0^0-Richtung, die $22,5^0$-Richtung und die 45^0-Richtung. Diese Eigenschaften können in maximal $2^3 = 8$ Kombinationen auftreten. Die entsprechenden Etiketten zeigt Abb. 4.5.

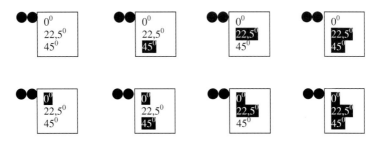

Abb. 4.5: Etiketten für die acht Eigenschaftskombinationen korrelierter Photonenpaare, wie sie in einer lokalen Theorie mit verborgenen Parametern zu denken wären.
Z. B. würden bei dem linken Photonenpaar in der unteren Reihe beide Photonen bei 0^0 absorbiert und bei $22,5^0$ und 45^0 durchgelassen.

Aus den Etiketten kann für beide Photonen das Durchlassverhalten bei 0^0, bei $22,5^0$ und 45^0 abgelesen werden. Betrachten wir z. B. ein Photonpaar mit dem Etikett links unten in der Abb. 4.5: Lässt man von einem solchen Paar Photon a auf ein Filter mit 0^0 fallen und Photon b auf ein Filter mit 45^0 (s. Anordnung 1 auf der vorigen Seite), dann wird Photon a absorbiert und Photon b durchgelassen.

Wir markieren nun in Abb. 4.5 alle Photonenpaare gemäß den Merkmalskombinationen, deren Häufigkeiten im Experiment in den Anordnungen 1 bis 3 untersucht wurden (s. Abb. 4.6). Die grauen Kreise in Abb. 4.6 liegen vollständig innerhalb von Rechteck und Ellipse. Es gibt daher offensichtlich weniger Photonen mit den Eigenschaften ($a\ 0^0 \wedge b\ \boxed{45^0}$)(graue Kreise in Abb. 4.6) als Photonenpaare mit den Eigenschaften (($a\ 0^0 \wedge b\ \boxed{22,5^0}$) $\vee$ ($a\ 22,5^0 \wedge b\ \boxed{45^0}$)) (Rechteck und Ellipse).

Würde man also eine statistische Untersuchung durchführen, so würde man gemäß der lokalen Theorie folgende Ungleichung zwischen den Wahrscheinlichkeiten erwarten:

$P(a\ 0^0 \wedge b\ \boxed{45^0}) \leq P(a\ 0^0 \wedge b\ \boxed{22,5^0}) + P(a\ 22,5^0 \wedge b\ \boxed{45^0})$.

Diese Relation trägt den Namen *Bellsche Ungleichung* (nach dem Physiker John S. Bell, der 1966 eine ähnliche Ungleichung aufstellte). Das Gleichheitszeichen würde gelten, wenn es keine Photonen mit ($\boxed{0^0} \wedge 22,5^0 \wedge \boxed{45^0}$) oder ($0^0 \wedge \boxed{22,5^0} \wedge 45^0$) gäbe.

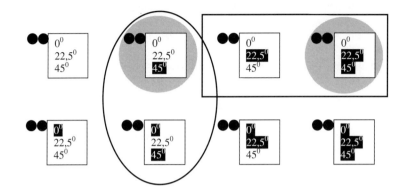

Abb. 4.6:   **Graue Kreise:**   **Photonenpaare mit** $a\,0^0 \wedge b\,\boxed{45^0}$
                  Rechteck: **Photonenpaare mit** $a\,0^0 \wedge b\,\boxed{22,5^0}$
                  Ellipse: **Photonenpaare mit** $a\,22,5^0 \wedge b\,\boxed{45^0}$

Die Bellsche Ungleichung gilt unabhängig davon, wie die Photonenpaare auf die acht Kombinationen verteilt sind und unabhängig davon, in welcher Reihenfolge sie emittiert werden. Wir haben keine weiteren Annahmen über die lokale Theorie gemacht. Deshalb gilt allgemein:

> Aus jeder lokale Theorie, die die Korrelationen bei gleicher Orientierung der Polarisationsfilter beschreiben kann, folgt, dass die *Bellsche Ungleichung* erfüllt sein muss:
>
> $$P(a\,0^0 \wedge b\,\boxed{45^0}) \le P(a\,0^0 \wedge b\,\boxed{22,5^0}) + P(a\,22,5^0 \wedge b\,\boxed{45^0}).$$

Vergleichen wir nun dieses Ergebnis mit dem oben angeführten experimentellen Resultat (Ungleichung 4.1): Der Widerspruch ist offensichtlich. Die lokalen Theorien führen zu einer Vorhersage über die Messungen an Photonenpaaren, die im Gegensatz zu den experimentellen Ergebnissen steht.

Wir heben hervor, dass bei der oben skizzierten Herleitung der Bellschen Ungleichung keine Annahmen über die Natur der verborgenen Parameter gemacht wurde. Die Bellsche Ungleichung gilt demnach für eine sehr große Klasse von lokalen Theorien mit verborgenen Parametern. Da die Bellsche Ungleichung im Experiment verletzt wurde, kann man also folgern, dass die korrelierten Photonenpaare durch lokale Theorien nicht korrekt beschrieben werden können.

> Die an den Photonenpaaren gemessenen Häufigkeiten erfüllen die Bellsche Ungleichung nicht. Das Verhalten dieser Photonenpaare kann also durch keine lokale Theorie beschrieben werden.

Wir fassen zusammen: Mit verborgenen Parametern allein, also mit einer lokalen Theorie können zwar die Korrelationen bei gleicher Orientierung der Polarisationsfilter beschrieben werden, nicht aber die Korrelationen, die bei Filtern mit unterschiedlicher Orientierung auftreten können.

4.1.5 Beschreibung durch die Quantentheorie

Wie kann man nun mit der Quantentheorie die experimentellen Ergebnisse beschreiben? Dazu muss sie auf jeden Fall ein nichtlokales Element enthalten. Sie postuliert die folgende Eigenschaft des Photonenpaars:

Sobald eines der Photonen von einem Polarisationsfilter mit Orientierung φ durchgelassen bzw. absorbiert wird, erhält das andere die gleiche Eigenschaft bezüglich φ.

Dies geschieht instantan auch über große Strecken hinweg. Hier zeigt sich der nichtlokale Wesenszug der Quantenphysik. Man nennt solche Photonen *verschränkte* Photonen. Die Präparation des einen Photons präpariert instantan auch das andere. In diesem Sinn handelt es sich nicht um „zwei Photonen", sondern um ein einziges quantenmechanisches Gebilde, das sich über einen großen Raumbereich erstreckt. Nach der Quantentheorie ist die Polarisation des Photonenpaars vor der Wechselwirkung mit einem Polarisationsfilter völlig unbestimmt. Wir haben hier also eine reine Theorie II.; sie kommt ohne verborgene Parameter aus. Ob das Photon durchgelassen wird, ist eine Sache des Zufalls und für jede Orientierung des Polarisationsfilters gleich wahrscheinlich, nämlich 50%.

Nach der ersten Messung ist es nicht mehr möglich, durch ein Umpräparieren von Photon *a* auch Photon *b* umzupräparieren. Die Photonen sind dann nicht mehr verschränkt.

Wir zeigen nun, dass die Quantentheorie mit Hilfe der Verschränkung der Photonen die experimentell gefundene Ungleichung 4.1 beschreiben kann:

Wir gehen – gemäß der Verschränktheitsannahme der Quantenphysik – von der Voraussetzung aus: Wenn Photon *a* bei der Orientierung φ durchgelassen (bzw. absorbiert) wird, dann erhält auch Photon *b* diese Eigenschaft. Betrachten wir unsere drei Wahrscheinlichkeiten:

$P(a\ 0^0 \wedge b\ 45^0)$:
Die Wahrscheinlichkeit, dass *a* bei 0^0 durchgelassen wird, beträgt 0,5. Wenn dies eintritt, dann wird durch die Messung auch *b* so präpariert, dass es bei 0^0 durchgelassen wird. Wie groß ist dann die Wahrscheinlichkeit, dass *b* bei 45^0 absorbiert wird? Die Antwort steht im Abschnitt 2.1.2: Absorption bei einem Zwischenwinkel von 45^0 geschieht mit einer Wahrscheinlichkeit von $\sin^2(45^0) = 0,5$. Also: $P(a\ 0^0 \wedge b\ 45^0) = 0,5 \cdot 0,5 = 0,25$.

$P(a\ 0^0 \wedge b\ 22,5^0)$:
Wenn *a* durchgelassen wird, dann ist wiederum auch *b* so präpariert, dass es bei 0^0 durchgelassen wird. Die Wahrscheinlichkeit für Absorption bei einem Zwischenwinkel von $22,5^0$ beträgt $\sin^2(22,5^0)$. Also ist $P(a\ 0^0 \wedge b\ 22,5^0) = 0,5 \cdot \sin^2(22,5^0) \approx 0,074$.

$P(a\ 22,5^0 \wedge b\ 45^0)$:
Wegen des gleichen Zwischenwinkels wie beim vorigen Fall gilt:
$P(a\ 22,5^0 \wedge b\ 45^0) = 0,5 \cdot \sin^2(22,5^0) \approx 0,074$.

Weil $0,25 > 0,074 + 0,074$ gilt nach der Quantentheorie:

$$P(a\ 0^0 \wedge b\ 45^0) > P(a\ 0^0 \wedge b\ 22,5^0) + P(a\ 22,5^0 \wedge b\ 45^0),$$

in Übereinstimmung mit dem experimentellen Ergebnis (Ungleichung 4.1). Die experimentell ermittelten Häufigkeiten decken sich (im Rahmen der Messunsicherheiten) hervorragend mit den Vorhersagen der Quantentheorie (s. Abschnitt 7.6).

Nun kann man auch erkennen, warum die drei Winkel mit den Weiten 0^0, $22,5^0$ und 45^0 gewählt wurden: Betrachten wir ein Photon, das bei 0^0 auf Durchlass präpariert ist. Seine Wahrscheinlichkeit, bei $22,5^0$ absorbiert zu werden, ist nicht etwa halb so groß wie bei 45^0, sondern noch wesentlich kleiner. Dies liegt an der Krümmung der $\sin^2$-Funktion, die diesen Zusammenhang quantitativ beschreibt.

Zusammenfassend können wir sagen:

> Photonen können nur durch eine nichtlokale Theorie beschrieben werden. Die Quantenphysik ist eine solche Theorie, die die experimentellen Ergebnisse vorzüglich beschreibt.

Auf ein häufiges Missverständnis möchten wir an dieser Stelle noch hinweisen: Oft wird fälschlicherweise aus der Bellschen Ungleichung geschlossen, dass Theorien mit verborgenen Parametern die experimentellen Ergebnisse nicht beschreiben können. Die richtige Aussage lautet dagegen: Verborgene Parameter alleine reichen nicht aus, die Theorie muss auf jeden Fall nichtlokal sein (s. Abb. 4.7). Kein Experiment verbietet jedoch eine Theorie, die nichtlokal ist und verborgene Parameter aufweist. Der Vorteil einer solchen Theorie wäre, dass die Eigenschaften der Photonen auch vor der Wechselwirkung mit dem Polarisationsfilter nicht unbestimmt wären. Diese Unbestimmtheit ist ja eine der Eigenschaften der Quantentheorie, die man als klassischer Zeitgenosse so gar nicht akzeptieren will. Auf die Nachteile von Interpretationen der Quantentheorien mit verborgenen Parametern gehen wir in 6.2.3 ein.

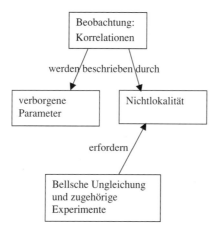

Abb. 4.7: Die logische Struktur: Die Bellsche Ungleichung verbietet keine Theorien mit verborgenen Parameter; sie müssen nur nichtlokal sein.

Verletzt die Nichtlokalität der Photonen das Relativitätsprinzip? Kann mit Hilfe der zusammenhängenden Photonenpaare Information übertragen werden? Die Antwort ist nein. Zur Übertragung von Information ist es nötig, Bits kontrolliert zu übertragen. Dagegen kann man mit den Photonenpaaren zuverlässig nur Zufallsbits übertragen, weil der Ausgang des Einzelexperiments „wird durchgelassen" oder „wird absorbiert" vom Zufall abhängt. Allerdings ist die Übertragung von Zufallsbits ein idealer „Schlüssel", der für die Kryptografie verwendet werden kann [Sin99].

4.1.6 Das Einstein-Podolsky-Rosen-Argument (EPR-Argument)

Einstein dachte sich immer wieder Gedankenexperimente aus, um die Quantentheorie kritisch zu hinterfragen. Er, der selbst wesentliche Beiträge zur Quantentheorie geleistet hat und den Nobelpreis unter anderem für diese Beiträge bekommen hat, hat durch seine ausgeklügelten Argumentationen die Quantentheorie besonders gefördert. Seine Kritik forderte Theoretiker und Experimentatoren immer wieder dazu heraus, aufgrund der z. T. absurd erscheinenden Folgerungen die Quantentheorie zu überprüfen. Ein Beispiel dafür ist das EPR-Argument.

Aus dem Formalismus der Quantentheorie folgt (nach der Standardinterpretation), dass bei einem Photon nicht gleichzeitig zwei Polarisations-Eigenschaften bestimmt sein können (s. Abschnitt 2.4.4).

Beispiel: Ein Photon, das bezüglich 0^0 die Eigenschaft „wird durchgelassen" hat, kann nicht auch noch bezüglich 45^0 die feste Eigenschaft „wird durchgelassen" oder „wird absorbiert" haben. Statt dessen ist der Ausgang eines Experiments, bei dem ein Photon, das bei 0^0 durchgelassen wird und auf ein Polarisationsfilter mit 45^0 trifft, allein vom Zufall abhängig.

Dies konnte und wollte Einstein nicht akzeptieren: *„Der Alte würfelt nicht"*. Er hielt die Quantentheorie zwar nicht für falsch, aber für unvollständig. Eine Theorie musste für Einstein vollständig sein. Darunter verstand er, dass jedes Element der Realität durch ein Element der Theorie beschrieben werden müsse. Z. B. sollte eine Theorie der Mechanik die Geschwindigkeit eines Körpers und ihre Veränderung mit der Zeit beschreiben können, sonst kann sie kaum eine gute Theorie sein. Einen solchen Makel meinte Einstein in der Quantentheorie entdeckt zu haben.

Zusammen mit seinen Mitautoren Podolsky und Rosen veröffentlichte Einstein ein Gedankenexperiment. Um die Unvollständigkeit der Quantentheorie zu zeigen, gaben sie eine Vorschrift, wie an einem Objekt zwei Eigenschaften (in ihrer Veröffentlichung waren es keine Polarisationseigenschaften, sondern Ort und Impuls) bestimmt werden können, die von der Quantentheorie aus nicht beide gleichzeitig bestimmt sein dürften.

Wir zeigen hier die Argumentation in der Version von Bohm, da sie mit den uns mittlerweile recht vertrauten Photonenpaaren und ihren Polarisationen arbeitet:

Wir betrachten dazu noch einmal ein Photon, das die Eigenschaft hat, bei 0^0 durchgelassen zu werden. Nehmen wir an, dieses Photon hätte doch auch bezüglich der 45^0-Richtung eine bestimmte Eigenschaft (also entweder dass es mit Sicherheit durchgelassen oder mit Sicherheit absorbiert würde). Dann müsste eine gute Theorie diese Eigenschaft bezüglich der 45^0-Richtung beschreiben. Genau das verweigert die Quantentheorie: Für das angenommene Element der Wirklichkeit („Eigenschaft bezüglich der 45^0-Richtung") existiert in der Quantentheorie kein entsprechendes Element. Die Quantentheorie wäre also keine befriedigende Theorie.

Einstein, Podolsky und Rosen argumentieren nun, warum es Photonen geben müsse, die für beide Richtungen bestimmt sein müssten. Dazu betrachten sie ein Photonenpaar, bestehend aus verschränkten Photonen *a* und *b*. Aufgrund der Korrelationen kann man von folgender Voraussetzung ausgehen: Wenn man an Photon *a* bei 0^0 die Eigenschaft „wird durchgelassen" feststellt, kann man sich darauf verlassen, dass Photon *b* das gleiche Verhalten zeigen würde. Wir können uns die Photonen in weiter Entfernung voneinander vorstellen. *Eine Messung an a kann also keinen Einfluss auf die Eigenschaften von b haben.* Es wäre also nur billig, dem Photon *b* die Eigenschaft „wird bei 0^0 durchgelassen" zuzuschreiben. Sie müsste deshalb ein „Element der Realität" sein.

Genauso könnte man auch für eine andere Richtung der Polarisationsmessung argumentieren: Hätten wir z. B. Photon *a* statt bei 0^0 bei 45^0 auf die Durchlasseigenschaft gemessen, dann hätten wir auch hier ein klares Ergebnis bekommen. Genau das gleiche Ergebnis hätten wir bei Photon *b* feststellen können, und zwar mit 100% Wahrscheinlichkeit. Wieder wäre es nur billig, sich vorzustellen, dass auch Photon b eine bestimmte Eigenschaft bezüglich 45^0 hat, dass auch sie ein „Element der Realität" ist.

Für beide „Elemente der Realität" gleichzeitig gäbe es wegen der Unbestimmtheitsrelationen keine entsprechenden theoretischen Elemente in der Quantentheorie. Demnach wäre die Quantentheorie unvollständig.

Der aufmerksame Leser hat sicher längst entdeckt, wo EPR eine – gemäß heutiger Auffassung – unzulässige Annahme machen. Der in der Argumentation *kursiv* gedruckte Satz ist die Lokalitätsannahme und genau diese müssen wir aufgeben, wenn wir Experimente mit Photonenpaaren beschreiben wollen.

4.2 Dekohärenz, ein Schritt zur Lösung von Schrödingers Katzenparadoxon oder: Warum gibt es im Alltag keine Überlagerungszustände?

Schrödingers Katzenparadoxon hat eine große Popularität erlangt. Doch worin liegt eigentlich das Paradoxe an seinem Katzenbeispiel? Um dies zu erkennen, beschäftigen wir uns in diesem Abschnitt zunächst mit verschränkten Quantenobjekten. Mit diesen gelingt uns dann auch ein kleiner Einblick in die Dekohärenztheorie, die einen viel versprechenden Ansatz darstellt, wie das Katzenproblem gelöst werden könnte. Wir untermauern unsere Thesen mit ein wenig Formalismus.

4.2.1 Verschränkte Quantenobjekte

Bereits im Abschnitt 4.1.5 haben wir verschränkte Photonen betrachtet. Das Besondere daran war, dass eine Wechselwirkung des einen Photons mit einem Polarisationsfilter das Ergebnis einer solchen Wechselwirkung für das andere Photon gleich mit festlegte. Das Photonenpaar bildet gewissermaßen eine Einheit, selbst wenn die einzelnen Photonen weit voneinander entfernt sind.

Genau dies ist allgemein ein Kennzeichen von verschränkten Quantenobjekten::

> Eine Messung an einem der Quantenobjekte bewirkt instantan auch eine Präparation aller mit ihm verschränkten Quantenobjekte.

Bei einer solchen Messung an einem der Quantenobjekte geht die Verschränkung allerdings verloren.

Wir wagen ein Bild für diesen Zusammenhang: Wir betrachten Quantenobjekte, die in einem Überlagerungszustand sind, als Eisenbahnwaggons vor einer Weiche. Durch diese Weiche soll eine Messung dargestellt werden, da eine Messung eine Entscheidung zwischen Alternativen herbeiführt (Wesenszug 3: „Mögliche Messergebnisse"). Vor der Messung heißt: Der Waggon befindet sich vor der Weiche. Nach der Messung heißt: Der Waggon ist auf die linke oder die rechte Schiene gefahren (s. Abb. 4.8):

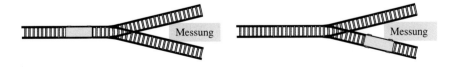

Abb. 4.8: Vor der Messung   **Nach der Messung**

Wird eine Messung an einem Quantenobjekt (der helle Waggon in Abb. 4.9) vorgenommen, so hat dies in der Regel keine Auswirkung auf das andere Quantenobjekt:

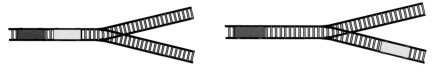

Abb. 4.9: Vor der Messung   Nach der Messung

Verschränkte Quantenobjekte sind aneinander gekoppelt wie zwei Eisenbahnwaggons (s. Abb. 4.10).

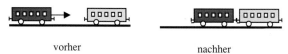

Abb. 4.10: Gekoppelte Objekte

Eine Messung an einem der Waggons zwingt auch den anderen in einen definierten Zustand:

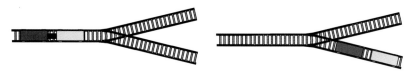

Abb. 4.11: Links: Vor der Messung.   **Rechts: Nach der Messung:**
                                                Die Verschränkung ist jetzt aufgehoben.

Zwei Objekte werden stets miteinander verschränkt, wenn sie miteinander wechselwirken (s. Abb. 4.12).

vorher   nachher

Abb. 4.12: Verschränkung durch Wechselwirkung

Kommen wir noch einmal auf das oben schon betrachtete Beispiel zurück, in dem im Doppelspalt-Experiment Streuobjekte an Atomen gestreut werden. Dabei verschränken sich die Zustände der beiden Quantenobjekte:

$$\psi^{atom+streu} = \psi_{li}^{atom} \cdot \psi_{li}^{streu} + \psi_{re}^{atom} \cdot \psi_{re}^{streu}.$$

Ein Nachweis des Streuobjekts im Detektor D_1 gehört zur klassisch denkbaren Möglichkeit „Atom geht durch den linken Spalt", ein Nachweis in D_2 zur Möglichkeit „Atom geht durch den rechten Spalt". Das Streuobjekt trägt eine „Welcher-Weg"-Information bezüglich des Atoms.

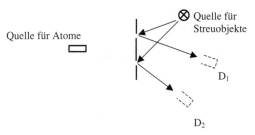

Abb. 4.13: Verschränkung eines Elektrons mit einem Photon

Natürlich kann man sich die Kette der verschränkten Objekte fortgesetzt denken (s. Abb. 4.14).

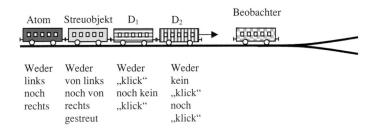

Weder	Weder	Weder	Weder
links	von links	„klick"	kein
noch	noch von	noch kein	„klick"
rechts	rechts	„klick"	noch
	gestreut		„klick"

Abb. 4.14: Eine Kette von Verschränkungen

Das Streuobjekt wird mit den absorbierenden Atomen der Detektoren verschränkt, diese wiederum mit den sie umgebenden Atomen, so dass auch die zwei Detektoren in einem Weder-Noch-Zustand zwischen „D_1 hat das Streuobjekt angezeigt und D_2 nicht" und „D_1 hat das Streuobjekt nicht angezeigt, aber D_2".

Man muss sich also eigentlich wundern, warum die Detektoren überhaupt ein klares Ergebnis anzeigen. Ist es der Akt des bewussten Wahrnehmens eines Messergebnisses, der aus einem Überlagerungszustand der Messgeräte einen definierten Zustand macht? Und liegt vor der Wahrnehmung wirklich ein Überlagerungszustand vor? Genau diese Problematik wurde von Schrödinger in seinem Katzenparadoxon zugespitzt:

4.2.2 Das Problem mit Schrödingers Katze

Wir geben hier zunächst Schrödingers Beschreibung der Situation (s. Abb. 4.15):

„Man kann auch ganz burleske Fälle konstruieren. Eine Katze wird in eine Stahlkammer gesperrt, zusammen mit folgender Höllenmaschine (die man gegen den direkten Zugriff der Katze sichern muss): in einem Geigerschen Zählrohr befindet sich eine winzige Menge radioaktiver Substanz, so wenig, dass im Lauf einer Stunde vielleicht eines von den Atomen zerfällt, ebenso wahrscheinlich aber auch keines; geschieht es, so spricht das Zählrohr an und betätigt über ein Relais ein Hämmerchen, das ein Kölbchen mit Blausäure zertrümmert. Hat man dieses ganze System eine Stunde lang sich selbst überlassen, so wird man sich sagen, dass die Katze noch lebt, wenn inzwischen kein Atom zerfallen ist. Der erste Atomzerfall würde sie vergiftet haben." (E. Schrödinger, 1935).

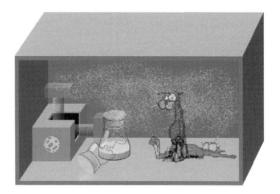

Abb. 4.15: Eine „Höllenmaschine"

Was ist das Paradoxe an dieser Situation? Und warum hat Schrödinger in diesem Beispiel eine Katze genommen?

Wenn wir die Kiste öffnen, um nachzusehen, ob die Katze tot oder lebendig ist, machen wir eine Messung. Eine Messung hebt die Verschränkung auf und zwingt das System Kiste mit Katze in einen eindeutigen Zustand, hier gibt es also zunächst kein Problem.[1] In welchem Zustand befindet sich die Katze jedoch vor dem Öffnen der Kiste?

Wir wollen sehen, was die Quantentheorie zu dem Problem sagt: Die Atome der radioaktiven Substanz können durch eine Überlagerung der Zustände „zerfallen" und „nicht zerfallen" beschrieben werden. Dieser Zustand ist verschränkt mit dem des Zählrohrs, der wiederum über den Zustand des Kölbchens mit dem Zustand der Katze (s. Abb. 4.16):

| Atom | Zählrohr | Kölbchen | Katze |

Weder	Weder	Weder	Weder tot
zerfallen	„klick"	„zerbrochen"	noch
noch	noch	noch „nicht	lebendig
nicht	kein	zerbrochen"	
zerfallen	„klick"		

Abb. 4.16: Die Kette von Verschränkungen bis zur Katze

Solange also an keinem der Bestandteile dieser Kette eine Messung vorgenommen wird, bleiben alle Glieder in einem Überlagerungszustand.

Unsere Erfahrung mit klassischen Objekten sagt uns dagegen, dass es absurd ist, anzunehmen, dass die Katze in einem Überlagerungszustand ist. Bei klassischen Objekten beobachten wir nie Überlagerungszustände. Liegt es vielleicht an der Beobachtung selbst? Können sich unbeobachtete Katzen in Überlagerungszuständen befinden?

---

[1] Wenn man diese Tatsache nicht als gegeben hinnehmen will, stellt sie auch ein Problem dar, das sogenannte „Messproblem" (s. Abschnitt 6.3).

Hätten wir uns mit in die Kiste gesperrt – gegen das Gift geschützt – dann hätten wir die Beobachtung schon vor dem Öffnen machen können. Was aber, wenn wir die Augen geschlossen hätten? Ist ein wahrnehmendes Bewusstsein nötig, um eine Messung zu machen? Und was ist das Kriterium dafür, dass ein derartiger Vorgang statt gefunden hat? Hat z. B. die Katze selbst genügend Bewusstsein, um diesen Messvorgang selbst auszulösen?

Bohr „löst" das Problem, indem er die Welt in einen Quantenbereich und einen makroskopischen Bereich unterteilt: Die Quantentheorie gelte demnach nur im Mikrokosmos, Messgeräte verhielten sich makroskopisch und zeigten eindeutige Ergebnisse. (Aussagen könnten auch nur über makroskopische Objekte gemacht werden: Was nicht gemessen wird, darüber sollte man nach Bohr nicht sprechen.)

Wesentlich befriedigender wäre jedoch eine Theorie ohne Trennlinie. Da die Quantentheorie keine offensichtliche Einschränkung kennt, wünscht man sich, auch die klassischen Phänomene mit Hilfe der Quantentheorie zu beschreiben. Hier hat sich bei den Physikern in der Tat ein Wandel vollzogen: Es wird nicht mehr versucht, die Quantentheorie als abweichend von der klassischen Theorie zu beschreiben. Vielmehr ist man auf dem Weg, die „Eigenheiten" der klassischen Welt von der Quantentheorie her zu verstehen. Ein viel versprechender Ansatz dafür ist die Dekohärenztheorie im Rahmen der Quantentheorie.

4.2.3 Die Erklärung mit Dekohärenz

Das experimentell zugängliche Merkmal eines Überlagerungszustands sind Interferenzerscheinungen. Zur Auflösung des Katzenparadoxons müssen wir also fragen, wieso man keine Interferenz zwischen lebendiger und toter Katze beobachtet. (Wie man solche Interferenzerscheinungen nachweisen könnte ist eine interessante Frage. Ein Beispiel für ein reales „Katzenexperiment", in dem dieser Nachweis auf recht indirekte Art gelingt, wird in Abschnitt 7.5 beschrieben).

Die Dekohärenztheorie geht von folgender Beobachtung aus: Je größer ein Objekt ist, um so eher und um so wahrscheinlicher wechselwirkt es mit anderen Objekten (Licht, Wärmestrahlung, kosmische Strahlung). Wie man zeigen kann, macht diese Wechselwirkung bei einem makroskopischen Objekt innerhalb von kürzester Zeit aus dem Überlagerungszustand einen Zustand, in dem Interferenzerscheinungen nicht mehr beobachtet werden können. Das bedeutet: Auch vor dem Öffnen der Kiste gibt es keine Interferenz zwischen „tot" und „lebendig".

Um dies zu verstehen, betrachten wir noch einmal die ψ-Funktion für ein Atom im Doppelspaltversuch (s. Abschnitt 3.2.2)

$$\psi^{atom} = \psi_{li}{}^{atom}(x) + \psi_{re}{}^{atom}(x).$$

Beim Ausmultiplizieren des Betragsquadrats erhielten wir einen Interferenzterm, der das folgende Produkt enthielt:

$$\psi_{li}{}^{atom\,*}(x) \cdot \psi_{re}{}^{atom}(x).$$

Dieser Term und die Interferenzerscheinungen, die er beschreibt, sind das Anzeichen dafür, dass sich das zugehörige Quantenobjekt in einem Überlagerungszustand aus den beiden klassisch denkbaren Möglichkeiten „links" und „rechts" befindet. Übertragen auf die Katze wären das die beiden Möglichkeiten „tot" und „lebendig". Die Frage ist: Warum werden bei Atomen Interferenzerscheinungen beobachtet, bei Katzen jedoch nicht?

Die Dekohärenztheorie versucht die Frage dadurch zu beantworten, dass sie die „natürliche Umgebung" der Katze in die Beschreibung mit einbezieht. Dazu gehören etwa die umgebenden Luftmoleküle, die Wärmestrahlung, welche die Katze emittiert und das Licht, das sie streut, wenn wir sie sehen. Die Umgebung besitzt sehr viele Freiheitsgrade (Größenordnung 10^{26}). Zur „Umgebung" eines makroskopischen Objekts gehören in der

Dekohärenztheorie auch die vielen Freiheitsgrade des Objekts selbst, an denen man keine Messungen vornimmt.

Für den Fall des Atoms hatten wir schon eine rudimentäre „Umgebung" aus einem einzelnen Streuobjekt betrachtet (Abschnitt 3.2.4). Die ψ-Funktion des Systems Atom + Streuobjekt war:

$$\psi^{atom+streu} = \psi_{li}^{atom}(x_{atom}) \cdot \psi_{li}^{streu}(x_{streu}) + \psi_{re}^{atom}(x_{atom}) \cdot \psi_{re}^{streu}(x_{streu}).$$

Im Interferenzterm treten für Atom und Streuobjekt die verschiedenen Möglichkeiten als Produkte auf:

$$\psi_{li}^{*}(x_{atom}) \cdot \psi_{re}^{atom}(x_{atom}) \cdot \psi_{li}^{streu\,*}(x_{streu}) \cdot \psi_{re}^{streu}(x_{streu}).$$

Erweitern wir die theoretische Beschreibung um die Freiheitsgrade der Umgebung, setzt sich dieses Schema fort und der Interferenzterm lautet:

$$\psi_{tot}^{Katze\,*}(x) \cdot \psi_{lebt}^{Katze}(x) \quad \cdot \psi_{tot}^{Umgebung\,1\,*}(x_1) \cdot \psi_{lebt}^{Umgebung\,1}(x_1)$$
$$\cdot \psi_{tot}^{Umgebung\,2\,*}(x_2) \cdot \psi_{lebt}^{Umgebung\,2}(x_2)$$
$$\cdot \ldots$$

Der zentrale Punkt in der Dekohärenztheorie ist nun: Wenn von den vielen Produkten $\psi_{tot}^{Umgebung} \cdot \psi_{lebt}^{Umgebung}$ nur ein einziges Null ist, dann ist der ganze Interferenzterm Null und Interferenzerscheinungen treten nicht mehr auf. Diese Unterdrückung der Interferenz durch die Umgebungsfreiheitsgrade nennt man Dekohärenz.

Etwas ganz Ähnliches haben wir schon in Abb. 3.27 für den Fall eines einzelnen Streuobjekts gesehen: Weil die Wellenpakete des Streuobjekts nicht überlappten, erhielt man für die Atome am Schirm kein Interferenzmuster.

Bei der Katze kann man den Dekohärenzmechanismus am Beispiel eines Luftmoleküls illustrieren, das von der lebendigen Katze anders beeinflusst wird als von der toten (es könnte etwa von der lebendigen Katze eingeatmet werden). Es wird dann für die beiden Möglichkeiten tot/lebendig jeweils einen anderen Impulsvektor aufweisen, so dass die zugehörigen Wellenpakete ψ_{tot}^{Luft} und ψ_{lebt}^{Luft} nicht überlappen. Dann ist $\psi_{tot}^{Luft} \cdot \psi_{lebt}^{Luft} \approx 0$ und der Interferenzterm verschwindet. Interferenz zwischen toter und lebendiger Katze kann also nicht beobachtet werden; die Katze ist tot oder lebendig. Man sagt dass die Dekohärenz die Katze „effektiv klassisch" macht, indem sie die Interferenz unterdrückt.

Sehr effizient wird der Dekohärenzmechanismus durch die immense Zahl der Umgebungsfreiheitsgrade, selbst wenn sich die Umgebung für die beiden Möglichkeiten nicht sehr stark unterscheidet. Nimmt man z. B. an, dass die Überlappung bei allen Faktoren 99,9% beträgt, zeigt eine Überschlagrechnung deutlich, wie gründlich der Interferenzterm unterdrückt wird:

$$0,999^{\left(10^{26}\right)} \approx \left(10^{-0,0004}\right)^{\left(10^{26}\right)} = 10^{-4 \cdot 10^{22}} \approx 0$$

Modellrechnungen zeigen, dass selbst für ein Staubkorn im μm-Bereich die Überlagerung innerhalb von 10^{-30} s verschwindet. Bei der Katze geht es wegen der größeren Zahl an Freiheitsgraden entsprechend schneller.

Kann man bei makroskopischen Objekten Quanteneffekte beobachten, wenn man sie sorgfältig von der Umgebung isoliert? Tatsächlich hat man für makroskopische Metallringe bei sehr tiefen Temperaturen und auch für kleine Magnetnadeln (Größe: einige nm) den Tunneleffekt und diskrete Energieniveaus beobachtet [GrZ97, S. 171ff].

Es ist also nicht mehr gerechtfertigt, den klassischen Bereich mit dem makroskopischen zu identifizieren und den Quantenbereich mit dem mikroskopischen. Dies ist auch der Grund, warum wir hier den Begriff „Quantenobjekt" dem Begriff „Mikroobjekt" vorziehen.

Photonen (wenn sie nicht an Luftmolekülen gestreut werden) und auch Elektronen im Hochvakuum erfahren dagegen im allgemeinen so wenig Wechselwirkung, dass keine tiefe Temperatur nötig ist, um Quanteneffekte zu beobachten. Ganz anders ist die Sachlage bei der Katze: Eine genügend tiefe Temperatur, um Dekohärenz durch Wärmestrahlung auszuschließen, würde zwischen den Möglichkeiten „tot" und „lebendig" vorzeitig entscheiden.

Auch Fullerene haben – verglichen mit Elektronen oder Atomen – viele Freiheitsgrade, z. B. können die einzelnen Atome auf viele Arten gegeneinander schwingen. Dennoch gelingt es offensichtlich, die Freiheitsgrade so lange unverändert zu erhalten, bis die Fullerenmoleküle die Detektionsebene erreichen, sonst könnte ein Interferenzmuster nicht beobachtet werden. Ob in naher Zukunft Interferenzversuche z. B. mit Viren möglich sind (wie es in so mancher Zeitschrift in Aussicht gestellt wurde), ist mehr als fraglich, da es bei derart komplexen Gebilden noch ungleich schwieriger sein dürfte, die inneren Freiheitsgrade einzufrieren.

Die Dekohärenztheorie bietet also eine Erklärung dafür an, wieso die Katze nicht in einem Überlagerungszustand ist, indem sie die Interferenzterme verschwinden lässt.

$$|\psi_{tot}(x) + \psi_{lebendig}(x)|^2 = |\psi_{tot}(x)|^2 + |\psi_{lebendig}(x)|^2 + 2\,Re[\,\psi_{tot}^*(x)\,\psi_{lebendig}(x)\,].$$

Es stehen aber immer noch zwei Terme für die Möglichkeiten tot oder lebendig da. Noch nicht geklärt ist also, welches der möglichen Messergebnisse nun tatsächlich eintreten wird. Wie wird entschieden, ob die Katze tot oder lebendig ist? Muss hier wieder der Zufall bemüht werden? Wir werden auf diese Frage im Abschnitt 6.3 eingehen.

5. Experimente mit dem Interferometer

Wo damals die Grenzen der Wissenschaft waren, da ist jetzt die Mitte.
[G.C. Lichtenberg]

Wir wiederholen nun die in den letzten Kapiteln zusammengetragenen Wesenszüge einschließlich Verschränktheit und Dekohärenz anhand von Interferometer-Experimenten im
Überblick. Dabei zeigen wir jeweils, wie die Beschreibung mit Wellenpaketen gelingt.

5.1 Interferenz beim Mach-Zehnder-Interferometer

Bei Mehrfachspalt-Experimenten haben die Quantenobjekte mehrere Möglichkeiten, zum
Detektor zu gelangen. Dies erreicht man auch mit Hilfe von *Interferometern*, also Versuchen
mit Strahlteilern und Spiegeln. Diese Anordnungen haben den Vorteil, dass die beiden
möglichen „Wege" weit voneinander getrennt sind, so dass es besonders einfach ist, nur eine
der beiden Möglichkeiten experimentell zu beeinflussen. Interferometer-Experimente wurden
schon mit vielerlei Quantenobjekten durchgeführt. Wir beschränken uns hier auf Experimente
mit Photonen in der *Mach-Zehnder-Anordnung*. Den schematischen Aufbau mit klassischem
Licht zeigt Abb. 5.1.

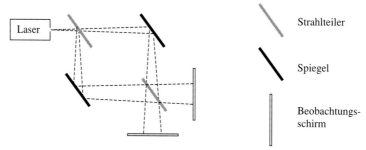

Laser   Strahlteiler

Spiegel

Beobachtungs-
schirm

Abb. 5.1: Mach-Zehnder-Interferometer

Wenn die beiden Weglängen ein klein wenig unterschiedlich sind, kann man auf beiden
Beobachtungsschirmen ein Interferenzbild aufnehmen, die wie Foto-Negativ und Foto-Positiv
zueinander sind: Wo das eine Bild Maxima hat, hat das andere Minima, und umgekehrt. Wir
werden uns im Folgenden meist auf das Bild am rechten Schirm beschränken.

Das Interferenzmuster ist radialsymmetrisch, Maxima
und Minima bilden ein System konzentrischer Ringe (s.
Abb. 5.1).

Wenn man den Versuch mit einzelnen Photonen
durchführt, beobachtet man auch hier die stochastische
Verteilung der Spuren einzelner Aufschläge. Wenn man
diese sammelt, bildet sich immer deutlicher das Muster
heraus. Woher die Gangunterschiede kommen und wie
man die radiale Symmetrie des Interferenzmusters
erklären kann, ist in Anhang C beschrieben.

**Abb. 5.1: Viele Photonspuren
bilden ein Interferenzmuster aus
konzentrischen Kreisen.**

Wir beschreiben die Photonen durch Wellenpakete.[1] Die

---

[1] Eigentlich müssen Photonen durch Feldoperatoren beschrieben werden. Da es uns hier aber um das
Prinzip geht, behandeln wir die Photonen wie massive Quantenobjekte.

Spiegel werden berücksichtigt, indem man an den entsprechenden Orten die Richtung ändert, in die sich die Wellenpakete fortbewegen. Wo die Strahlteiler stehen, teilt man die Wellenpakete und schickt die Hälften in die entsprechenden Raumrichtungen. Wir werden auch im Folgenden wieder kurz sagen: Die Wellenpakete werden an den Spiegeln reflektiert und teilen sich an den Strahlteilern.

Wir betrachten zunächst ein Interferometer, bei dem ein „Weg" blockiert ist (s. Abb. 5.2). Die Hälfte des Wellenpakets, die auf dem oberen „Weg" unterwegs ist, wird dort gleich 0 gesetzt. (Salopp gesagt: Das Wellenpaket wird „absorbiert".) Das Teilpaket auf dem unteren „Weg" muss am zweiten Strahlteiler noch einmal geteilt werden, es kann jedoch kein Interferenzmuster mehr beobachtet werden.

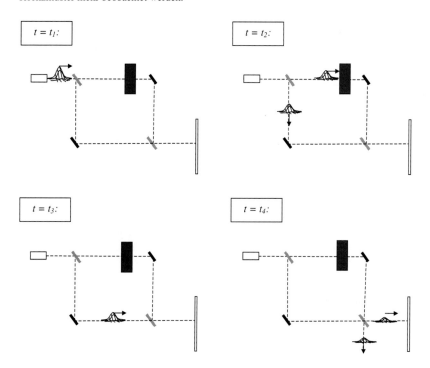

Abb. 5.2: Momentaufnahmen eines Wellenpakets in der Interferometer-Anordnung zu vier Zeitpunkten $t_1 < t_2 < t_3 < t_4$. Ein Weg ist blockiert: Man beobachtet kein Interferenzmuster.

Wenn beide „Wege" offen sind, müssen beide Teilpakete am zweiten Strahlteiler geteilt werden (s. Abb. 5.3). Je ein Teil vom oberen „Weg" muss mit je einem Teil vom unteren „Weg" überlagert werden. Dies erklärt das Interferenzmuster. (Ebenso erklären die nach unten weglaufenden Teilpakete das Interferenzmuster auf dem unteren Schirm in Abb. 5.1).

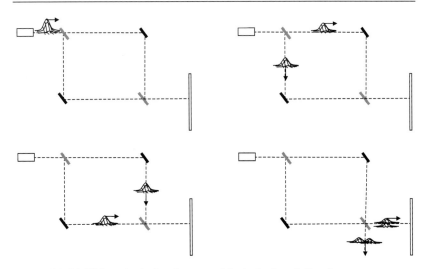

Abb. 5.3: Wellenpaket im Interferometer: Man beobachtet ein Interferenzmuster.

5.2 Komplementarität beim Interferometer

Betrachten wir nun den Einfluss einer unterscheidenden Messung an den beiden „Wegen". In der Praxis benutzt man dazu nichtlineare Kristalle, die aus einem Photon zwei verschränkte Photonen machen. Das eine Photon nennt man Signal-Photon, das andere Idler-Photon. Ihre Frequenzen sind etwas unterschiedlich, sie haben also (wegen der Energieerhaltung) beide etwa die halbe Frequenz wie das Mutter-Photon. Während das Signal-Photon auf den Schirm gelangt, und dort zu einer Verteilung beiträgt, kann am Idler-Photon eine Messung vorgenommen werden. Z. B. kann es von einem Detektor registriert werden (s. Abb. 5.4).

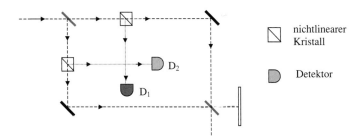

nichtlinearer
Kristall

Detektor

Abb. 5.4: Sobald ein Idler-Photon in D_1 registriert wird, nimmt das zugehörige Signal-Photon den oberen „Weg".

Sobald z. B. am Detektor D_1 ein Idler-Photon registriert wird, würde man das zugehörige Signal-Photon bei einer Messung auf dem oberen „Weg" finden. Von diesem Moment an kann man also sagen: „Das Signal-Photon geht oben herum". Wir haben eine „Welcher-Weg"-Information, und ein Interferenzmuster kann nicht beobachtet werden.

Wie wird diese Situationen durch die Wellenpakete beschrieben? Von jedem nichtlinearen Kristall gehen zwei Wellenpakete aus. Das eine gehört zum Signal-Photon, das andere zum Idler-Photon. Da die Photonen miteinander verschränkt sind, muss man bei einer Messung am Idler-Photon nicht nur eines der Teil-Wellenpakete des Idler-Photons (grau in Abb. 5.5) streichen, sondern auch eines der Teilwellenpakete des Signal-Photons (schwarz).

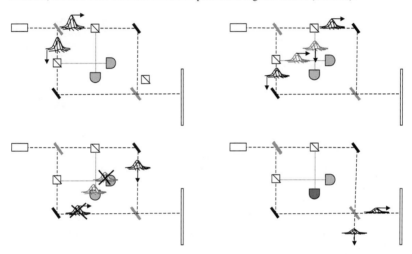

Abb. 5.5: Durch den Kollaps des Idler-Pakets kollabiert auch das Wellenpaket des Signal-Photons: Man beobachtet kein Interferenzmuster.

Wenn man die Detektoren D_1 und D_2 entfernt und das Idler-Photon gar nicht absorbiert, werden die Signal-Photonen dennoch nicht zu einem Interferenzmuster beitragen. Aus den Idler-Photonen könnte man ja eine „Welcher-Weg"-Information erhalten. Die zwei Möglichkeiten sind damit unterscheidbar.

Im Formalismus der Wellenpakete wird dies so beschrieben (s. Abb. 5.6): Die Wellenpakete des Idler-Photons sind nach dem Zeitpunkt t_3 so weit getrennt, dass sie sich nicht mehr nennenswert überlappen (Entscheidend ist die Überlappung zu dem Zeitpunkt, zu dem das Signalphoton nachgewiesen wird. Dies findet kurz nach t_4 statt. Zu diesem Zeitpunkt sind die Wellenpakete des Idlerphotons schon weit auseinander gelaufen). Wegen der Verschränktheit von Idler- und Signalphoton zeigen dann auch die Wellenpakete des Signal-Photons keine Interferenz, obwohl diese sich nach dem zweiten Strahlteiler wieder überlappen. Dies ist analog zur Situation von Abb. 3.27 in Abschnitt 3.2.4. Dort überlappen zwar die Wellenpakete der Atome, nicht aber die Wellenpakete der damit verschränkten Streuobjekte. Dies führt dazu, dass der Interferenzterm der verschränkten Einheit verschwindet und auch die Atome nicht mehr zu einem Interferenzmuster beitragen.

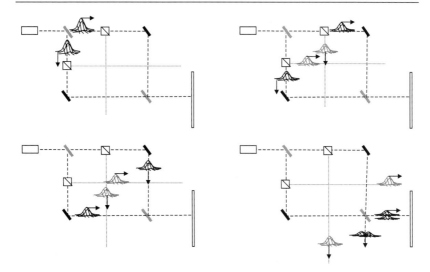

Abb. 5.6: Die Wellenpakete des Idler-Photons überlappen sich nicht. Deshalb tragen auch die damit verschränkten Signal-Photonen nicht zu einem Interferenzmuster bei.

5.3 Der „Quantenradierer"

Mandel und Mitarbeiter [Man90] haben das Experiment noch weiter abgewandelt. Sie haben einen weiteren Strahlteiler an die Stelle gebracht, wo sich die Teilwellenpakete der Idler-Photonen kreuzen (s. Abb. 5.7).

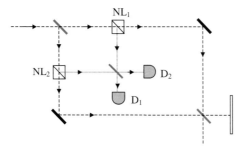

Abb. 5.7: Ein weiterer Strahlteiler führt dazu, dass wieder ein Interferenzmuster beobachtet werden kann.

Wenn nun D_1 ein Photon registriert, gibt es zwei klassisch denkbare Möglichkeiten: Wie zuvor könnte das Photon vom oberen Kristall NL_1 gekommen sein. Dann wäre es vom Strahlteiler einfach durchgelassen worden. Das Photon könnte aber auch von NL_2 gekommen und am Strahlteiler reflektiert worden sein. Bei der einen klassisch denkbaren Möglichkeit würde das Signalphoton oben herum gehen, bei der anderen unten herum. Analoges gilt, wenn D_2 das Photon registriert. Unabhängig davon, ob das Photon in D_1 oder D_2 registriert wird, die beiden Möglichkeiten „oben herum" und „unten herum" sind gar nicht mehr unterscheidbar.

Solange das Idlerphoton noch nicht am Strahlteiler ist, kann man eine „Welcher-Weg"-Information daraus gewinnen. Nach dem Strahlteiler ist diese Information nicht mehr zu bekommen. Man sagt in der Literatur: Die „Welcher-Weg"-Information wird durch den Strahlteiler wieder „ausradiert" und spricht vom „*Quantenradierer*".[1] Ein Interferenzmuster kann beobachtet werden.

Auch diesen Fall beschreiben wir mit den Wellenpaketen (s. Abb. 5.8):

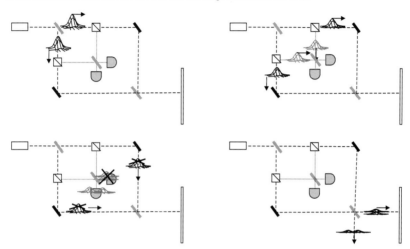

Abb. 5.8: Der Kollaps vernichtet Teile des Idler-Pakets aus beiden klassisch denkbaren Möglichkeiten. Die anderen Teile aus beiden Möglichkeiten überlappen sich. Auch vom Signalphoton werden die oberen Teil der beiden Wellenpakete „gekappt" (in der Zeichnung ist die Spitze durchkreuzt), d.h. die Wellenpakete werden kleiner. Die Reste teilen sich am zweiten Strahlteiler und überlappen sich danach: Man beobachtet ein Interferenzmuster.

Wir bezeichnen die ψ-Funktion des Signal-Photons mit ψ^s und die des Idler-Photons mit ψ^j. Das Wellenpaket des Idler-Photons, das von oben kommt, nennen wir dann ψ^j_{oben}, das von dem linken unteren Kristall ψ^j_{unten}. Dann gilt für das Interferometer-Experiment mit zwei nichtlinearen Kristallen *ohne* Quantenradierer:

$$P(x) = |\ \psi^s_{oben}(\bar{x}_s, t) \cdot \psi^j_{oben}(\bar{x}_i, t)\ +\ \psi^s_{unten}(\bar{x}_s, t) \cdot \psi^j_{unten}(\bar{x}_i, t)\ |^2.$$

Beim Ausmultiplizieren erhält man den Interferenzterm:

$$\psi^s_{oben}(\bar{x}_s, t) \cdot \psi^s_{unten}(\bar{x}_s, t)\ \cdot\ \psi^j_{oben}(\bar{x}_i, t)\ \psi^j_{unten}(\bar{x}_i, t).$$

Da $\psi^j_{oben}(\bar{x}_i, t)$ und $\psi^j_{unten}(\bar{x}_i, t)$ nicht überlappen, wird das rechte Produkt 0 und somit verschwindet der gesamte Interferenzterm, auch wenn $\psi^s_{oben}(\bar{x}_s, t)$ und $\psi^s_{unten}(\bar{x}_s, t)$ nach dem zweiten Strahlteiler wieder eine Überlappung aufweisen.

---

[1] Wir erinnern an dieser Stelle daran, dass streng genommen eine „Welcher-Weg"-Information im Nachhinein nicht erhalten werden kann. Es handelt sich eher um eine Information, die einer der klassisch denkbaren Möglichkeiten zugeordnet werden kann (s. Abschnitt 2.4.2). Die Information wird auch nicht tatsächlich erhalten, man könnte sie nur erhalten. Deshalb setzen wir auch das Wort „ausradiert" in Anführungszeichen.

Wird nun der Strahlteiler eingeschoben, der als Quantenradierer wirkt, so teilt man das Wellenpaket ψ^i_{oben} in zwei Teile: $\psi^i_{oben,1}$ ist unterwegs zu Detektor 1, $\psi^i_{oben,2}$ zu Detektor 2. Ebenso wird ψ^i_{unten} aufgeteilt in $\psi^i_{unten,1}$ und $\psi^i_{unten,2}$. Damit gilt:

$$P(x) = |\ \psi^s_{oben}(\bar{x}_s, t) \cdot (\ \psi^i_{oben,1}(\bar{x}_i, t) + \psi^i_{oben,2}(\bar{x}_i, t)\ )$$
$$+\ \psi^s_{unten}(\bar{x}_s, t) \cdot (\ \psi^i_{unten,1}(\bar{x}_i, t) + \psi^i_{unten,2}(\bar{x}_i, t)\ )\ |^2.$$

Nun erhält man beim Ausmultiplizieren folgenden Interferenzterm:

$$\psi^s_{oben}(\bar{x}_s, t) \cdot \psi^s_{unten}(\bar{x}_s, t) \cdot (\ \psi^i_{oben,1}(\bar{x}_i, t)\ \psi^i_{unten,1}(\bar{x}_i, t) + \psi^i_{oben,1}(\bar{x}_i, t)\ \psi^i_{unten,2}(\bar{x}_i, t)$$
$$+\ \psi^i_{oben,2}(\bar{x}_i, t)\ \psi^i_{unten,1}(\bar{x}_i, t) + \psi^i_{oben,2}(\bar{x}_i, t)\ \psi^i_{unten,2}(\bar{x}_i, t)\ ).$$

Die zwei mittleren Terme in der Klammer verschwinden, da die Teilwellenpakete auf den verschiedenen Wegen zu den Detektoren 1 und 2 nicht überlappen. Dagegen überlappen die Wellenpakete sowohl im ersten Term als auch im vierten Term der Klammer. Damit verschwindet der Interferenzterm mit Quantenradierer nicht.

<u>Bemerkung:</u>

Um das Interferenzmuster tatsächlich zu bekommen, darf man nur die Einschläge registrieren, die auftreten, wenn auch Detektor D_1 ein Signal gibt. Dies kann mit einem Koinzidenzzähler erreicht werden (s. GrZ, S. 207). Auch alle Einschläge, die mit einem Signal von Detektor D_2 zusammenfallen, führen zu einem Interferenzmuster. Diese zwei Muster sind komplementär zueinander. Deshalb fallen Maxima auf Minima, wenn man alle Einschläge aufsammelt, und man erhält kein Interferenzmuster.

Dies zeigt noch einmal, dass der Umkehrschluss aus der Komplementarität falsch ist:

Komplementarität:

Wenn es eine „Welcher-Weg"-Information gibt, kann man kein Interferenzmuster beobachten.

Wenn man ein Interferenzmuster beobachten kann, gibt es keine „Welcher-Weg"-Information.

Umkehrschluss:

Wenn es keine „Welcher-Weg"-Information gibt, kann man ein Interferenzmuster beobachten.

Wenn man kein Interferenzmuster beobachten kann, gibt es eine „Welcher-Weg"-Information.

Aufgabe:

Person A ist begeistert:

„Wenn ich in der klassischen Physik wissen will, ob an einer bestimmten Stelle ein Objekt steht, muss ich dort hinschauen, also daran Photonen streuen, oder selbst dagegen stoßen. In der Quantenphysik kann das Objekt geortet werden, ohne selbst hinzugehen oder ein anderes Objekt damit wechselwirken zu lassen:

Ich betrachte dazu ein Interferometer. Wenn beide Wege offen sind, gibt es im Interferenzmuster Minimumsstellen, also Stellen, wo keine Photonen ankommen. Nun blockiere ich einen Weg. Dann kann das Photon nur noch den anderen Weg nehmen. Es gibt kein Interferenzmuster mehr, also können jetzt Photonen auch in den Minimumsstellen ankommen. Wenn ich Glück habe, kommt gerade jetzt eines dort an und ich weiß von der Blockade, obwohl das Photon gar nicht auf diesem Weg war. Ich kann also – zugegeben mit etwas Glück – die Blockade ohne jede Wechselwirkung orten.“

Warum ist die von Person A vertretene Ansicht nicht haltbar?

Lösung:

Person A denkt klassisch. Sie denkt: Wenn beide Wege offen sind, ist unbestimmt, welchen Weg das Photon geht. Wenn aber ein Weg blockiert ist, geht das Photon auf jeden Fall den anderen Weg.

Dies ist nicht richtig: Das Photon hat nur eine endliche Ausbreitungsgeschwindigkeit. Solange es die Blockade noch nicht erreicht hat, ist sein Weg unbestimmt. Es könnte ja auch von der Blockade absorbiert werden. Wenn es nicht absorbiert wird (wenn Person A also Glück hat), so wird es bei einer Ortsmessung mit Sicherheit auf dem offenen Weg angetroffen.

Das Photon tastet also auf eine uns unbekannte Weise alle Möglichkeiten ab, sonst könnte die Blockade keinen Einfluss auf den Einschlagort des Photons haben. Dieses Abtasten – so wenig wir es uns vorstellen können – stellt natürlich eine Art von Wechselwirkung des Photons mit der Umgebung dar, auch wenn dabei keine Energie übertragen wird.

Dieses geheimnisvolle Abtasten geschieht nicht nur bei der Emission des Photons. Auch wenn das Photon schon einen Strahlteiler passiert hat, kann man das Versuchsergebnis noch verändern. Man hat dies in sogenannten *Experimenten mit verzögerter Entscheidung* nachgewiesen (s. Abschnitt 7.3.2).

6. Andere Interpretationen des Formalismus

Das letzte Geheimnis der Natur kann die Wissenschaft nicht lösen.
Und zwar darum nicht, weil wir im Grunde selbst ein Teil der Natur
sind und also ein Teil des Geheimnisses, das wir lösen wollen.

[M. Planck]

Die quantitativen Ergebnisse einer Theorie müssen interpretiert werden. Den großen Erfolgen der Quantentheorie bei der Beschreibung und Vorhersage von experimentellen Ergebnissen stehen heftige Debatten zu Fragen der Interpretation gegenüber. Wir folgen hier zum Teil der Zusammenfassung von F. Laloe [Lal01].

6.1 Welches sind die Interpretationsprobleme?

Physiker können die Quantentheorie anwenden, und die Rechenergebnisse *interpretieren*, ohne sich um die nun schon fast hundert Jahre andauernde *Interpretation*sdiskussion kümmern zu müssen.

Dieser scheinbare Widerspruch hat seine Ursache darin, dass der Begriff *Interpretation* zum Teil im engen Sinne (Interpretation der Rechenergebnisse, s. Abschnitt 1.1.3) verwendet wird, zum Teil aber auch in einem weiteren, eher erkenntnistheoretischen Sinne.

6.1.1 Interpretation im engeren Sinne

In der klassischen Physik werden die Zustände von Objekten durch Größen beschrieben, die mit Hilfe von Gesetzen errechnet werden (s. Abb. 6.1). Diese Größen können direkt als Eigenschaften der Objekte interpretiert werden. So bedeutet z.B. das Rechenergebnis v (1s) = 10 m/s, dass das Objekt zur Zeit $t = 1$ s eine Geschwindigkeit von 10 m/s haben wird.

Abb. 6.1: Zum Interpretationsvorgang in der klassischen Physik

Dagegen werden die Zustände von Quantenobjekten durch komplexe ψ-Funktionen beschrieben. Der Zusammenhang zwischen der ψ-Funktion und den messbaren physikalischen Eigenschaften ist nicht so direkt wie in der klassischen Physik (s. Abb. 6.2). Dennoch ist die Interpretation von $|\psi(x,t)|^2$ für Wahrscheinlichkeitsvorhersagen unstrittig.

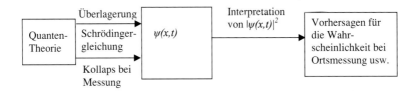

Abb. 6.2: Zum Interpretationsvorgang in der Quantenphysik

6.1.2 Interpretation im weiteren Sinne

Die schwierigen Punkte bei der Interpretation liegen eher im erkenntnistheoretischen Bereich. Dazu gehören Überlegungen zu folgenden Gesichtspunkten:

- Bedeutung des Formalismus:
  Ein Beispiel: Beschreibt die ψ-Funktion eines Quantenobjekts in der Zeit zwischen zwei Messungen die physikalische Realität oder steht sie nur für das mögliche Wissen von der Realität (s. Abschnitt 6.2.3)?

- Konsequenzen für die Erkenntnisgewinnung:
  Ein Beispiel: Nach Bohr sind Aussagen über Quantenobjekte nur auf der Grundlage von makroskopischen Messungen erlaubt (s. Abschnitt 6.2.2).

- Gesamtstruktur der Theorie:
  Ein Beispiel: Darf die Schrödingergleichung freie Parameter enthalten (s. Abschnitt 6.3.2)?.

Ihre Wurzeln haben die Interpretationsprobleme direkt in den Wesenszügen:

1. *Statistisches Verhalten*:
   Wesenszug: Einzelereignisse können nicht vorhergesagt werden.
   Problem: Es ist unbefriedigend, dass die Quantenphysik nur Wahrscheinlichkeitsvorsagen macht. Dies wird auch durch das berühmte Einstein-Zitat ausgedrückt: *„Der Alte würfelt nicht."*
   Vordergründige Lösung: Wenn man nur die Anfangsbedingungen wüsste, so könnte man für das einzelne Ereignis Vorhersagen machen. Vielleicht sind diese Anfangsbedingungen nur vor uns verborgen („verborgene Parameter")?
   Kritik: Eine naive (d.h. lokale) Theorie mit verborgenen Parametern reicht nicht aus, die Experimente richtig zu beschreiben. Brauchbare Theorien müssen stark nicht-lokal sein. (Wir werden eine solche Theorie in Abschnitt 6.2.3 vorstellen.).
   Zudem sind auch in einer solchen stark nicht-lokalen Theorie die Anfangsbedingungen zwar wohldefiniert, aber sie unterliegen dem Zufall. Sie lassen sich nicht auf bestimmte vorher festgelegte Werte präparieren. Somit können Einzelereignisse auch in einer solchen Theorie nicht vorhergesagt werden.
   Schluss: Wir müssen akzeptieren, dass die Quantenphysik im tiefsten Wesen statistisch ist.

2. *Interferenz-Fähigkeit und Unbestimmtheit*:
   Wesenszug und Folgerung: Interferenzphänomene und Unbestimmtheit

   a) Problem: Zunächst ist es unbefriedigend, dass ein Quantenobjekt z. B. keinen Ort haben soll.
      Vordergründige Lösung: Viel näherliegend wäre die Annahme, dass Parameter wie der Ort zwar stets bestimmt ist, dass sie aber erstens vor uns verborgen sind („verborgene Parameter") und zweitens nicht von der Quantentheorie beschrieben werden. Dies würde bedeuten, dass die Quantentheorie unvollständig ist. (Dies wurde von Einstein – zusammen mit Podolsky und Rosen mit dem EPR-Paradoxon – angeprangert.)
      Kritik: Auch hier ist zu sagen: Theorien mit verborgenen Parametern, die die Experimente richtig beschreiben, sind stark nicht-lokal, wodurch ein Problem durch ein anderes ersetzt wird. Und die starke Nicht-Lokalität wäre sicher nicht im Sinne von Einstein, Podolsky und Rosen gewesen.
      Schluss: Es kann keine anschauliche Quantentheorie geben, wir können nur wählen zwischen Unbestimmtheit oder starker Nichtlokalität.

   b) Problem (Schrödingers Katzenparadoxon):
      Es gibt keinen offensichtlichen Grund, warum die Quantenphysik nicht auch für makroskopische Objekte gelten sollte. Warum beobachtet man dann im Alltag keine Quanteneffekte, wie z.B. Interferenzphänomene?

Vordergründige Lösung: Bohr trennte klar die Quantenwelt von der makroskopischen Welt. Über erstere sind Aussagen nur möglich, wenn sie auf
Messungen mit makroskopischen Geräten beruhen.
Kritik: Unklar ist, wo die Trennlinie verläuft. Könnten Viren in Überlagerungszuständen sein, oder Bakterien? Zudem hat man Quantenphänomene auch
an makroskopischen Objekten festgestellt (s. Abschnitt 7.5).
Mögliche Lösung: Dekohärenz sorgt dafür, dass im Alltag keine Interferenzphänomene beobachtet werden.

3. *Umpräparation durch Messung*:
   Formalismus: Die zeitliche Entwicklung der ψ-Funktion wird durch die Schrödinger-
   gleichung beschrieben – bis auf die Messvorgänge.
   Problem (auch bekannt als *Messproblem*):
   Als Folge von Messvorgängen muss die ψ-Funktion abrupt und unstetig verändert
   werden. Befriedigender wäre es, wenn dieser Kollaps nicht ad hoc eingeführt werden
   müsste, sondern sich irgendwie aus der restlichen Theorie ableiten ließe.
   Vordergründige Lösung: Die ψ-Funktion ist eine Funktion, die nur den momentanen
   Wissensstand ausdrückt. Wenn uns ein neues Faktum bekannt wird, ändert sich die
   Funktion unstetig.
   Kritik: Dann wäre die ψ-Funktion vom Wissenstand eines Physikers abhängig und damit
   etwas sehr subjektives. In Wahrheit trägt die ψ-Funktion alles in sich, was objektiv
   über die Präparation des Quantenobjekts „wissbar" ist.
   Stand der Dinge: Das Messproblem ist noch nicht gelöst. Es gibt einige Ansätze dazu, auf
   die wir in diesem Rahmen jedoch nur kurz eingehen können (s. Abschnitt 6.3).

4. *Komplementarität*:
   Die Komplementarität beschreibt, in welchem Umfang der zweite Wesenszug auftritt, und
   wirft kein zusätzliches Interpretationsproblem auf.

6.2 Probleme mit Unbestimmtheit und statistischem Verhalten

Wir geben hier einen kleinen Überblick über die Ensemble-, die Kopenhagener und eine stark
nicht-lokale Interpretation mit verborgenen Parametern.

6.2.1 Zur Ensemble-Interpretation

Die Ensemble-Interpretation (oder Statistische Interpretation) lässt sich im Grunde in einem
Satz zusammenfassen: *Die statistischen Aussagen der Quantentheorie beziehen sich nicht auf
ein einzelnes Quantenobjekt, sondern auf ein statistisches Ensemble von identisch
präparierten Objekten.*

Der Begriff der *Präparation von Zuständen* spielt in der statistischen Interpretation eine große
Rolle. Unter einem Präparationsverfahren versteht man eine experimentelle Anordnung, die
es in reproduzierbarer Weise erlaubt, den gewünschten Anfangszustand eines quantenphysikalischen Systems herzustellen. Ein Beispiel ist der Strahl von Heliumatomen im
Doppelspaltexperiment, dessen Atome auf eine einheitliche kinetische Energie präpariert
werden.

Generell legt eine Präparation die Häufigkeitsverteilungen aller messbaren Größen fest. Sie
charakterisiert den Zustand des Systems vollständig, d. h. sie legt seine ψ-Funktion fest. Den
auf eine bestimmte kinetische Energie E präparierten Heliumatomen wird eine ψ–Funktion
ψ_E zugeordnet.

Nach Wesenszug 1 („Statistisches Verhalten") legt ein Präparationsverfahren allerdings nicht
das Ergebnis von Einzelmessungen fest (den Auftreffort der Heliumatome auf dem Schirm).

Nur die Häufigkeitsverteilungen lassen sich reproduzierbar präparieren (z. B. das Muster, das sich aus den Spuren vieler nachgewiesener Heliumatome ergibt). Deshalb argumentieren die Anhänger der Ensemble-Interpretation, dass sich Begriffe wie „Präparation" oder „Zustand" nicht auf ein Einzelobjekt beziehen können, sondern nur auf ein *Ensemble* von unter identischen makroskopischen Bedingungen präparierten Quantenobjekten.

Der Begriff Ensemble entstammt der statistischen Mechanik und bezeichnet die gedankliche Menge aller Einzelrealisierungen, die aus einem bestimmten Präparationsverfahren resultieren können. In unserem Beispiel ist dies der aus vielen, nicht miteinander wechselwirkenden Atomen bestehende Atomstrahl.

Nach der Ensemble-Interpretation wird der empirische Gehalt einer Wahrscheinlichkeitsaussage überprüft, indem man das gleiche Experiment viele Male wiederholt und die relativen Häufigkeiten der einzelnen Ereignisse ermittelt.

Die Ensemble-Interpretation hat den Vorteil, dass sie eine begrifflich klare Formulierung vieler Aussagen erlaubt. Besonders deutlich wird dies bei der *Unbestimmtheitsrelation*, deren Verständnis oft durch Fehlinterpretationen erschwert wird. In der Ensemble-Interpretation werden die Größen Δx und Δp als *Standardabweichungen in der statistischen Verteilung* von Messwerten angesehen (was auch durch die theoretische Definition dieser Größen im Formalismus nahegelegt wird). Die operationale Bedeutung der Unbestimmtheitsrelation wird folgendermaßen gesehen:

An einem Ensemble von identisch präparierten Systemen führt man die gleiche Messung (z. B. des Auftreffortes auf dem Schirm) viele Male hintereinander aus. Die so gewonnenen Messwerte wertet man statistisch aus (z. B. indem man wie in Abb. 6.3 ein Histogramm anfertigt und den Mittelwert $\bar{x}$ und die Standardabweichung Δx berechnet). Das gleiche Verfahren wird an einem ebenso präparierten Ensemble für die Messung des Impulses wiederholt. Aus der Verteilung der Impulsmesswerte ergeben sich $\bar{p}$ und Δp. Für das Produkt der beiden Standardabweichungen Δx und Δp gilt die Ungleichung $\Delta x \cdot \Delta p \geq \hbar / 2$.

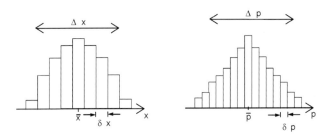

Abb. 6.3: Messergebnisse und Standardabweichungen für Ort und Impuls

Einige Punkte müssen dabei betont werden, da sie für die Deutung der Unbestimmtheitsrelation auch in anderen Interpretationen relevant sind:

- Die Größen Δx und Δp sind hier nicht als Ungenauigkeiten der Messung zu interpretieren. Um eine statistische Verteilung zu gewinnen, müssen die Messunsicherheiten δx und δp der Einzelmessungen sehr viel kleiner als die Streuungen sein, wie in Abb. 6.3 illustriert.

- Das hier geschilderte experimentelle Verfahren verlangt nicht die Messung von Ort und Impuls am gleichen Einzelsystem. Die Erklärung, wonach die Unbestimmtheitsrelation auf die gegenseitige Störung gleichzeitiger Messungen zurückzuführen sei, ist nicht haltbar. Sie würde nahelegen, dass dem ungestörten Einzelsystem zu jedem Zeitpunkt eine Orts- und Impulseigenschaft zukommt, wie den Teilchen eines klassischen Gases.

Qualitativ kann man die Unbestimmtheitsrelation als eine Aussage über die *Grenze der Präparierbarkeit* von Quantenobjekten formulieren: *Es ist nicht möglich, ein Ensemble von Quantenobjekten in einen Zustand ψ so zu präparieren, dass $\Delta x \cdot \Delta p < \hbar / 2$ für dieses Ensemble erfüllt ist.*

6.2.2 Zur Kopenhagener Interpretation

Über die statistische Interpretation hinausgehend behaupten die Anhänger der *Kopenhagener Interpretation*, die insbesondere von N. Bohr vertreten wurde, und ihre modernen Nachfolger, dass die quantenphysikalischen Aussagen auch für Einzelzustände gelten, dass also z. B. das einzelne Objekt in einem *Überlagerungszustand* sein kann und dass auch für das einzelne Objekt nur Wahrscheinlichkeitsaussagen möglich sind.

Bohrs Kopenhagener Interpretation ist ein umfassendes, stark philospohisch geprägtes und oft dunkel formuliertes Konzept. Zentrale Begriffe sind die Komplementarität und die Ganzheitlichkeit der Messung, die bereits im Zusammenhang mit den Wesenszügen besprochen wurden (s. Abschnitte 2.3 und 2.4).

Für Bohr sind die Begriffe der klassischen Physik auch in der Quantenphysik unverzichtbar; die Interpretation der Quantentheorie könne nicht ohne Rückgriff auf die klassischen Begriffe erfolgen. Bohr erschließt das aus einer erkenntnistheoretischen Analyse des Messprozesses, denn „schon die Forderung der Mitteilbarkeit der Versuchsumstände und der Messergebnisse bedeutet ja, dass wir nur im Rahmen der gewöhnlichen Begriffe von wohldefinierten Erfahrungen sprechen können". Begriffe wie Ort und Impuls behalten also ihre gewöhnliche Bedeutung, ihre gleichzeitige Anwendbarkeit wird nach Bohr aber von der Quantenphysik eingeschränkt.

Die Ganzheitlichkeit der Messung äußert sich darin, dass Quantenobjekt und Messgerät untrennbar verbunden sind. Es hat demnach keinen Sinn über die Eigenschaften eines Quantenobjektes zu reden, ohne die genauen Versuchsumstände anzugeben, unter denen diese Erkenntnisse gewonnen wurden. Es ist müßig, über den Zustand eines Quantenobjekts zu philosphieren – ob es also z. B. durch beide Spalte oder durch keinen von beiden gehe – wenn man keine Messung macht.

Dennoch wollen viele Anhänger der Kopenhagener Interpretation die Anschauung nicht ganz aufgeben. „Wellenbild" und „Teilchenbild" werden weiterhin verwendet, was sich bis heute hartnäckig in der Rede von einem Dualismus hält (s. Abschnitt 8.2.4).

Bohr hielt seine Interpretation für die einzig mögliche der Quantenphysik. Er ließ viele Interpretationsfragen praktisch per Verbotsschild gar nicht zu, ähnlich wie er durch sein Postulat „Die Elektronen kreisen strahlungsfrei im Atom" eher eine Forderung als eine Erklärung geliefert hat. Bohr meinte, damit das Interpretationsproblem gelöst zu haben. Dass dem nicht so ist, zeigt die Vielzahl von Anstrengungen, die seither unternommen wurden, um die ψ-Funktion und ihren Kollaps zu interpretieren.

Obwohl sich viele heutige Physiker nominell als Anhänger der Kopenhagener Interpretation bezeichnen würden, hat die heutige „Standardinterpretation" nur noch wenig mit Bohrs ursprünglicher Version gemein. Die moderne Form der Kopenhagener Interpretation verzichtet völlig auf Bilder. Sie zieht sich ganz auf den Formalismus zurück. Die ψ-Funktion steht nicht für das verschmierte Quantenobjekt selbst, sondern sie repräsentiert das mögliche Wissen über den momentanen Zustand des Quantenobjekts. Die Funktion ψ steht für die experimentelle Prozedur, die das Quantenobjekt auf eine bestimmte Weise präpariert hat. Die ψ-Funktion eines Elektrons steht nicht nur für das Elektron selbst, sondern das Elektron in der gesamten experimentellen Anordnung. Insofern hat sich die „Standardinterpretation" der Quantentheorie stark der oben diskutierten Ensemble-Interpretation angenähert.

6.2.3 Bohms Führungswellentheorie

Oft wird behauptet, es könne keine „feinere" Beschreibung der Wirklichkeit geben als durch die Quantentheorie mit der Standard-Interpretation. Diese Behauptung ist falsch. Es gibt gute Theorien mit verborgenen Parametern, allerdings sind diese Theorien nicht unbedingt anschaulicher.

Eine solche nichtlokale Theorie mit verborgenen Parametern ist die Bohmsche Theorie. Sie stützt sich auf den gleichen Formalismus wie die Quantentheorie mit der Standardinterpretation (s. Abb. 6.4). Deshalb sind auch die quantitativen Vorhersagen exakt die gleichen. Es kann also kein Experiment geben, das zwischen der Quantentheorie mit der Standard-Interpretation und der Bohmschen Theorie entscheiden könnte.

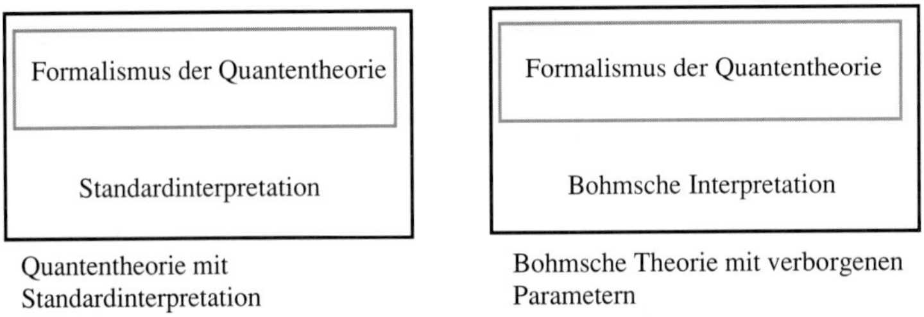

Abb. 6.4: Quantentheorie mit Standardinterpretation und Bohmsche Theorie

Der große Unterschied zur Standardinterpretation besteht darin, dass Bohm für jedes Quantenobjekt annimmt, dass alle Eigenschaften zwar wohldefiniert, dass sie aber nicht gleichzeitig messbar und damit verborgen sind. Damit haben die Quantenobjekte jede Unbestimmtheit verloren: Z. B. bewegen sie sich auf Bahnen. Bei einer Messung werden einfach die bereits vorher festliegenden Eigenschaften aufgedeckt, (im Gegensatz zur Standardinterpretation, bei der die Eigenschaften durch die Messung erst erzeugt werden). Dies macht die Theorie auf den ersten Blick sehr attraktiv, doch haben wir in Abschnitt 4.1 bei der Bellschen Ungleichung gesehen, dass eine solche Theorie nicht-lokal sein muss. Wir werden im Folgenden sehen, dass diese Nichtlokalität bei verborgenen Parametern besonders unangenehme Konsequenzen hat. Wir sprechen deshalb von „starker Nichtlokalität" (siehe auch Abschnitt 6.2.4).

Den Wesenszug der Unbestimmtheit hatten wir am Doppelspalt-Experiment eingeführt. Wir stellen Bohms Theorie an diesem Beispiel näher vor:

Wir hatten in Abschnitt 2.2.3 festgestellt, dass wir eine von zwei Annahmen aufgeben müssen, um keinen logischen Widerspruch zur Beobachtung des Interferenzmusters V_{int} zu bekommen.

Annahme 1:   Jedes Atom fliegt entweder durch den linken oder durch den rechten Spalt.

Annahme 2:   Wenn das Atom durch den linken (rechten) Spalt fliegt, ist es für sein Auftreffen bedeutungslos, ob der andere Spalt geschlossen oder geöffnet ist.

Wir haben in Abschnitt 2.2.3 Annahme 1 aufgegeben und uns mit der Unbestimmtheit abgefunden (s. Abb. 6.5). Damit folgten wir der Standard-Interpretation. In der Bohmschen Theorie sind dagegen alle Eigenschaften bestimmt, so auch die, ob das Atom durch den linken oder den rechten Spalt fliegt. Wir müssen also Annahme 2 aufgeben. Dadurch werden Erklärungen des Interferenzmusters möglich, wie die des Fußballers: „Kein Wunder, die linke obere Öffnung war offen. Ich trainiere immer mit geschlossener oberer Öffnung. Da fliegt der Ball anders."?

Man kann diese starke Nichtlokalität durch ein mechanisches Modell veranschaulichen (s. Abb. 6.6): Eine direkte Verbindung zwischen der rechten Tür und der Führungsschiene links erzeugt im Prinzip nichtlokale Effekte.

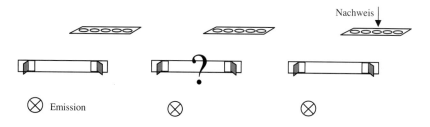

Abb. 6.5: Aufgabe von Annahme 1 (Standardinterpretation): links Emission, rechts Detektion, dazwischen keine Bahn, keine Vorstellung

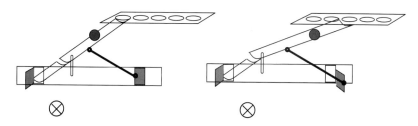

Abb. 6.6 Aufgabe von Annahme 2: Starke Nichtlokalität zwischen rechter Tür und Führung: Öffnung der Tür beeinflusst direkt die Führung für das Quantenobjekt.

Das Öffnen oder Schließen am rechten Spalt ändert die Bedingungen am linken Spalt instantan, die Wirkung muss sich mit Überlichtgeschwindigkeit ausbreiten. Andernfalls könnte man bei sehr ausgedehnten Anordnungen die Versuchsergebnisse nicht reproduzieren. Eine solche sehr ausgedehnte Anordnung könnte die von Abb. 6.7 sein.

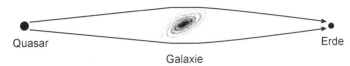

Quasar Erde

Galaxie

Abb. 6.7: Gravitationslinse: Licht läuft auf zwei Wegen vom Quasar zur Erde

Man kennt eine Anzahl von Doppelquasaren im Universum. Dabei handelt es sich um zwei Bilder ein und desselben Quasars, deren Licht durch den Gravitationslinseneffekt einer dazwischen liegenden Galaxie auf zwei verschiedenen Wegen zur Erde gelangt. Stellen wir uns vor, man würde mit einem Puls dieses Lichts ein Interferenzexperiment machen. Wenn man kurz bevor das Licht auf der Höhe der Galaxie ist, plötzlich auf einer Seite den Weg blockiert, dann muss sich die Auswirkung auf der anderen Seite bemerkbar machen, bevor das Licht diese Stelle passiert hat. Dies ist nur mit Überlichtgeschwindigkeit möglich. (Man kann zeigen, dass man nach dieser Theorie dennoch keine Informationen mit Überlichtgeschwindigkeit übertragen kann).

Wir wollen nun sehen, wie Bohm die Änderung der Bahn für die Quantenobjekte erreicht, je nachdem ob ein Spalt geschlossen oder offen ist.

Bohm interpretiert die zweite räumliche Ableitung des Betrags der ψ-Funktion als

$$\text{„Quantenpotential"} \quad Q = -\frac{\hbar^2}{2m} \frac{\nabla^2 |\psi|}{|\psi|}.$$

Dabei ist $\nabla^2 = \frac{\partial^2}{\partial x^2} + \frac{\partial^2}{yx^2} + \frac{\partial^2}{\partial z^2}$.

Q beeinflusst die Bewegung des Quantenobjekts. Auch wenn keine Kräfte im üblichen Sinne auf das Quantenobjekt wirken, kann es infolge von Q dennoch eine nicht geradlinige Bahn beschreiben. Die ψ-Funktion erhält dadurch eine Qualität wie z. B. ein elektrisches Feld, es wird real. Aus diesem Grund und weil alle Eigenschaften der Quantenobjekte wohldefiniert, also als reale Eigenschaften interpretierbar sind, nennt man solche Interpretationen *realistische Interpretationen*. Das Quantenpotential für den Doppelspalt ist in Abb. 6.8 gezeigt. Eine Kugel, die in einem solchen Potential von hinten nach vorne läuft, wird auf den Hochflächen länger bleiben und die Täler schnell durchrollen. Die zugehörigen Bahnen der Quantenobjekte sind in Abb. 6.9 gezeigt.

Die Anfangsbedingungen der Quantenobjekte sind bei der Emission zufällig verteilt; die Zufallsverteilung ist bestimmt durch die anfängliche ψ-Funktion. Beim Doppelspalt hat man unmittelbar nach den Spalten eine relativ gleichmäßige Verteilung der Anfangsimpulse (s. Abb. 6.9). Dennoch sind die Auftrefforte der Quantenobjekte auf dem Schirm nicht gleichverteilt, da durch die Rillen im Quantenpotential bestimmte Stellen (Maxima) häufiger angelaufen werden als andere (Minima). Dies erklärt, warum das Quantenpotential oft auch als *Führungswelle* bezeichnet wird.

Wenn ein Spalt geschlossen wird, verliert das Führungspotential schlagartig (also nichtlokal) seine tiefen Rillen, folglich laufen die Quantenobjekte auf geraden Bahnen und man erhält kein Interferenzmuster. Dies ist also durchaus vergleichbar mit dem instantanen Versetzen der Rinne in Abb. 6.6.

In der Bohmschen Theorie besteht ein Quantenobjekt aus der Kombination eines Teilchens mit Ort und Impuls und der dazugehörigen Führungswelle, die sich über den ganzen Raum erstreckt. Wenn an dem Quantenobjekt eine Messung vorgenommen wird, dann verändert sich die ψ-Funktion instantan im ganzen Raum. Ebenso wirkt sich eine Veränderung an der Versuchsanordnung (wie z.B. das Schließen eines Spalts) sofort auf die ψ-Funktion im ganzen Raum aus.

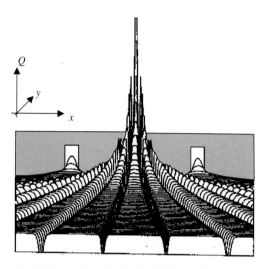

Abb. 6.8: Das Quantenpotential für den Doppelspalt: Der Schirm befindet sich ganz vorne, die zwei kleinen Erhebungen hinten befinden sich an den Spaltöffnungen.

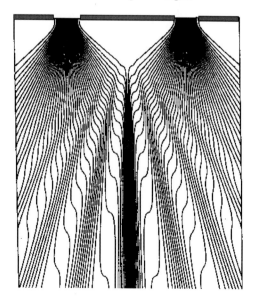

Abb. 6.9 Die Bahnen der Quantenobjekte in Bohms Führungswellentheorie

Diese starke Nichtlokalität führt zu Problemen, die an dieser Stelle nur angedeutet werden können:

- Wenn sich mehrere Quantenobjekte in einer Anordnung befinden, so stellt sich heraus, dass sich die Bewegung eines Quantenobjekts instantan auch auf das Quantenpotential für das andere Quantenobjekt auswirkt. Dazu kommt, dass diese Wirkung auch mit großem Abstand nicht kleiner wird. Eine solche Fernwirkung passt nicht in unser momentanes Bild von Physik.

- Zwei Quantenobjekte können (durch verschiedene experimentelle Vorgeschichten) verschieden präpariert worden sein, aber dennoch zufällig die gleichen Anfangsbedingungen haben. Quantenobjekte, die verschieden präpariert wurden, haben unterschiedliche ψ-Funktionen und damit unterschiedliche Führungswellen. Damit ist der Fall denkbar, dass zwei Quantenobjekte die gleichen Anfangsbedingungen haben und die gleiche experimentelle Anordnung vorfinden, sich aber aufgrund der unterschiedlichen Führungswelle (aufgrund der unterschiedlichen Präparation) unterschiedlich verhalten. Anders als in der klassischen Physik wirkt sich die Präparation also nicht nur auf die Anfangsbedingungen aus, sondern auch noch später über das Quantenpotential auf das weitere Verhalten der Quantenobjekte.

- Auch wenn die verborgenen Parameter die realistischen Interpretationen zunächst anschaulicher erscheinen lassen, gibt es doch Experimente, die der Anschauung sehr zuwider laufen. So zeigen z. B. Englert und Mitarbeiter [Eng92], dass es Interferenz-Experimente gibt, in denen ein Quantenobjekt realistisch auf dem einen Weg geht, aber gleichzeitig ein Detektor auf dem anderen Weg das Signal gibt.

Wir betonen trotzdem noch einmal, dass die Führungswellentheorie trotz dieser Merkwürdigkeiten konsistent ist und – was ihre Vorhersagen angeht – absolut gleichwertig zur Standardinterpretation der Quantenphysik ist.

6.2.4 Nichtlokalität in den verschiedenen Interpretationen

In der Quantenphysik gibt es Phänomene, die in jeder Interpretation deutlich nichtlokalen Charakter zeigen. Ein Beispiel sind die Paare von verschränkten Photonen (s. Abschnitt 4.1). Wenn man an einem der beiden Photonen eine Polarisationsmessung vornimmt, wird dadurch das andere Photon ebenfalls auf die gemessene Polarisation präpariert, und zwar instantan, auch bei großem Abstand. Die zwei Photonen bilden offensichtlich eine Einheit, als ob sie durch ein „ideales Band" zusammenhingen. „Ideal" nennen wir das Band deshalb, weil ein solches Band die Wechselwirkung ohne Verzögerung von einem Ende zum anderen leiten würde. Noch drastischer ist die Nichtlokalität bei den Theorien mit verborgenen Parametern: Nach diesen verliert bei einer Messung am Photon a das Photon b seine ursprüngliche („verborgene") Richtung, wenn es auf die neue Richtung umpräpariert wird.

Dieses „Zusammenhängen" von zwei Photonen ist für Physiker leichter zu akzeptieren als die starke Nichtlokalität, die durch eine Theorie mit verborgenen Parametern z.B. beim Doppelspaltexperiment impliziert wird: Öffnen des rechten Spalts ändert instantan die Führung für ein Quantenobjekt, das durch den linken Spalt geht. Das ist, als wäre der rechte Spalt durch ein „ideales Band" verbunden mit dem Führungsfeld am linken Spalt, was die konkrete Bahn des Quantenobjekts drastisch beeinflusst.

Die Interpretationen ohne verborgene Parameter lehnen dagegen jede Vorstellung über den Zustand zwischen Emission und Detektion ab. Der Rechenformalismus macht tatsächlich keine Aussage über physikalische Realitäten zwischen Emission und Detektion.

Dennoch tragen auch diese Interpretationen einen Zug, den man durchaus mit Nichtlokalität bezeichnen könnte, allerdings ist er nicht so stark wie bei den Interpretationen mit verborgenen Parametern. Wenn man – entgegen Bohrs ausdrücklicher Empfehlung – eine Aussage machen wollte, wo sich das Quantenobjekt „zwischendurch" befindet, würde man wohl sagen, das Quantenobjekt sei „delokalisiert", also überall gleichzeitig, aber dabei nichtlokal zusammenhängend – ähnlich wie das Paar aus verschränkten Quantenobjekten. Diese Delokalisierung kann man z.b. aus der Tatsache schließen, dass das Quantenobjekt bei geöffnetem linken Spalt auch den geschlossenen rechten Spalt „abtastet". Wie könnte es sonst „wissen", dass es zur Einzelspalt-Verteilung beitragen „muss"?

Im klassischen Fall ist das elektromagnetische Feld bzw. die Materiewelle (z. B. für ein Bose-Einstein-Gas) im Raum verteilt, so weisen sie z. B. eine Energiedichte auf. Selbst einzelne Atome oder Atomkerne können Multipolmomente besitzen. Trotzdem ist offensichtlich die Vorstellung nicht gerechtfertigt, dass ein Quantenobjekt tatsächlich verschmiert sei, dass also bei einem Elektron Ladung, Energie usw. kontinuierlich verteilt seien. Dann müsste sich nämlich das Quantenobjekt (einschließlich der Ladung!) bei einer Ortsmessung mit Überlichtgeschwindigkeit auf einen Punkt zusammenziehen. Doch was ist es dann, was da gleichzeitig offensichtlich so delokalisiert ist, wenn es das Quantenobjekt selbst nicht ist? Wieder müssen wir sagen: Dafür haben wir keine tragfähige Vorstellung.

Man kann den Unterschied bezüglich der Lokalität zwischen den Interpretationen ohne verborgene Parameter und denen mit verborgenen Parametern vielleicht so auf den Punkt bringen: Bei den Interpretationen ohne verborgene Parameter kommt man mit Quantenobjekten aus, die nichtlokal sind, während man bei denen mit verborgenen Parametern die ganze Versuchsanordnung inklusive Spalte und Führungsfeld als nichtlokale Einheit betrachten muss.

6.3 Das Messproblem und Versuche zu seiner Lösung

Ohne Messung wird die zeitliche Entwicklung eines Zustands stetig und determiniert durch die Schrödingergleichung beschrieben. Zur Beschreibung eines Messvorgangs muss der Überlagerungszustand durch einen der Einzelzustände ersetzt werden. Dieser Übergang wird nicht durch die Schrödingergleichung beschrieben, sondern er erfolgt sozusagen „von Hand", also unstetig und wird deshalb auch *Kollaps der ψ-Funktion* genannt.

Die Tatsache, dass die Entscheidung für ein Messergebnis nicht durch die Schrödingergleichung beschrieben werden kann, ist mittlerweile das Hauptproblem bei der Interpretation der Quantenphysik. Da die Wahrnehmung von jeglichen Ereignissen auf Messungen basiert, geht es um nicht weniger als darum, *„zu erklären, warum Ereignisse stattfinden." [P. Pearle]*
In Abschnitt 4.2 haben wir gesehen, dass eine Hälfte dieses sogenannten *Messproblems* möglicherweise mit der Dekohärenztheorie erklärt werden kann: Die Verschränkung mit den makroskopischen Messgeräten führt dazu, dass die Interferenzterme innerhalb von kürzester Zeit verschwinden. (Es gibt also für die Katze keinen unbestimmten „Tot-Lebendig-Zustand"). Nicht geklärt ist jedoch, mit welchem Mechanismus die Auswahl zwischen den verschiedenen Alternativen („Tot" oder „Lebendig") beschrieben werden kann.

In einer Theorie mit verborgenen Parametern gibt es kein Messproblem, weil es in dieser Interpretation keine Unbestimmtheiten gibt, also auch keine Überlagerungszustände, die durch Messungen umpräpariert werden. Vielmehr werden in einer solchen Theorie bestimmte Zustände durch nichtlokale Wechselwirkungen in andere bestimmte Zustände übergeführt. Wer diese starke Nichtlokalität nicht akzeptieren will, muss sich mit dem Messproblem auseinander setzen.

6.3.1 Everetts „Viele Welten"-Theorie.

Nach Everetts Theorie werden alle Möglichkeiten gleichzeitig realisiert. Unser Bewusstsein ist aber nur in der Lage, eine der Welten wahrzunehmen. Das eine Ergebnis ist also nicht die Realität, sondern wird vom Gehirn nur vorgetäuscht. Für die Katze heißt das: Der Mensch findet sowohl die tote Katze im einen Universum, als auch die lebende Katze in einem anderen Universum, er nimmt aber nur einen Zweig davon wahr. Je mehr Zeit vergeht, um so öfter werden durch Quantenprozesse die Universen verzweigt. Aus ursprünglichen Zweigen werden Äste. Offensichtlich ist ein Wechsel zwischen den Zweigen und Ästen nicht möglich. Das Hauptgewicht dieser Interpretation liegt also nicht auf den physikalischen Eigenschaften, sondern auf der Auswirkung auf den Geist. Sie umgeht aber die zweite Hälfte des Messproblems auf einfache und ästhetische Weise.

Da sich das Universum aufgrund der unübersehbaren Anzahl von Quantenprozessen in jeder Sekunde sehr oft teilt, wird Everetts Interpretation mit Recht gelegentlich „verschwenderisch" genannt.

6.3.2 Modifizierte Schrödingergleichung:

Man hat versucht, den Kollaps durch zusätzliche Terme in der Schrödingergleichung zu beschreiben. Solche Theorien sind aber verwundbar durch Falsifikation, da ihre Vorhersagen von den Vorhersagen der Quantentheorie abweichen. So findet nach diesen Theorien der Kollaps in endlicher Zeit statt. Zudem enthalten solche Theorien freie Parameter, also unbekannte Konstanten, die willkürlich festgelegt werden müssen.

6.3.3 „Konsistente Geschichten"-Interpretation

In dieser Interpretation wird versucht, den Formalismus der Quantentheorie durch einen tiefer liegenden Formalismus mit Projektionsoperatoren zu produzieren. Dieser Formalismus ist schwierig zu deuten. Man kann vielleicht sagen, dass er ein Zwischending zwischen bestimmter Bohmscher Bahn und starker Unbestimmtheit im ψ–Formalismus ist. Das Messproblem tritt bei den konsistenten Geschichten an einer Stelle auf, an der die zufällige Auswahl einer Geschichte nicht mehr so sehr vom Himmel fällt, wie bei der Standard-interpretation.

6.3.4 Instrumentalistische Interpretation

Wenn man der ψ-Funktion keinerlei Realität zuspricht, dann ist der Kollaps kein Problem, sondern nur eine Rechenvorschrift, ein mentaler Prozess zur Beschreibung der Realität. Derjenige jedoch, dem der Kollaps nicht gefällt, und der deshalb eine „befriedigendere" Beschreibung sucht, der schreibt der ψ-Funktion auf irgend eine Weise auch physikalische Realität zu. Warum sollte er sich sonst nicht mit der hervorragend funktionierenden Kollaps-Regel zufrieden geben?

Eine große Anzahl von Physikern gehört offensichtlich zu diesen Unzufriedenen. Vielleicht wollen sie nicht wahrhaben, dass die Jagd nach ψ nicht die Jagd nach dem Quantenobjekt selbst ist. Vielleicht sehen sie aber auch in den Theorien selbst ein Kunstwerk, das die Natur abbildet. Und Kunstwerke sollten die Natur doch nicht einfach nur irgendwie abbilden, sondern selbst ästhetisch sein. (Eine einfache Fotografie eines Kornfelds bildet das Kornfeld zwar ab, aber ein Gemälde des Kornfelds von van Gogh entwickelt darüber hinaus eine eigene Ästhetik.)

6.4 Übersicht über die Interpretationsproblematik

Wir fassen die Zusammenhänge bei der Interpretation in einer Übersicht in Abb. 6.10 zusammen. Der 4. Wesenszug „Komplementarität" erscheint darin nicht, da er keine Interpretationsprobleme mit sich bringt, die nicht schon durch die ersten drei Wesenszüge bedingt sind.

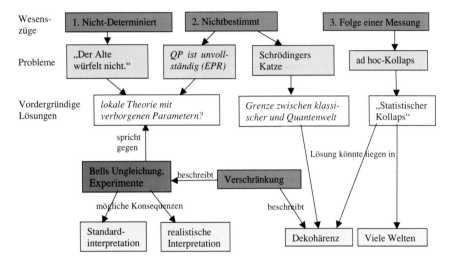

Abb. 6.10: Übersicht über die Interpretationsproblematik

6.5 Unmöglichkeiten

Wir haben mittlerweile eine ganze Reihe von Gesetzmäßigkeiten kennengelernt, die man als „Unmöglichkeiten" formulieren kann. Wir beginnen mit einer Unmöglichkeit aus der klassischen Physik:

- Es ist unmöglich, ein Perpetuum Mobile zu bauen.

In der Quantenphysik können wir analoge Unmöglichkeitsaussagen formulieren:

- Es ist unmöglich ein Experiment durchzuführen, bei dem man eine „Welche-Möglichkeit"-Information hat und bei dem gleichzeitig ein Interferenzmuster bzgl. dieser Möglichkeiten beobachtet wird.

- Es ist unmöglich, einen Messapparat zu bauen, der bei der Messung an einem Überlagerungszustand (bezüglich dieser Messung) den Zustand auch nur näherungsweise unverändert lässt.

- Es ist unmöglich, eine lokale Theorie mit verborgenen Parametern zu konstruieren, die die experimentellen Ergebnisse der Quantenphysik richtig beschreibt.

7. Quantenexperimente

Das Schönste, was wir erleben können, ist das Geheimnisvolle. Es ist das Grundgefühl, das an der Wiege von wahrer Kunst und Wissenschaft steht. Wer es nicht kennt und sich nicht mehr wundern, nicht mehr staunen kann, der ist sozusagen tot und sein Auge erloschen. [A.Einstein]

Die Wesenszüge der Quantenphysik – Nichtdeterminiertheit, Fähigkeit zur Interferenz, Eindeutige Messergebnisse und Komplementarität – wurden in Kapitel 2 an idealisierten, wenn auch prinzipiell durchführbaren Experimenten erläutert. Viele Versuche, die lange Zeit nur als Gedankenexperimente diskutiert wurden, konnten in den letzten Jahren – z. T. etwas abgewandelt – experimentell realisiert werden. Wir stellen in diesem Kapitel eine Auswahl dieser faszinierenden Experimente vor.

In allen Fällen haben sich die Vorhersagen der Quantentheorie bestätigt, so wenig sie auch dem „gesunden Menschenverstand" entsprechen mögen.

7.1 Interferenzversuche mit Quantenobjekten

Viele der Wesenszüge der Quantenphysik zeigen sich am deutlichsten in Doppelspaltexperimenten. Nach Richard Feynman *„enthält das Doppelspaltexperiment das Herz der Quantenphysik"*. Doppelspaltexperimente wurden trotz der damit verbundenen experimentellen Schwierigkeiten mit zahlreichen verschiedenen „Sorten" von Quantenobjekten durchgeführt. Wir geben im Folgenden eine Übersicht über die wichtigsten bisher durchgeführten Experimente und diskutieren, welche der Wesenszüge dadurch experimentell untermauert werden.

7.1.1 Doppelspaltexperiment mit Elektronen

Ein Doppelspaltexperiment mit Elektronen wurde 1961 von Jönsson an der Universität Tübingen durchgeführt [Jön61]. Die Schwierigkeit lag in der Herstellung von nur 0,3 μm breiten Spalten im Abstand von 1 μm. Jönsson führte Experimente mit Einfach-, Doppel- und Mehrfachspalten (bis zu Fünffachspalten) durch. Die Elektronenoptik erforderte, die Elektronen auf eine Energie von 50 keV zu beschleunigen, was zur Folge hatte, dass die de-Broglie-Wellenlänge von etwa 0,05 Å wesentlich kleiner als die Spaltdimensionen war. Jönsson musste also mit einem Interferenzmuster rechnen, bei dem Maxima und Minima sehr eng nebeneinander lagen.

Abb. 7.1: Elektroneninterferenz am Einzelspalt (links) und am Doppelspalt (rechts)

Einige von Jönssons experimentellen Ergebnissen sind in Abb. 7.1 gezeigt. Links sieht man die Verteilung von Elektronen, die einen Einzelspalt durchquert haben, rechts die entsprechende Verteilung für zwei Spalte. Im Doppelspalt-Muster erkennt man die ausgeprägte Streifenstruktur, die sich nicht als „Schattenwurf" der beiden Spalte deuten lässt. Die klassische Teilchenvorstellung versagt bei der Deutung dieses Experiments. Nach der Quantenphysik zeigen Elektronen am Doppelspalt Interferenz (Wesenszug „Fähigkeit zur Interferenz"). Das Interferenzmuster entspricht qualitativ den Vorhersagen der Quantentheorie. Ein quantitativer Vergleich mit den Vorhersagen der Quantentheorie ist bei diesem Versuch nicht einfach, da durch die notwendige Nachvergrößerung des Interferenzmusters der Abstand zwischen zwei Maxima nicht genau angegeben werden kann. Auch im linken Teilbild ist ein Interferenzmuster erkennbar. Sehr schwach sind die ersten Nebenmaxima sichtbar, die von der Beugung der Elektronen am Einzelspalt herrühren. Sie entsprechen ebenfalls nicht den Erwartungen des klassischen Teilchenmodells. Dagegen stimmen die experimentellen Resultate mit der Vorhersage der Quantentheorie überein.

7.1.2 Einzelne Elektronen im Doppelspaltexperiment

Besonders deutlich wird die Unvereinbarkeit von klassischen Vorstellungen und experimentellen Resultaten, wenn man das Doppelspaltexperiment mit einzelnen Quantenobjekten durchführt. Für den Fall von Elektronen gelang dies 1989 am Hitachi Advanced Research Laboratory in Tokio [Ton89].

Bei diesem Experiment werden die beiden möglichen „Wege" für die Elektronen nicht durch materielle Spalte realisiert, sondern mit einem sogenannten Elektronen-Biprisma (Abb. 7.2). (Im Prinzip ist dies eine Anordnung, die auf Möllenstedt und Düker zurückgeht, von denen sie jedoch noch nicht mit einzelnen Elektronen betrieben wurde). Das Biprisma besteht aus zwei parallelen geerdeten Platten mit einem dünnen Draht dazwischen, der gegenüber den Platten positiv aufgeladen ist. Im klassischen Teilchenbild erfahren Elektronen, die am Draht vorbeilaufen, eine zum Draht gerichtete Kraft und werden dadurch abgelenkt. Im Wellenbild entspricht dem eine Phasenverschiebung, die die Wellenfronten „verbiegt" (Abb. 7.2). Die Überlagerung der links und rechts des Drahtes vorbeigelaufenen Anteile der Wellen führt zum Interferenzmuster in der Beobachtungsebene.

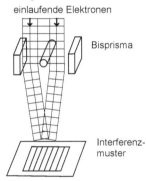

Abb. 7.2: Elektronen-Biprisma

Das Interferenzmuster des Biprismas wurde durch eine Elektronenlinse 2000fach vergrößert und auf die Nachweisapparatur projiziert. Diese bestand aus einer Fluoreszenzschicht, in der beim Auftreffen eines Elektrons etwa 500 Photonen erzeugt wurden, die von einem orts-empfindlichen Nachweissystem detektiert wurden. Auf diese Weise konnten die Elektronen einzeln detektiert werden. Das experimentelle Ergebnis ist in Abb. 7.3 gezeigt. Jedes Elektron hinterlässt einen wohldefinierten „Fleck" beim Nachweis. Aus vielen Flecken baut sich nach und nach das Interferenzmuster auf.

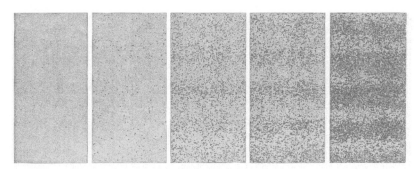

Abb. 7.3: Aufbau des Elektronen-Interferenzmusters

Aufgabe:

Das Interferenzmuster wurde mit einer Rate von 10^3 Elektronen pro Sekunde aufgebaut. Berechnen Sie den „mittleren Abstand" zwischen zwei Elektronen und vergleichen Sie mit der Länge der Apparatur von 1,5 m.

Lösung:

Bei einer Energie von 50 keV hat die Geschwindigkeit der Elektronen den Wert 0,41 c. Wenn die Elektronen im mittleren zeitlichen Abstand von 10^{-3} s die Apparatur durchqueren, beträgt ihr rechnerischer Abstand $s = v\,t = 124$ km. Da die Elektronen schon nach 1,5 m absorbiert werden, kann man davon ausgehen, dass sich zu jedem Zeitpunkt nur ein einziges Elektron in der Apparatur befindet. Um das auf dem Schirm beobachtete Muster zu erklären, kann man bei diesem Experiment also nicht damit argumentieren, dass sich verschiedene Elektronen gegenseitig (durch Stöße o. ä.) beeinflussten.

Das Doppelspaltexperiment mit einzelnen Quantenobjekten illustriert einen weiteren Wesenszug der Quantenphysik, das statistische Verhalten. Der Auftreffort von einzelnen Elektronen ist nicht vorhersagbar. Die Elektronen in Abb. 7.3 landen an scheinbar zufälligen Stellen auf der Nachweisschicht. Nur wenn man die Verteilung *vieler* Elektronen betrachtet, werden wieder Vorhersagen möglich. Je mehr Elektronen zu einem Interferenzmuster beitragen, um so wahrscheinlicher hat die entstehende Verteilung der Auftrefforte die theoretisch vorhergesagte Form. Die Gesetze der Quantentheorie sind Wahrscheinlichkeitsgesetze.

7.1.3 Neutroneninterferenz

Wellenoptische Experimente sind in zahlreichen Varianten auch mit Neutronen durchgeführt worden (für eine Übersicht s. z. B. [GäZ91]. Die im Reaktor erzeugten Neutronen wurden dazu durch Stöße mit Moderatorkernen sehr stark gekühlt, d. h. auf sehr geringe Geschwindigkeiten gebracht. In dem im folgenden beschriebenen Doppelspaltexperiment betrug die mittlere De-Broglie-Wellenlänge 18,45 Å. Bei deutlich schnelleren Neutronen wäre die Wellenlänge zu klein, um irgendwelche Interferenzeffekte nachweisen zu können.

Zwei geschliffene Glaskanten wurden bis auf eine kleine Lücke zusammengebracht. Ein Doppelspalt ergab sich durch Aufhängen eines absorbierenden Bor-Drahtes im Zwischenraum zwischen den beiden Glaskanten. Die beiden so erhaltenen Spalte hatten eine Breite von jeweils etwa 22 µm; getrennt wurden sie von dem 104 µm breiten Draht. Nach 5 m Fluglänge wurden die Neutronen dann in einer Zählkammer nachgewiesen. Das Ergebnis des Experiments ist in Abb. 7.4 gezeigt. Der Kontrast des Interferenzmusters beträgt nicht 100%, da die Geschwindigkeitsverteilung der einlaufenden Neutronen eine gewisse Breite aufwies.

Die durchgezogene Kurve stellt die Vorhersage der Quantentheorie dar. Die Übereinstimmung ist glänzend.

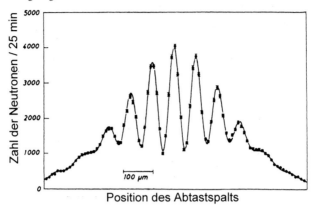

Abb. 7.4: Neutroneninterferenz am Doppelspalt

7.1.4 Doppelspaltexperimente mit Helium-Atomen

Bis 1991 waren Neutronen die massivsten Quantenobjekte, für die Interferenz nachgewiesen werden konnte. Dann gelang es an der Universität Konstanz, ganze Heliumatome zur Interferenz zu bringen. Dabei wurden Techniken aus der Halbleiterherstellung genutzt, um aus einer dünnen Goldfolie einen Doppelspalt mit zwei 1 μm breiten Spalten im Abstand von 8 μm herzustellen (Abb. 7.5). In dem Experiment wurden die Heliumatome vor dem Doppelspalt durch Elektronenstoß in einen angeregten Zustand gebracht. Dahinter trafen sie auf eine Goldfolie, die als Nachweisschirm diente. Sie gaben dort ihre Anregungsenergie ab und wurden elektronisch registriert.

Abb. 7.5: Originalaufnahme des Doppelspalts zur Beugung von Heliumatomen.

Abb. 2.2 in Kapitel 2 zeigt, wie sich aus vielen einzeln nachgewiesenen Heliumatomen nach und nach das Doppelspalt-Interferenzmuster aufbaut. Dieses Versuchsergebnis entspricht dem weiter oben gezeigten für Elektronen und illustriert in gleicher Weise die Wesenszüge „Fähigkeit zur Interferenz" und „Statistisches Verhalten".

7.1.5 Beugungsexperiment mit C_60-Molekülen

An der Universität Wien gelang es 1999 der Gruppe von Anton Zeilinger, die Grenze der Quantenwelt noch ein Stück weiter zu verschieben [Arn99]. Sie beobachteten ein Interferenzmuster bei Fulleren-Molekülen. Dabei handelt es sich um fußballförmige Moleküle, von denen jedes aus 60 Kohlenstoffatomen besteht (s. Abb. 2.9 links in Abschnitt 2.2.2). Verglichen mit einem Elektron ist ein C_{60}-Molekül schon ein recht großes Objekt.

Auf den ersten Blick erscheint es aussichtslos, ein Beugungsexperiment mit derart großen Molekülen durchführen zu wollen. Im Wiener Experiment traten die Fullerenmoleküle aus einem 900 Kelvin heißen Ofen aus und trafen auf einen Geschwindigkeitsselektor, der nur Moleküle mit einer Geschwindigkeit von 117 m/s durchließ. Bei dieser Geschwindigkeit liegt die de-Broglie-Wellenlänge eines C_{60}-Moleküls bei nur 4,6 pm. Um Beugungserscheinungen leicht beobachten zu können, verwendet man üblicherweise Spalte in der Größenordnung der Wellenlänge des gebeugten Objekts. Durch solche Spalte würde ein C_{60}-Molekül aber gar nicht durchpassen, weil sein Durchmesser etwa 1 nm beträgt.

Das Experiment wurde trotzdem erfolgreich durchgeführt. Die Wiener Gruppe arbeitete mit einem Beugungsgitter mit einer Gitterkonstanten von 100 nm. Die beugenden Strukturen waren also wesentlich größer als die de-Broglie-Wellenlänge der Moleküle. Das führte nach der Formel $\sin \alpha = \lambda/d$ zu extrem kleinen Beugungswinkeln. Der Winkel zum ersten Beugungsmaximum betrug nur wenige Tausendstel Grad. Bei einem Abstand von 1,25 m zwischen Gitter und Nachweisapparatur ergibt sich ein Abstand von 58 µm zwischen den Beugungsmaxima.

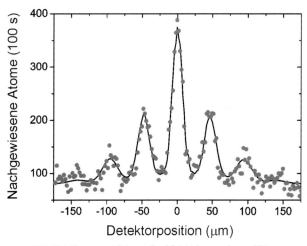

Abb. 7.6: Beugungsbild von C_{60}-Molekülen an einem Gitter

Das experimentelle Ergebnis ist in Abb. 7.6 gezeigt. Man kann die Beugungsminima und -maxima deutlich erkennen. Das Bemerkenswerte an diesem Experiment ist, dass es die quantenphysikalische Interferenzfähigkeit auch „sehr große" Objekte demonstriert, wenn gewährleistet ist, dass die Interferenzfähigkeit durch Dekohärenz (s. Abschnitt 4.2.3) nicht zerstört wird. Auf Experimente, in denen gerade das gezielt versucht wird, werden wir im folgenden Abschnitt detailliert eingehen.

7.2 „Welcher-Weg"-Information und Komplementarität

Das Komplementaritätsprinzip, einer der Wesenszüge der Quantenphysik, wurde in Abschnitt 2.4 folgendermaßen formuliert: *„Welcher-Weg-Information und Interferenzmuster schließen sich aus"*. Wenn die Versuchsanordnung so beschaffen ist, dass man damit zwischen zwei interferierenden klassisch denkbaren Möglichkeiten unterscheiden kann, erhält man kein Interferenzmuster. Das gilt selbst dann, wenn in der Versuchsapparatur nur eine Information zu den beiden Möglichkeiten hinterlassen wird, auch wenn der Experimentator diese Information nicht registriert.

7.2.1 Spontane Emission bei der Beugung von Atomen

Der einfachste Fall für „Welcher-Weg"-Information wäre ein Doppelspaltexperiment mit angeregten Atomen, bei dem die Atome die „Welcher-Weg"-Information dadurch preisgeben, dass sie ein Photon emittieren, an dem der Ort der Emission abgelesen werden kann. In Kapitel 2 wurde dies im Gedankenexperiment durch Hohlraumresonatoren vor den Spalten erreicht.

Ein Experiment, das dieser idealisierten Anordnung nahe kommt, wurde 1994 von Pfau et al. durchgeführt [Pfa94]. Dabei wurde beobachtet, wie die Emission eines einzelnen Photons zur Verminderung des Interferenzmusters führt. Bei dem mit Heliumatomen durchgeführten Experiment handelte es sich allerdings nicht um ein Doppelspaltexperiment. Die Atome wurden nämlich an einer stehenden Lichtwelle gebeugt (Abb. 7.7). Die unterschiedlichen Lichtintensitäten in Knoten und Bäuchen lassen die stehende Welle wie ein Beugungsgitter wirken.

(a)   (b)

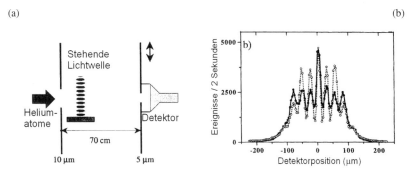

Abb. 7.7: Beugung von Helium-Atomen an einer stehenden Lichtwelle
(a) Aufbau der Apparatur, (b) Experimentelle Ergebnisse

In einem ersten Schritt wurde das Experiment ohne Photonenemission durchgeführt. Dazu wurde der Laser, der das „Lichtgitter" erzeugte, auf eine Frequenz eingestellt, die bei den Heliumatomen keine Übergänge induziert. Die Atome verließen dann die stehende Welle im Grundzustand, so sie dass auf ihrem Weg zum Detektor kein Photon emittierten. In diesem Fall ergab sich ein deutlich ausgeprägtes Interferenzmuster, wie die als offene Kreise gezeichneten Datenpunkte in Abb. 7.7 (b) zeigen.

Im zweiten Schritt wurde die Laserfrequenz auf einen Übergang im Helium-Atom abgestimmt. Das Ergebnis dieses Experiments ist in Abb. 7.7 (b) durch die gefüllten Datenpunkte dargestellt. Man erkennt ein im Kontrast abgeschwächtes Interferenzmuster.

Dieses Muster kann man sich mit dem Komplementaritätsprinzip erklären. Durch das Abstimmen der Laserfrequenz auf die Resonanzfrequenz wird ein Teil der Heliumatome in einen angeregten Zustand gebracht. Der Laser bewirkt nicht nur die Anregung, sondern auch das Rückkehren zum Grundzustand, und zwar mit der gleichen Wahrscheinlichkeit. In Folge dessen befindet sich die Hälfte der Heliumatome in einen angeregten Zustand und die andere Hälfte im Grundzustand. Die Atome im Grundzustand zeigen wie vorher Interferenz. Doch die anderen Atome, die die stehende Lichtwelle im angeregten Zustand verlassen, emittieren auf ihrem Weg zum Detektor ein Photon, aus dem man im Prinzip ihren „Weg" ablesen könnte. Diese Atome tragen nicht zum Interferenzmuster bei, denn „Welcher-Weg"-Information und Interferenzmuster schließen sich gegenseitig aus. Das in Abb. 7.7 (b) gezeigte abgeschwächte Interferenzbild enthält beide Beiträge: interferierende Atome, die kein Photon emittiert haben und nicht interferierende Atome, die durch Photonenemission Information über ihren „Weg" in der Versuchsanordnung hinterlassen haben.

7.2.2 Komplementarität ohne Unbestimmtheitsrelation

Das Nicht-Auftreten des Interferenzmusters beim Vorliegen von „Welcher-Weg"-Information wird oftmals auf die Heisenbergsche Unbestimmtheitsrelation zurückgeführt. Es wird argumentiert, dass der Nachweis des „Wegs" (etwa durch ein gestreutes Photon) immer mit einem Impulsübertrag verbunden ist, der zum „Verschmieren" des Interferenzmusters führt. Viele Experimente, so auch das im vorangegangenen Abschnitt beschriebene, lassen sich auf diese Weise quantitativ verstehen.

Dies könnte darauf schließen lassen, dass die Unbestimmtheitsrelation das Komplementaritätsprinzip begründet. Lässt sich das Nicht-Auftreten des Interferenzmusters immer mit Impulsüberträgen aufgrund von Ortsmessungen erklären? Dies wurde 1991 von Scully, Englert und Walther bestritten. Sie schlugen im Gedankenexperiment eine experimentelle Anordnung vor, mit der „Welcher-Weg"-Information mit besonders kleinen Impulsüberträgen erhalten werden kann. Diese Impulsüberträge sind zu gering, um ein „Verschmieren" des Interferenzmusters zu bewirken. Die vorgeschlagene Anordnung basierte auf der „Welcher-Weg"-Messung mit Hohlraumresonatoren, deren Prinzip in Abschnitt 2.3 erläutert wurde.

Scully, Englert und Walther argumentierten: Wenn es gelänge, ein Experiment durchzuführen, in dem die reine „Welcher-Weg"-Information das Interferenzmuster unterdrückt, dann wäre das Komplementaritätsprinzip als ein eigenes grundlegendes Prinzip der Quantenphysik (unabhängig von der Unbestimmtheitsrelation) anzusehen.

Ein Realexperiment, das die „Komplementarität ohne Unbestimmtheitsrelation" testet, wurde 1998 von Rempe und Mitarbeitern durchgeführt [DNR98]. Wie im vorangegangenen Abschnitt handelte es sich um ein Experiment, in dem Atome an einer stehenden Lichtwelle gebeugt werden. Die experimentelle Anordnung ist in Abb. 7.8 skizziert. Ein Strahl von ^{85}Rb-Atome (in der Abbildung mit A bezeichnet) trifft auf eine stehende Lichtwelle, wo er in zwei Teilstrahlen B und C aufgespalten wird. Nach einer kurzen Zeit t_{sep} treffen beide Teilstrahlen auf eine weitere stehende Lichtwelle, wo sie noch einmal aufgespalten werden. Nun hat man zwei rechtslaufende Atomstrahlen F und G, die sich überlappen, weil ihr Abstand d kleiner als die Strahlbreite ist. Das Interferenzmuster ist das gleiche wie bei einem Doppelspaltexperiment mit Spaltabstand d. Analoges gilt für die beiden linkslaufenden Teilstrahlen D und E.

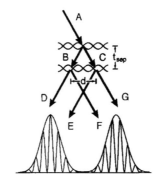

Abb. 7.8: Schema des Experiments von Dürr, Nonn und Rempe

(a)   (b)

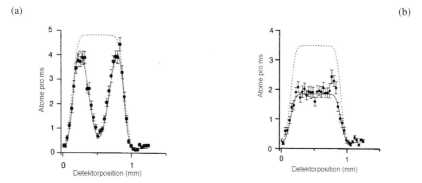

Abb. 7.9: Atomverteilung (a) ohne und (b) mit „Welcher-Weg"-Information

Das sich aus der Interferenz der Teilstrahlen F und G ergebende Interferenzmuster ist in Abb. 7.9 (a) gezeigt. Innerhalb des gestrichelt eingezeichneten Strahlprofils der Atomstrahlen sind gerade zwei Interferenzmaxima zu sehen.

Nun soll der „Weg" der Atome markiert werden. Rempe und Mitarbeiter nutzten dazu die Hyperfeinstruktur in [85]Rb. Dabei handelt es sich um eine sehr geringe Aufspaltung der atomaren Energieniveaus, je nach der relativen Orientierung von Kernspin und Drehimpuls der Elektronenhülle. Bei [85]Rb ist der Grundzustand in zwei Niveaus aufgespalten, die wir mit „1" und „2" bezeichnen.

Der entscheidende Trick war nun, die „Welcher-Weg"-Information in diese beiden internen Energiezustände zu kodieren. Weg B wurde mit Zustand 1 markiert, Weg C mit Zustand 2. Dies geschah durch eine ausgeklügelte Technik, bei der die Atome mehrere Mikrowellen-Anregungszonen durchliefen.

Ohne die „Welcher-Weg"-Markierung waren die beiden „Wege" B und C in den Teilstrahlen F und G ununterscheidbar; die Atome befanden sich in einem unbestimmten Zustand. Nun ist die „Welcher-Weg"-Information im internen Zustand der Atome „gespeichert". Nach dem Komplementaritätsprinzip erwartet man nun kein Interferenzmuster mehr. Das in Abb. 7.9 (b) gezeigte experimentelle Resultat zeigt in der Tat eine strukturlose Verteilung ohne Interferenzstreifen.

Die eingangs gestellte Frage war: Kann das Nicht-Auftreten des Interferenzmusters durch eine mechanische Impulsübertragung bei der „Welcher-Weg"-Markierung erklärt werden, der zum „Verschmieren" der Atomverteilung führt?

Zur „Weg"-Markierung durchlaufen die Atome zwei Mikrowellen-Anregungszonen mit einer Mikrowellenfrequenz von 3 GHz, wo sie maximal zwei Mikrowellenphotonen absorbieren oder emittieren. Der zugehörige Photonenimpuls ist $p = h f / c = 6{,}6 \cdot 10^{-33}$ kg m/s. Bei einer Atomgeschwindigkeit von $v = 2$ m/s und einer Entfernung von $y = 45$ cm zum Detektor entspricht dies in der Detektorebene einer Verschiebung des Musters von ± 10 nm (s. Aufgabe unten). Das ist viel zu klein, um beobachtbar zu sein; um das Interferenzmuster zu verschmieren, müssten es schon einige Zehntel Millimeter sein (vgl. Abb. 7.9).

Man kann schließen: Das Vorliegen von „Welcher-Weg"-Information ist ausreichend, das Auftreten des Interferenzmusters zu verhindern. Eine Erklärung des Effekts über mechanische Impulsübertragung bei der „Welcher-Weg"-Markierung gelingt dagegen offensichtlich nicht. Das Komplementaritätsprinzip wurde in diesem Experiment in reiner Form, ohne notwendigen Rückgriff auf die Unbestimmtheitsrelation demonstriert.

Aufgabe:

Zeigen Sie quantitativ, dass der durch die Mikrowellenphotonen übertragene Impuls zu einer „Verschmierung" des Interferenzmusters nicht ausreicht.

Lösung:

Nach dem Impulsübertrag brauchen die Atome eine Zeit $t = y / v = 0{,}45 \, m / (2 \, m/s) = 0{,}225 \, s$ bis zum Detektor. Durch den übertragenen Impuls p werden sie in seitlicher Richtung um den Betrag $s = (p / m) \, t$ verschoben. Die Masse eines ^{85}Rb-Atoms ist $1{,}41 \cdot 10^{-25} \, kg$; der übertragene Impuls wurde oben zu $p = 6{,}6 \cdot 10^{-33} \, kg \, m/s$ berechnet. Es ergibt sich für s der oben angegebene Wert von 10,5 nm, der zu einer „Verschmierung" des Interferenzmusters nicht ausreicht.

7.3 Interferenzexperimente mit Photonen

Grundlagenexperimente zur Quantenphysik lassen sich natürlich auch mit Licht durchführen. Eine besondere experimentelle Herausforderung stellen die Experimente dar, die in kontrollierter Weise mit einzelnen Photonen arbeiten. Sie liefern dafür auch besonders prägnante Resultate, die in diesem Abschnitt vorgestellt werden sollen.

7.3.1 Verhalten einzelner Photonen

In Kapitel 5 wurde ein Gedankenexperiment zur Interferenz einzelner Photonen geschildert, in dessen Abwandlungen alle vier Wesenszüge der Quantenphysik sichtbar wurden. Ein solches Experiment ist 1986 von Grangier, Roger und Aspect in Paris tatsächlich durchgeführt worden [GrR86].

Ziel des Experiments war nicht die Demonstration der vier Wesenszüge, sondern die Bestätigung der Photonennatur („Körnigkeit") des Lichts. Ein solches Experiment 60 Jahre nach Entwicklung der Quantentheorie scheint zunächst recht entbehrlich. Denn schließlich zeigen nach verbreiteter Auffassung z. B. Fotoeffekt und Compton-Effekt deutlich genug, dass Licht Teilcheneigenschaften zeigen kann. Jedoch so gut wie alle Experimente, die nach herkömmlicher Auffassung die Existenz von Photonen beweisen, lassen sich ebenso gut mit der sogenannten semiklassischen Theorie des Lichts erklären, in der nur die Atome mit der Quantentheorie beschrieben werden, das Licht dagegen als klassische elektromagnetische Welle.

Die Effekte, die sich nur mit Photonen und nicht mit der semiklassischen Theorie erklären lassen, sind in der Tat so dünn gesät, dass erst 1979 in der angesehenen Zeitschrift „Nature" ein Aufsatz mit dem Titel *„Evidence for the Quantum Nature of Light"* erschien, in dem erstmals über ein durchgeführtes Experiment berichtet wurde, das in diese Kategorie fällt. Das Experiment, mit dem Grangier et al. die Photonennatur des Lichts bestätigen wollten, war also keineswegs überflüssig.

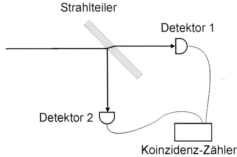

Abb. 7.10: Grundaufbau des Antikoinzidenz-Experiments von Grangier et al.

Die Grundidee ist einfach (Abb. 7.10): Ein einzelnes Photon trifft auf einen Strahlteiler und hat dort zwei Möglichkeiten. Es kann durchgelassen und in Detektor 1 nachgewiesen werden oder es kann reflektiert werden und wird in Detektor 2 nachgewiesen. Da es sich um ein einzelnes Photon handelt, wird es immer nur in einem der beiden Detektoren gefunden. Die beiden Detektoren sprechen also *nie* gleichzeitig an. Ein Koinzidenz-Zähler, der die beiden Detektoren verbindet, sollte also perfekte Antikoinzidenz finden.

Dieses Resultat hört sich plausibel genug an, und doch ist die Antikoinzidenz ein Nachweis für die Quantelung des Lichts. Eine klassische Welle würde nämlich am Strahlteiler gleichmäßig aufgespalten und könnte so die Detektoren mit einer gewissen Wahrscheinlichkeit auch gleichzeitig zum Ansprechen bringen. Zufällige Schwankungen der Lichtintensität würden auf beide Detektoren gleichzeitig treffen und so z. B. bei einer kurzzeitig vergrößerten Lichtintensität die Wahrscheinlichkeit für gleichzeitiges Ansprechen erhöhen.

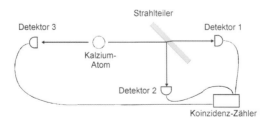

Abb. 7.11: Vollständiges Schema des Experiments von Grangier et al.

Der vollständige Versuchsaufbau des Experiments ist in Abb. 7.11 dargestellt. Die Hauptschwierigkeit bestand in der kontrollierten Herstellung einzelner Photonen. Grangier et al. erzeugten dazu einen Strahl von Kalzium-Atomen, die sie mit einem Laser in einen angeregten Zustand brachten. Das Besondere an diesem Zustand war, dass die Atome unter Aussendung von *zwei* Photonen wieder in den Grundzustand übergingen. Eines der beiden Photonen diente als sogenanntes „Trigger"-Photon. Es wurde nämlich direkt in Detektor 3 nachgewiesen. Der Nachweis dieses Trigger-Photons signalisierte die Ankunft des zweiten Photons am Strahlteiler. Erst wenn Detektor 3 angesprochen hatte, wurden Detektor 1 und 2 freigegeben. Auf diese Weise konnten die Experimentatoren gezielt mit einzelnen Photonen arbeiten.

Die Ergebnisse lohnten den experimentellen Aufwand. Es wurde tatsächlich perfekte Antikorrelation zwischen den beiden Detektoren 1 und 2 nachgewiesen; ein Beleg für die Photonennatur des Lichts. Das Ergebnis ist aber ebenso aufschlussreich im Hinblick auf unsere vier Wesenszüge: Der Strahlteiler, auf den das zweite Photon fällt, bringt dieses in einen unbestimmten Zustand bezüglich des Orts. Die Detektoren 1 und 2 führen eine Orts- bzw. „Weg"-Messung am zweiten Photon durch. Gemäß Wesenszug 3 „Eindeutige Mess- ergebnisse" hat diese Ortsmessung auch ein eindeutiges Ergebnis. Genau einer der beiden Detektoren spricht an, niemals beide. Ein einzelnes Photon wird immer nur an einem einzel- nen Ort gefunden, niemals an zwei Orten gleichzeitig.

Auch der Wesenszug 1 „Statistisches Verhalten" ist in dem Experiment erkennbar. Es ist nicht vorhersagbar, an *welchem* der beiden Detektoren das Photon nachgewiesen wird. Nach allem was wir wissen, gibt es kein physikalisches Merkmal, das festlegt, ob ein Photon am Strahlteiler durchgelassen oder reflektiert wird. Man kann lediglich die statistische Vorher- sage treffen, dass von sehr vielen Photonen etwa die Hälfte in Detektor 1 und die andere Hälfte in Detektor 2 gefunden wird.

Um auf die beiden anderen Wesenszüge einzugehen, müssen wir eine Erweiterung des Experiments betrachten. Grangier et al. blieben nämlich nicht beim Experimentieren mit dem einfachen Strahlteiler stehen, sondern erweiterten ihre Apparatur mit zwei Spiegeln und einem zweiten Strahlteiler zu einem Mach-Zehnder-Interferometer (das schon in Kapitel 5 erläutert wurde). Das Licht wird wie vorher in einem Strahlteiler aufgespalten. Anstatt gleich auf Detektoren zu treffen, wird es von zwei Spiegeln umgelenkt und fällt auf einen zweiten Strahlteiler, in dem die beiden Teilstrahlen wieder zusammengeführt werden. Erst die beiden „gemischten" Austrittsstrahlen werden von Detektoren registriert (s. Abb. 7.12).

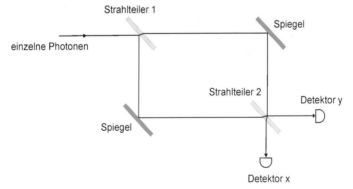

Abb. 7.12: Erweiterung der Anordnung zum Mach-Zehnder-Interferometer

Betrachtet man nun Detektor y, so gibt es zwei Wege vom ersten Strahlteiler zum Detektor. Es kann also Interferenz auftreten. Grangier et al. erzeugten einen Gangunterschied in einem der Interferometerarme, indem sie den entsprechenden Spiegel leicht verschoben. Sie erhielten also kein Interferenzmuster auf einem Beobachtungsschirm, sondern eine Zählrate, die von der Verschiebung des Spiegels abhängt.

Die Zählrate von Detektor y ist in Abb. 7.13 gezeigt. Detektor x zeigt ein ähnliches Muster, in dem Maxima und Minima vertauscht sind. Man erkennt klar das Wechselspiel von konstruktiver und destruktiver Interferenz, die sich je nach Weglängenunterschied einstellen. Hier zeigt sich Wesenszug 2 der Quantenphysik: Obwohl immer nur ein einziges Photon in der Apparatur ist, tritt Interferenz zwischen den beiden möglichen Wegen auf.

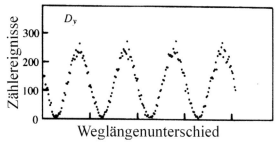

Abb. 7.13: Zählrate von Detektor x

Das Auftreten von Interferenz weist darauf hin, dass das Photon sich nach dem Strahlteiler in einem unbestimmten Zustand befindet, in dem es nicht auf einem der Wege lokalisiert ist. In metaphorischer Sprechweise „geht es beide Wege". Dies scheint aber dem Ergebnis des ersten Versuchsteils aufs Schärfste zu widersprechen: Hier wurde das Photon von genau einem der beiden Detektoren nachgewiesen. Es wurde niemals beobachtet, dass beide Detektoren zugleich ansprechen. Das Photon schien sich für einen Weg entschieden zu haben.

Bei dem Widerspruch handelt es sich um ein Beispiel für Wesenszug 4 der Quantenphysik, die Komplementarität. Die mit den Detektoren gewonnene „Welcher-Weg"-Information und das im zweiten Teilversuch beobachtete Interferenzmuster schließen sich gegenseitig aus. Man kann ein Experiment durchführen, in dem man das eine beobachtet, oder eines, in dem man das andere misst, aber es ist nicht möglich, „Welcher-Weg"-Information und Interferenzmuster im gleichen Experiment zu erhalten. Niels Bohr hat solche Situationen mit den Worten kommentiert: *„Das unter verschiedenen Versuchsbedingungen gewonnene Material [kann] nicht mit einem einzelnen Bilde erfasst werden; es ist vielmehr als komplementär in dem Sinn zu betrachten, dass erst die Gesamtheit aller Phänomene die möglichen Aufschlüsse über die Objekte erschöpfend wiedergibt"* (Bohr 1955).

7.3.2 Experimente mit verzögerter Entscheidung

Wenn man an klassischen Vorstellungen festhalten will, kann man die im vorangegangenen Abschnitt diskutierten Ergebnisse folgendermaßen zu erklären versuchen: Beim Eintritt in die Apparatur würde das Photon irgendwie feststellen, ob es sich um eine Interferenzapparatur handelt oder um eine Apparatur, bei der es „Welcher-Weg"-Information preisgeben muss. Entsprechend würde es sich anschließend „wellenhaft" oder „teilchenhaft" verhalten.

Um zu zeigen, dass solche Vorstellungen ungenügend sind, führte John Wheeler 1978 den Begriff des „Experiments mit verzögerter Entscheidung" ein. Hierbei wird die genaue Konfiguration des Experiments erst festgelegt, nachdem das Photon seine Entscheidung bereits getroffen haben müsste.

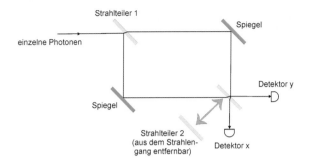

Abb. 7.14: Wheelers Vorschlag zum „Experiment mit verzögerter Entscheidung"

Der von Wheeler vorgeschlagene Aufbau ist der gleiche wie in Abb. 7.12, allerdings mit dem Unterschied, dass der zweite Strahlteiler sehr schnell entfernt bzw. wieder eingesetzt werden kann (Abb. 7.14). Betrachten wir ein Photon, das durch den ersten Strahlteiler in die Apparatur eintritt. Wenn der zweite Strahlteiler nicht vorhanden ist, handelt es sich um nichts anderes als um das im letzten Abschnitt beschriebene Antikoinzidenz-Experiment von Grangier et al. Das Photon wird nach Reflexion durch einen der Spiegel ohne weitere Störung entweder von Detektor x oder von Detektor y nachgewiesen. Dabei wird „Welcher-Weg"-Information gesammelt; ein Interferenzmuster zeigt sich nicht.

Wenn der zweite Strahlteiler jedoch vorhanden ist, liegt die schon beschriebene Interferometer-Anordnung vor, und Interferenz kann beobachtet werden. „Welcher-Weg"-Information ist nicht zugänglich, und das Photon trägt zum Interferenzmuster bei. Bis hierher also nichts Neues.

Wheelers Vorschlag ist nun, die Entscheidung über das Einsetzen oder Nicht-Einsetzen von Strahlteiler 2 hinauszuzögern, bis sich das Photon bereits hinter dem ersten Strahlteiler befindet. Nehmen wir an, dass Strahlteiler 2 anfangs nicht vorhanden ist. Nach der klassischen Vorstellung müsste sich das Photon sich dann beim Eintritt in die Apparatur für „Teilchenverhalten" entscheiden und einen der beiden Wege wählen. Interferenz könnte nicht beobachtet werden, und auch das unterdessen erfolgte Einsetzen von Strahlteiler 2 könnte an der Entscheidung des Photons nicht mehr ändern.

Das Experiment wurde 1987 von zwei Gruppen am Max-Planck-Institut für Quantenoptik in Garching [Hel87] und an der Universität von Maryland durchgeführt, und es zeigte sich, dass die klassische Vorstellung nicht mit dem Ergebnis übereinstimmt.

Der experimentelle Aufbau ist in Abb. 7.15 gezeigt. Das „Entfernen" des zweiten Strahlteilers musste durch einen Trick verwirklicht werden, denn es war nicht möglich, ihn in der benötigten kurzen Zeit physisch zu entfernen. Statt dessen wurde ein „ausschaltbarer Spiegel" in einen der Wege gestellt. Er bestand aus einer Pockels-Zelle, die die Polarisationsrichtung von Licht dreht, wenn man eine Spannung anlegt, und einem Glan-Prisma, das das Licht mit der gedrehten Polarisation aus dem Strahl herausreflektiert. (Dieses Licht wurde im Experiment nicht nachgewiesen).

Wenn also Spannung an der Pockels-Zelle lag, wurden Photonen im oberen Teilstrahl umgelenkt. Die Teilstrahlen wurden dann nicht wieder zusammengeführt und „Welcher-Weg"-Information wurde gesammelt. Bei „offener" Pockels-Zelle wurden die beiden Teilstrahlen zusammengeführt, d. h. es lag eine Interferometer-Anordnung vor. (Das Interferenzmuster kam in diesem Fall nicht durch eine Variation der Weglänge zustande, sondern dadurch dass sich die Apparatur im Lauf der Zeit erwärmte und sich so der Brechungsindex der Glasfasern änderte).

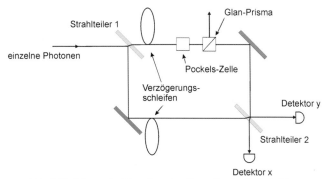

Abb. 7.15: Schema des Experiments mit verzögerter Entscheidung

Im Experiment wurden die Ergebnisse zweier Messdurchgänge verglichen: Einmal war die Pockels-Zelle ständig offen (d. h. es handelte sich um ein gewöhnliches Interferenzexperiment). Beim zweiten Mal wurde sie von geschlossen auf offen umgeschaltet, *nachdem* das Photon den ersten Strahlteiler passiert hatte. Dies war das Experiment mit verzögerter Entscheidung. Um sicherzustellen, dass die Pockels-Zelle (Schaltzeit 5 ns) erst an- oder ausgeschaltet wurde, nachdem das Photon für eine gewisse Zeit (5 ns) in der Apparatur war, wurde eine Glasfaser-Verzögerungsstrecke (Verzögerungszeit 30 ns) in die beiden Wege eingesetzt.

Abb. 7.16 zeigt für beide Durchgänge die Zählrate an Detektor x. Das Interferenzmuster beim Experiment mit verzögerter Entscheidung (Kreuze) ist vom gewöhnlichen Interferenzmuster (Kreise) nicht zu unterscheiden. Es ist nicht gelungen, durch die verzögerte Entscheidung die Photonen „hereinzulegen". Die klassische Vorstellung, dass das Photon sein Verhalten beim Eintritt in die Apparatur nach dieser ausrichtet, stimmt mit den experimentellen Ergebnissen nicht überein.

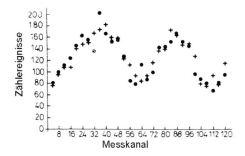

Abb. 7.16: Vergleich der beiden Interferenzmuster mit (Kreuze) und ohne (Kreise) verzögerte Entscheidung. Messkanäle entsprechen verschiedenen Temperaturen der Apparatur und damit verschiedenen Brechungsindizes der Glasfasern.

Um die Bedeutung des Experiments zu verdeutlichen, schlug Wheeler die astrophysikalische Variante vor (s. Abb. 6.7 in Abschnitt 6.2.3). Wheeler hob die Analogie zum eben beschriebenen Experiment mit verzögerter Entscheidung hervor: Wir haben die Alternative, das Licht, das über zwei Wege vom Quasar zu uns gelangt ist, mit einem Strahlteiler zur Interferenz zu bringen, oder wir können mit Photodetektoren „Welcher-Weg"-Information sammeln. Die Besonderheit ist, dass der Quasar, von dem das Licht stammt, einige Milliarden Lichtjahre entfernt ist. In der Anordnung mit Strahlteiler ist ein Photon − nach der naiven klassischen Vorstellung − über Milliarden von Jahren auf beiden Wegen gelaufen, während es in der Anordnung ohne Strahlteiler − immer noch im klassischen Bild − auf einem bestimmten Weg zu uns gekommen ist. Wenn dies eine korrekte Vorstellung wäre, dann könnten wir durch die Entscheidung über das Einsetzen eines Strahlteilers die vergangene Entscheidung des Photons über Milliarden von Jahren beeinflussen. Die Absurdität dieses Gedankens zeigt, wie irreführend die klassische Vorstellung ist.

Wenn wir uns bei der Beschreibung dagegen an die Wesenszüge der Quantenphysik halten, ergibt sich ein konsistentes Bild. Nach Wesenszug 2 (Fähigkeit zur Interferenz) ist keine der denkbaren Möglichkeiten (Wege) realisiert, solange das Photon noch unterwegs ist. Es ist irreführend, sich das Photon auf dem Weg entweder als lokalisiertes Teilchen oder als ausgedehnte Welle vorzustellen. Keine dieser klassischen Vorstellungen trifft die Realität. Erst bei der Messung entscheidet sich, ob ein Interferenzmuster realisiert wird oder nicht.

Das Experiment mit verzögerter Entscheidung lehrt uns, dass die Alternativen bis zum letzten Augenblick offen gehalten werden können. Aber auch das ist im Licht von Wesenszug 3 (eindeutige Messergebnisse) wenig rätselhaft: Solange keine Messung am Photon durchgeführt wurde, befindet es sich in einem unbestimmten Zustand. Im Moment der Messung (und keinen Augenblick vorher) erhält man ein eindeutiges Messergebnis.

7.4 Zustände mit unbestimmter Energie, Quantensprünge

Eine verbreitete Vorstellung von Atomen, die auch in der Schule häufig vermittelt wird, ist das Atommodell von Bohr: Elektronen, die auf festen Bahnen um den Atomkern kreisen. Dass man bei Elektronen generell nicht von einem festen Ort und damit auch nicht von einer Bahn reden kann, wurde schon am Doppelspaltexperiment diskutiert. Die oben vorgestellten Experimente bestätigen die quantenphysikalische Sichtweise.

Dem Bohr-Modell liegt aber noch eine andere Vorstellung zu Grunde, die im Allgemeinen nicht in Frage gestellt wird: Es wird angenommen, dass sich ein Elektron zu jedem Zeitpunkt in genau einem Energiezustand befindet. Der Übergang zwischen zwei Energieniveaus, erfolgt durch einen abrupten „Quantensprung" zwischen den Niveaus, begleitet von der Emission eines Photons.

Die Vorstellung, dass sich ein Elektron in einem Zustand mit nicht bestimmter Energie befinden kann, ist dem Bohr-Modell vollkommen fremd. Und doch ist dies nach der Quantenphysik möglich. Zustände mit unbestimmter Energie werden sogar routinemäßig in Laborexperimenten hergestellt.

7.4.1 Das Ramsey-Atominterferomter

Um Zustände mit unbestimmter Energie nachzuweisen, benutzt man Atome in einem hoch angeregten Zustand, sogenannte Rydberg-Atome (im hier beschriebenen Experiment waren es Rubidiumatome mit der Hauptquantenzahl $n = 50$). Wir bezeichnen diesen Zustand mit ψ_1. Das Entscheidende bei dem Experiment sind sogenannte „Ramsey-Zonen". In ihnen durchlaufen die Atome Mikrowellenstrahlung, deren Frequenz gerade resonant mit dem Übergang $n = 50 \leftrightarrow n = 49$ ist (den Zustand mit $n = 49$ nennen wir ψ_2). Die Durchlaufzeit ist so bemessen, dass ein Atom, das sich vor der Ramsey-Zone im Zustand ψ_1 befand, bei einer Energiemessung nach der Ramsey-Zone jeweils mit der Wahrscheinlichkeit ½ in ψ_1 und ψ_2 gefunden wird. (Diese Situation ist analog zu der, bei der ein Photon auf einen Strahlteiler trifft. Dort wird es jeweils mit der Wahrscheinlichkeit ½ durchgelassen oder reflektiert). Ebenso wird ein Atom, das sich vor der Ramsey-Zone im Zustand ψ_2 befand, bei einer Energiemessung nach der Ramsey-Zone jeweils mit der Wahrscheinlichkeit ½ in ψ_1 und ψ_2 gefunden

Dies bedeutet aber nicht, dass sich nach der Ramsey-Zone die Hälfte der Atome im Zustand ψ_1 und die andere in ψ_2 befindet, wenn man dort *keine* Energiemessung macht. Vielmehr befinden sich die Atome nach der Ramsey-Zone in einem Überlagerungszustand $\psi_1 + \psi_2$, der erst durch eine Energiemessung in einen der Zustände ψ_1 oder ψ_2 übergeführt wird (s. Wesenszug 3). Bei dem Überlagerungszustand handelt es sich um einen Zustand mit unbestimmter Hauptquantenzahl, d. h. mit unbestimmter Energie.

Diese Zustände mit unbestimmter Energie lassen sich mit dem Ramsey-Atominterferometer nachweisen, das wir hier in der von Haroche und Mitarbeitern in Paris realisierten Version erläutern [RBH01]. Das Prinzip ist in Abb. 7.17 dargestellt.

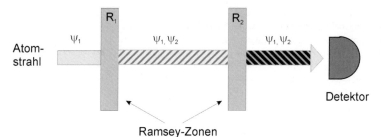

Abb. 7.17: Schema des Ramsey-Interferometers

Die Struktur des Experiments ist die gleiche wie bei einem optischen Interferometer (s. Abb. 7.18). An der ersten Ramsey-Zone hat das Atom die zwei klassisch denkbaren Möglichkeiten, im Zustand ψ_1 zu bleiben oder in den Zustand ψ_2 überzugehen. Die zweite Ramsey-Zone übernimmt die Funktion des zweiten Strahlteilers und führt die beiden klassisch denkbaren Möglichkeiten wieder zusammen. Zum Schluss treffen die Atome auf einen Detektor, der die beiden Zustände ψ_1 und ψ_2 unterscheiden kann (d. h. er führt neben dem Nachweis des Atoms eine Messung der Anregungsenergie durch). Nur die in ψ_1 gefundenen Atome werden gezählt, ebenso wie in Abb. 7.18 im optischen Interferometer nur jene Photonen gezählt werden, die in waagrechter Richtung weiterlaufen.

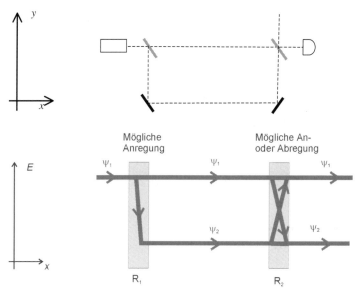

Abb. 7.18: Die Struktur von optischem (oben) und Ramsey-Interferometer (unten)

Welches Ergebnis würden wir erwarten, wenn die Atome nach der ersten Ramsey-Zone nicht in einem Überlagerungszustand wären? Die Atome wären dann nach der ersten Ramsey-Zone jeweils mit der Wahrscheinlichkeit ½ in den Zuständen ψ_1 und ψ_2. In der zweiten Ramsey-Zone würde die Hälfte der Atome in den jeweils anderen Zustand wechseln. Dann wäre danach wieder die Hälfte der Atome im Zustand ψ_1 und die andere im Zustand ψ_2 und zwar unabhängig davon, wie lange die Atome zwischen den zwei Ramsey-Zonen unterwegs sind. Dies wird durch das Experiment widerlegt:

Beim Nachweis der Atome nach der zweiten Ramsey-Zone stellt man fest, dass die Wahrscheinlichkeit dafür, das Atom in ψ_1 zu finden, stark von der Laufzeit zwischen den beiden Ramsey-Zonen abhängt. Trägt man die Wahrscheinlichkeit über der Laufzeit auf, so erhält man ein Interferenzmuster. Tatsächlich hat man im Experiment nicht die Laufzeit verändert, sondern man hat (was, wie man zeigen kann, gleichwertig dazu ist) die Anregungsfrequenz in den Ramsey-Zonen geringfügig verändert (Raimond, Brune und Haroche 2001, s. Abb. 7.19).

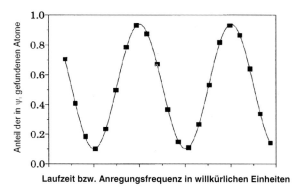

Abb. 7.19: Ramsey-Interferometer: Anteil der im Zustand ψ_1 nachgewiesenen Atome

Das beobachtete Muster weist darauf hin, dass es hier zwei klassisch denkbare Möglichkeiten gibt, wie ein Atom im Zustand ψ_1 am Detektor gefunden werden kann, die jedoch beide nicht realisiert werden (s. Wesenszug 2 und Folgerung 2 in Abschnitt 2.1). Diese beiden Möglichkeiten sind offensichtlich folgende: Zum einen kann es von beiden Mikrowellenpulsen unbeeinflusst durch die Apparatur gelangt sein (schwarz gezeichnete Linie in Abb. 7.20). Zum andern kann es in R_1 abgeregt und in R_2 wieder angeregt worden sein (Hellgrau in Abb. 7.20 eingezeichnet).

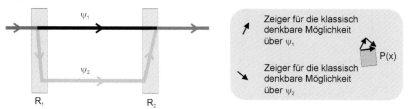

Abb. 7.20: Die zwei klassisch denkbare Möglichkeiten für das Ereignis „Atom wird in ψ_1 registriert", rechts: die zugehörige Zeigeraddition

Wie gesagt sind diese Möglichkeiten nur klassisch denkbare Möglichkeiten. Tatsächlich befindet sich das Atom nach der ersten Ramsey-Zone.in einem Zustand unbestimmter Energie (ebenso, wie das Photon im Interferometer nicht den einen oder den anderen Weg geht).

Man kann das Interferenzmuster auch quantitativ beschreiben. Beim optischen Interferometer erhält man durch das Verschieben eines Spiegels Variationen der Nachweisrate im Detektor, sprich ein Interferenzmuster. Im Ramsey-Interferometer entstehen die Phasenunterschiede nicht durch unterschiedliche Wege, sondern dadurch, dass die Zustände ψ_1 und ψ_2 zu unterschiedlichen Energieniveaus gehören. Im Zeigerformalismus hängt die Drehfrequenz des Zeigers eines Atoms von seiner Energie E ab, sie beträgt $E/\hbar$. Für die Zustände ψ_1 und ψ_2 drehen sich die Zeiger also unterschiedlich schnell.

Aufgabe:

Berechnen Sie die Oszillationsperiode des Interferenzmusters in Abhängigkeit von der Laufzeit Δt mit dem Zeigerformalismus.

Lösung:

Wir berechnen die Wahrscheinlichkeit, ein Atom im Zustand ψ_1 nachzuweisen. Da die beiden klassisch denkbaren Möglichkeiten (s. Abb. 7.20) nicht unterscheidbar sind, müssen die Zeiger zu den beiden Möglichkeiten addiert und dann quadriert werden.

Nach der Zeit Δt hat der Zeiger, der einem Atom mit der Energie E zugeordnet ist, die Winkelstellung $\varphi = E \, \Delta t / \hbar$. Für die beiden Möglichkeiten ergeben sich dann Zeiger mit den Winkelstellungen $\varphi_1 = E_1 \, \Delta t / \hbar$ und $\varphi_2 = E_2 \, \Delta t / \hbar$. Die quadrierte Länge des Summenzeigers beträgt dann nach dem Kosinussatz:

$$1 + 1 - 2 \cos(\varphi_2 - \varphi_1) = 2 - 2 \cos(\Delta E \, \Delta t / \hbar),$$

wobei $\Delta E = E_2 - E_1$. Die Wahrscheinlichkeit, ein Atom im Zustand ψ_1 nachzuweisen, oszilliert mit der Periode $\Delta E \, \Delta t / \hbar$ zwischen Null und Eins. Die experimentellen Daten in Abb. 7.19 zeigen tatsächlich eine solche Oszillation.

7.4.2 Quantensprünge

Wenn ein Atom in unbestimmten Zuständen bezüglich der Energie sein kann, stellt sich die Frage: Was passiert bei einer Energiemessung? So wie man bei einer Ortsmessung im Doppelspaltexperiment einen eindeutigen Messwert erhält, erwartet man gemäß Wesenszug 2 auch hier ein eindeutiges Messergebnis. Die Messung findet das Atom in einem ganz bestimmten Energiezustand. Das folgende Experiment, das 1986 von Dehmelt und Mitarbeitern durchgeführt wurde [NSD86], illustriert diesen Wesenszug der Quantenphysik in fast makroskopisch wahrnehmbarer Weise.

Dehmelt et al. untersuchten ein einzelnes Ba^+-Ion in einer Ionenfalle. Für das Experiment relevant sind drei Energiezustände, die in Abb. 7.21 schematisch dargestellt sind. Das Ion besitzt einen Grundzustand ψ_1 und einen metastabilen angeregten Zustand ψ_2, in den es durch Einstrahlung resonanter Strahlung angeregt werden kann (im realen Experiment erfolgte die Anregung nicht direkt, sondern über einen weiteren Zustand, was in unserem Zusammenhang aber irrelevant ist). Das Atom kann sich nun im Grundzustand ψ_1, im metastabilen Zustand ψ_2 oder in einem Zustand mit unbestimmter Energie befinden. Die Messung, die in dem Experiment durchgeführt wurde, sollte die Frage nach dem Zustand des Ions zu einem bestimmten Zeitpunkt beantworten.

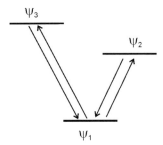

Abb. 7.21: Schema der atomaren Übergänge im Quantensprünge-Experiment

Um den Zustand „auszutesten", benutzte man einen weiteren Übergang zwischen ψ_1 und einem dritten Zustand ψ_3. Dieser Übergang ist sehr viel „schneller" als der erste. Das bedeutet: Wenn resonantes Laserlicht auf das Ion im Grundzustand ψ_1 trifft, wechselt das Atom in rascher Folge zwischen den Zuständen ψ_1 und ψ_3 hin und her, wobei intensives sichtbares Fluoreszenzlicht emittiert wird.

Trifft das eingestrahlte Laserlicht das Ion dagegen im metastabilen Zustand ψ_2 an, so wird kein Fluoreszenzlicht erzeugt, weil das Laserlicht dann nicht resonant ist und deshalb keine Übergänge stattfinden. Fluoreszenzlicht bedeutet also: Das Atom ist im Grundzustand ψ_1; Ausbleiben des Fluoreszenzlichts heißt: Das Atom ist im metastabilen Zustand ψ_2.

Das Ion wurde nun kontinuierlich mit Licht auf beiden Übergangsfrequenzen bestrahlt. Die Intensität des emittierten Fluoreszenzlichts wurde von einem Detektor registriert. Sie ist in Abb. 7.22 als Funktion der Zeit aufgetragen. Man erkennt Perioden heller Fluoreszenz, die von Dunkelheit unterbrochen werden. Die Dauer der Phasen ist beträchtlich, sie erstreckt sich über 30 und mehr Sekunden. Der Übergang zwischen zwei Phasen erfolgt abrupt. Wann ein Übergang erfolgt ist nicht vorhersagbar, die Dauer der Phasen folgt einer statistischen Verteilung (s. Wesenszug 1).

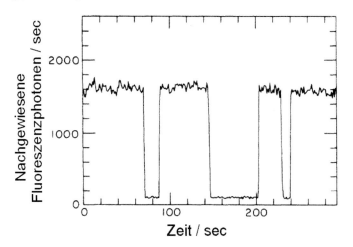

Abb. 7.22: Zählrate der Fluoreszenzphotonen im Quantenprünge-Experiment (Nagourney, Sandberg und Dehmelt, 1986)

Auffällig ist, dass das Fluoreszenzlicht entweder „hell" oder „dunkel" ist. Zwischenwerte der Fluoreszenzintensität werden nicht gefunden. Dies illustriert Wesenszug 3: Bei einer Messung wird das Atom in genau einem der beiden relevanten Zustände gefunden (Grundzustand oder metastabiler Zustand). Das Messergebnis ist eindeutig. Noch ein weiteres Merkmal von Wesenszug 3 ist in dem Experiment erkennbar: Das Messergebnis (Grundzustand oder metastabiler Zustand) ist reproduzierbar. In jeder Sekunde werden viele Tausend Messungen (Fluoreszenzzyklen) durchgeführt. Die langen Hell- und Dunkelphasen entsprechen also sehr vielen Wiederholungen der Messung, jeweils mit dem gleichen Ergebnis, außer wenn die Beeinflussung durch das andere Licht zu einem Übergang führt. (s. Wesenszug 3: „wenn der Zustand nicht zwischenzeitlich anderweitig beeinflusst wurde").

Von Zeit zu Zeit gelingt jedoch die Anregung von ψ_1 in den Zustand ψ_2 (oder der umgekehrte Übergang). Dies äußert sich im plötzlichen Einsetzen der Ausbleiben der Fluoreszenzstrahlung. Der Übergang erfolgt nicht kontinuierlich, sondern von einem Augenblick zum andern: Man beobachtet *Quantensprünge*. Zu welchem Zeitpunkt ein Quantensprung erfolgt, ist nicht vorhersagbar. Hier äußert sich wieder der statistische Charakter der Quantenphysik, der nur Wahrscheinlichkeitsvorhersagen erlaubt.

Die Besonderheit bei diesem Experiment ist, dass sich das emittierte Fluoreszenzlicht mit bloßem Auge beobachten lässt. Der Wechsel zwischen hellen und dunklen Phasen, der durch einzelne Quantensprünge eines einzelnen Ions verursacht wird, ist dadurch der unmittelbaren Wahrnehmung zugänglich.

7.5 Schrödingers Katze und Dekohärenz im Experiment

Atome lassen sich in Zustände mit unbestimmter Energie oder mit unbestimmtem Ort bringen. Das zeigen die in diesem Kapitel geschilderten Experimente deutlich. Eigentlich sollte man auch makroskopische Objekte in solche Zustände bringen können. Denn letzten Endes werden auch sie von der Quantentheorie beschrieben, und wie Schrödinger in seinem Katzenparadoxon gezeigt hat, sollte die Kopplung eines mikroskopischen Objekts (zerfallendes Atom) an ein makroskopisches Objekt (Katze) zu verschränkten Zuständen führen, in denen die Katze weder tot noch lebendig ist. Wie in Abschnitt 4.2.3 beschrieben wurde, zeigt die Theorie der Dekohärenz einen Ausweg aus diesem scheinbaren Paradoxon.

Das Katzenparadoxon charakterisiert den Übergangsbereich zwischen klassischer und Quantenphysik. Er ist in den letzten Jahren auch der experimentellen Untersuchung zugänglich geworden. Ein Beispiel ist das schon beschriebene Doppelspaltexperiment mit C_{60}-Molekülen. Darüber hinaus wurden folgende Experimente durchgeführt, in denen das Schrödingersche Katzenparadoxon auf mesoskopischer Skala modelliert wurde:

1. *Ein einzelnes Ion mit unbestimmtem Ort*: In einer Ionenfalle wurde ein einzelnes Beryllium-Ion durch Laserpulse in einen Zustand versetzt, in dem es keinen bestimmten Ort hat [Mon96]. Der Zustand des Ions kann beschrieben werden durch die Überlagerung von zwei Wellenpaketen mit einem Durchmesser von 7 nm und einem räumlichen Abstand von 80 nm.

2. *Stromfluss in einem SQUID*. Ein SQUID (Superconducting **Qu**antum **I**nterference **D**evice) ist ein supraleitender Ring, der von Tunnelkontakten unterbrochen ist. Wenn der SQUID einem externen Magnetfeld ausgesetzt wird, fließt ein Strom, der normalerweise eine bestimmte Stromstärke aufweist. Forschergruppen in Stony Brook [Fri00] und Delft [Wal00] ist es gelungen, den SQUID in einen Zustand zu bringen, in dem der elektrische Strom keinen festen Wert hat. Er befand sich in einem Überlagerungszustand aus „im Uhrzeigersinn fließend" und „gegen den Uhrzeigersinn fließend". Die Stromstärke lag dabei im Mikroampere-Bereich, so dass man schon fast von einem Stromfluss auf makroskopischer Skala sprechen kann.

3. *Elektrisches Feld in einem Hohlraumresonator.* Dieses dritte „Katzenexperiment" soll etwas ausführlicher vorgestellt werden, denn es handelt sich um eine weiterentwickelte Variante des oben schon vorgestellten Ramsey-Interferometers. Es wurde auch von der gleichen Gruppe in Paris durchgeführt [RBH01].

Das in Abb. 7.17 dargestellte experimentelle Schema wird um einen Mikrowellenresonator hoher Güte ergänzt, der aus zwei gegenüberliegenden Hohlspiegeln aus supraleitendem Niob besteht (Abb. 7.23). Innerhalb des Resonators wird ein elektrisches Wechselfeld erzeugt, das aus nur 3 bis 10 Photonen besteht. Dieses elektrische Feld ist das Objekt, das in einen „Katzenzustand" gebracht wird, nämlich in einen Zustand, in dem es keinen bestimmten Wert der Phase besitzt.

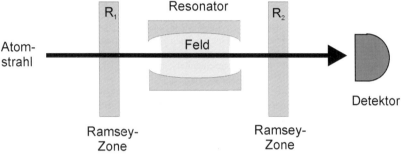

Abb. 7.23: Schema des Pariser „Katzenexperiments"

Als Vorstufe zum Katzenexperiment führte die Pariser Gruppe ein „Welcher-Weg"-Experiment durch, das wir uns als erstes ansehen. Es wurde schon erwähnt, dass für das Experiment Rydberg-Atome benutzt wurden. Aufgrund ihres großen Durchmessers besitzen Rydberg-Atome ein verhältnismäßig großes elektrisches Dipolmoment. Ein einzelnes Rydberg-Atom, das den Resonator durchquert, wirkt wie ein kurzzeitig eingebrachtes Dielektrikum, das die Resonanzfrequenz des Resonators und damit die Phase des elektrischen Feldes verändert. Die Änderung der Phase hängt dabei vom Anregungszustand des Atoms ab. Aufgrund der unterschiedlichen Dipolmomente der Atome in ψ_1 bzw. ψ_2 hinterlässt ein Atom im Zustand ψ_1 das Resonatorfeld in einem anderen Zustand als ein Atom im Zustand ψ_2. (s. Abb. 7.24)

Abb. 7.24: Die Phase des Feldes ohne Atom (links), mit Atom im Zustand ψ_1 (Mitte) und mit Atom im Zustand ψ_2.

Wie wir schon von oben wissen, wird das Atom in der Ramsey-Zone R_1 mit einem Mikrowellenpuls in den Zustand $\psi = \psi_1 + \psi_2$ mit unbestimmtem Wert der Anregungsenergie gebracht. Anschließend durchquert es den Resonator, und in der zweiten Ramsey-Zone werden die klassisch denkbaren Möglichkeiten wieder zusammengeführt.

Bis hierher unterscheidet sich das Experiment nur dadurch vom oben diskutierten Ramsey-Interferometer, dass die Atome das elektrische Feld im Resonator verändern. Dies ist aber entscheidend, weil wie gesagt ein Atom im Zustand ψ_1 das Feld in einem anderen Zustand hinterlässt als ein Atom im Zustand ψ_2. Dies ist nichts anderes als eine „Welcher-Zustand"-Information: Nach dem Durchgang des Atoms durch den Resonator könnte man im Prinzip aus der Phase des Feldes auf die realisierte Möglichkeit schließen (im Sinne von Abschnitt 2.4.2). Infolgedessen dürfte kein Interferenzmuster mehr beobachtbar sein.

Dies ist aber nur dann der Fall, wenn die zwei möglichen Phasen des Felds klar unterscheidbar sind. Da die Phase selbst etwas unbestimmt ist, gelingt die Unterscheidung um so besser, je mehr sich die beiden möglichen Phasen unterscheiden (s. Abb. 7.25). Diese Unterscheidbarkeit wiederum ist um so besser, je größer die Phasenänderung des Feldes im Resonator ist. Sie kann durch Verändern der Resonanzfrequenz im Resonator eingestellt werden. Auf diese Weise wird die Zuverlässigkeit der „Welcher-Zustand"-Information festgelegt.

Abb. 7.25: Die Phase des Feldes ist etwas unbestimmt. Die zwei Möglichkeiten für die Phase sind deshalb um so besser unterscheidbar, je mehr sie sich voneinander unterscheiden.

Was zeigt sich im Experiment? In der ursprünglichen Version ohne Resonator ergab sich das in Abb. 7.19 gezeigte Interferenzmuster. Nun enthält der Resonator mehr oder weniger „Welcher-Zustand"-Information. Sind die zwei möglichen Phasen gut unterscheidbar, so erwarten wir nach dem Komplementaritätsprinzip kein Interferenzmuster. Je weniger gut die Phasen unterscheidbar sind, um so besser sollte das Interferenzmuster beobachtbar sein. Diese Erwartung wird von dem in Abb. 7.26 gezeigten experimentellen Resultat bestätigt.

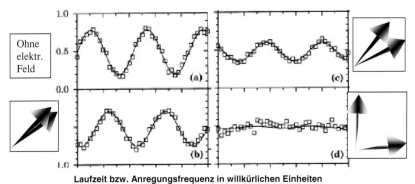

Laufzeit bzw. Anregungsfrequenz in willkürlichen Einheiten

Abb. 7.26: Der Kontrast des Interferenzmusters nimmt in dem Maß ab, wie die Feldzustände im Resonator unterscheidbar werden.

Von (a) bis (d) wird die „Welcher-Zustand"-Information immer ausgeprägter, und entsprechend nimmt der Kontrast des Interferenzmusters immer mehr ab. In (b) ist die Phasenänderung so klein, dass die beiden Resonatorzustände noch sehr ähnlich sind, während in (d) die Phasenänderung groß ist und die beiden Resonatorzustände klar unterscheidbar sind. Das Komplementaritätsprinzip wird auf diese Weise noch einmal eindrucksvoll bestätigt.

Wenden wir uns nun dem eigentlichen Ziel des Experiments zu, der Erzeugung eines „Katzenzustands" und der Beobachtung seines Zerfalls durch Dekohärenz. Statt auf die durchgehenden Atome richten wir nun unsere Aufmerksamkeit auf den Zustand des elektrischen Feldes im Resonator. So wie das Atom in einem unbestimmten Zustand bezüglich seiner Energie ist, ist auch das mit ihm verschränkte Feld in einem unbestimmten Zustand, und zwar bezüglich seiner Phase. Dieser Überlagerungszustand des Feldes ist der gesuchte „Katzenzustand". Er bleibt auch nach der Detektion der Atome noch für eine gewisse Zeit bestehen, bevor er durch Dekohärenz zerstört wird.

Dekohärenz findet in diesem Experiment in relativ kontrollierter Weise statt: Durch Streuung an den Restunebenheiten der Spiegel entkommt nach einer gewissen Zeit eines der wenigen Photonen im Resonator. Dieses in die Umgebung gestreute Photon ist mit dem im Resonator verbleibenden Feld korreliert und trägt die Information über den Resonatorzustand in sich. Im Prinzip könnte man durch eine Messung an dem entkommenen Photon die Phase des Feldes im Resonator bestimmen und auf diese Weise eine „Welcher-Zustand"-Information über die Atome erhalten. Interferenz kann dann nicht mehr beobachtet werden; die Dekohärenz hat eingesetzt.

Die wenigen Photonen im Resonator, also der „Katzenzustand" und die Auswirkungen der Dekohärenz darauf können im Experiment nicht direkt beobachtet werden. Man kann jedoch nach dem ersten Atom nach einer kurzen Zeit τ ein zweites Atom durch den Resonator schicken. Theoretische Berechnungen zeigen: Wenn noch keine Dekohärenz eingesetzt hat, ist die Wahrscheinlichkeit erhöht, das zweite Atom im gleichen Zustand zu finden wie das erste Atom.

Die Pariser Forscher führten genau dieses Experiment durch und maßen die Korrelation zwischen den beiden Atomen,

$$\eta = P(\psi_1 \mid \psi_1) - P(\psi_1 \mid \psi_2),$$

d.h. die Differenz der bedingten Wahrscheinlichkeiten das zweite Atom in ψ_1 zu finden, wenn das erste Atom in ψ_1 bzw. ψ_2 gefunden wurde. Wenn die Dekohärenz noch nicht oder erst teilweise eingesetzt hat, ist η größer als Null. Ist dagegen bereits ein Photon entkommen, so ist die Kohärenz zerstört, und η geht gegen Null.

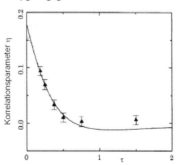

Abb. 7.27: Korrelation zwischen erstem und zweitem Atomzustand als Funktion der Zeitdifferenz τ zwischen den beiden Atomen. Die durchgezogene Kurve ist die Vorhersage eines theoretischen Modells.

In Abb. 7.27 ist die gemessene Korrelation als Funktion des zeitlichen Abstands τ zwischen den beiden Atomen aufgetragen. Während man anfangs noch einen erhöhten Wert von η findet, geht dieser mit zunehmendem τ auf Null zurück. Dies entspricht auch den Erwartungen: Wenn die Zeit zwischen den Durchgängen der beiden Atome größer wird, wächst auch die Wahrscheinlichkeit, dass aus dem Resonator ein Photon entkommt und Dekohärenz einsetzt.

7.6 Experimente zur Bellschen Ungleichung

Im letzten Abschnitt dieser Übersicht über grundlegende Experimente zur Quantenphysik widmen wir uns der Bellschen Ungleichung. Die Tatsache, dass sie eine experimentelle Entscheidung zwischen der Quantentheorie und lokalen Theorien mit verborgenen Parametern erlaubt, wurde bereits in Abschnitt 4.1 erläutert. Wegen der weit reichenden Konsequenzen halten viele Physiker den Test der Bellschen Ungleichung für einen der wichtigsten experimentellen Prüfsteine der Quantentheorie. In zahlreichen Experimenten wurde die Bellsche Ungleichung immer sorgfältiger untersucht, und es wurden Anstrengungen unternommen, um alle noch denkbaren „Schlupflöcher" zu schließen, welche die lokalen Theorien mit verborgenen Parameter doch noch retten könnten.

Am bekanntesten geworden sind die Experimente von Aspect et al. [AGR81], mit denen die Verletzung der Bellschen Ungleichung zum ersten Mal in wirklich überzeugender Weise gezeigt wurde. Der grundlegende Aufbau ist der gleiche wie in Abschnitt 4.1.2. Ein Paar korrelierter Photonen wird erzeugt, jedes Photon durchläuft ein Polarisationsfilter und wird anschließend in Detektoren nachgewiesen.

Das Schema des hier beschriebenen Experiments ist in Abb. 7.28 gezeigt. Es unterscheidet sich von den einfachen Aufbau dadurch, dass die Photonen durch polarisierende Strahlteiler geleitet werden. Sie lassen Licht einer bestimmten Polarisationsrichtung ungehindert passieren, während sie Licht mit dazu orthogonaler Polarisationsrichtung aus dem Strahl reflektieren. Der Vorteil gegenüber einfachen Polarisationsfiltern besteht darin, dass keine Photonen absorbiert werden. Photonen, die geradeaus durchgelassen werden, haben die Polarisationseigenschaft θ, jene die reflektiert werden, haben die Polarisationseigenschaft $\theta + 90^0$. Im Aspect-Experiment kamen zwei dieser polarisierenden Strahlteiler zum Einsatz, die einzeln drehbar waren, so dass jede Kombination von Polarisationsrichtungen ausgetestet werden konnte.

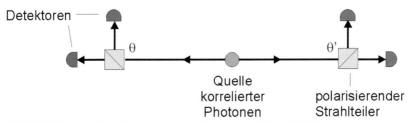

Abb. 7.28 Schema des Experiments von Aspect, Grangier und Roger (1981) zur Bellschen Ungleichung

Für den Vergleich zwischen Theorie und Experiment wird meist eine Variante der Bellschen Ungleichung herangezogen, die 1969 von Clauser, Horne, Shimony und Holt (CHSH) hergeleitet wurde [Cla88]. Sie ist in mancher Hinsicht den experimentellen Unzulänglichkeiten besser angepasst, die in realen Experimenten unvermeidlich sind (z. B. nicht perfekte Polarisationsfilter, Detektorineffizienzen).

Die CHSH-Variante der Bellschen Ungleichung wird folgendermaßen formuliert: Bezeichnen wir mit α und β die Orientierungen der beiden polarisierenden Strahlteiler. Für jedes Photonenpaar gibt es bei jeder Winkelstellung zwei Möglichkeiten: Beide Photonen landen in einander entsprechenden Detektoren (also beide durchgelassen oder beide reflektiert), oder eines wird durchgelassen und das andere reflektiert. Wenn die polarisierenden Strahlteiler auf die Winkel α und β eingestellt sind, beträgt ihre Winkeldifferenz $\alpha - \beta$. Die Größe $E(\alpha - \beta)$ definieren wir als die Differenz der Wahrscheinlichkeiten der beiden genannten Möglichkeiten:

$$E(\alpha - \beta) = P(\text{ beide durchgelassen oder beide reflektiert })$$

$$- P(\text{ eines durchgelassen, das andere reflektiert }).$$

CHSH leiteten für diese Größen eine Ungleichung her, die für lokale Theorien mit verborgenen Parametern gilt. In ihr kommen vier verschiedene Winkelstellungen α, α', β, β' vor:

$$-2 \le E(\alpha - \beta) - E(\alpha - \beta') + E(\alpha' - \beta) + E(\alpha' - \beta') \le 2$$

Diese Ungleichung wurde im Experiment von Aspect et al. mit der Vorhersage der Quantentheorie verglichen, welche sie für gewisse Winkelstellungen verletzt. Nach der Quantentheorie ergibt sich $E(\alpha - \beta) = \cos[2(\alpha - \beta)]$, und die größte Abweichung tritt für folgende Winkelstellungen auf: $\alpha = 67,5°$; $\beta = 45°$; $\alpha' = 22,5°$; $\beta' = 0°$ (und Variationen, die durch Drehungen daraus hervorgehen).

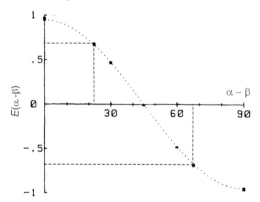

Abb. 7.29: Experimentelles Ergebnis von Aspect, Grangier und Roger (1981) für $E(\alpha - \beta)$.
Gepunktet eingezeichnet ist die Vorhersage der Quantentheorie.
Die Werte für 0^0, $22,5^0$, 45^0 und $67,5^0$ können leicht abgelesen werden.

Das von Aspect et al. gemessene Ergebnis für $E(\alpha - \beta)$ ist in Abb. 7.29 dargestellt; gepunktet ist die Vorhersage der Quantentheorie eingezeichnet. Bildet man die Winkeldifferenzen und liest die entsprechenden experimentellen Ergebnisse für $E(\alpha - \beta)$ in der Grafik ab (gestrichelte Linien), kann man verifizieren, dass die Bell-CHSH-Ungleichung verletzt ist:

$$E(\alpha - \beta) - E(\alpha - \beta') + E(\alpha' - \beta) + E(\alpha' - \beta') =$$

$$= E(22.5^0) - E(67,5^0) + E(-22,5^0) + E(22,5^0)$$

$$\approx 0,7 - (-0,7) + 0,7 + 0,7 = 2,8.$$

Aspect et al geben einen Wert von 2,697 ± 0,015 an. Die CHSH-Bell-Ungleichung ist also deutlich verletzt. Lokale Theorien mit verborgenen Parametern sind damit experimentell ausgeschlossen.

Skeptiker haben eingewendet, dass es noch eine Reihe von „Schlupflöchern" in dem Experiment gibt. Beispielsweise konnten aufgrund endlicher Detektoreffizienzen nicht alle der erzeugten Photonenpaare nachgewiesen werden. Aus irgendeinem Grund – für den es kein physikalisches Argument gibt – könnten sich die Photonenpaare so verschworen haben, dass die Ungleichung zwar für die Stichprobe verletzt ist, aber nicht für die Gesamtheit. Dieser Einwand konnte 2001 ausgeräumt werden, als es in einem Experiment mit verschränkten Ionen gelang, *alle* im Experiment erzeugten verschränkten Paare nachzuweisen [Row01].

Ein weiterer Einwand zielt darauf, dass die Stellung der Polarisationsfilter während des Experiments fixiert ist. Bell selbst hat Experimente gefordert, in denen die Stellung geändert wird, *während* die Photonen unterwegs sind, um einen möglichen Informationsaustausch mit den beiden Polarisationsfiltern zu verhindern. Ein solches Experiment wurde 1999 in Innsbruck durchgeführt [WJS98]. Die beiden Einstellungen wurden durch unabhängige physikalische Zufallsgeneratoren festgelegt, nachdem die Photonen bereits emittiert waren. Auch hier ergab sich vollständige Übereinstimmung mit der Quantentheorie, während die Bell-CHSH-Ungleichung mit 30 Standardabweichungen verletzt wurde.

8. Quantenphysik in der Schule

Wenn der Geist länger über seinen Ideen brütet, dann gewinnen sie auch die Form der Schönheit, und einer der scharfsinnigsten aller Mathematiker äußerte sich noch kürzlich: Wir bilden auch Gedichte, und da nur die Wahrheit schön ist, so beweisen wir sie auch. Es gibt also eine unendliche, ewig unvergängliche Welt in unserem Geiste, von der die Gebildeten wenigstens eine Ahnung erhalten sollten... Die Professoren der Mathematik und Physik müssen unsere Lehrer für diese Wissenschaften an den Gymnasien erziehen: denn durch wen soll das sonst geschehen; doch nicht etwa durch die humanistischen Direktoren dieser Anstalten?   *[K.H. Schellbach]*

Die Fortschritte der letzten Jahre in der Didaktik der Quantenphysik haben dazu geführt, der Quantenphysik in den Bildungsplänen immer mehr Raum zu geben. Dort wird zunehmend ein zeitgemäßer und auch quantitativer Zugang zur Quantenphysik eingefordert. Dadurch wird es möglich, mit den Schülern über Wellenmodell und Teilchenmodell hinaus mehr vom Wesen der Quantenphysik zu ergründen.

Für eine gründliche Einführung in die Wesenszüge einschließlich einer quantitativen Beschreibung (z.b. mit den Zeigern) muss man etwa vierzig Stunden veranschlagen. Auf den vermittelten quantenphysikalischen Grundlagen aufbauend kann schließlich auch die Atomphysik fundierter dargestellt werden (s. z. B. [Küb02]).

Die Quantenphysik ist in ganz besonderem Maße geeignet, die Physik als Wissenschaft zu thematisieren. Während die klassischen Bereiche *„ursprünglich lebendige Ideen [waren], die zu Stein geworden sind"* [Zim68] ist dagegen die Quantenphysik *„prädestiniert für die Reflexion über Physik, für die Einführung in erkenntnis- und wissenschaftstheoretische Fragestellungen und das Hinterfragen des bisher vermittelten physikalischen Weltbildes"* [Wie88, S.158].

Die Modellbildung[1] als Arbeitsweise der Physik zu kennen, ist eine wichtige Voraussetzung, um sich in der Quantenphysik besser zurecht zu finden. Die erkenntnistheoretische Auseinandersetzung wird von den meisten Schülern als spannend und wichtig empfunden, auch wenn es strukturierendes Denken und Abstraktionsvermögen stark fordert. Wenn bereits Klassen der Mittelstufe verstärkt mit der Modellbildung konfrontiert werden, werden sie vertrauter mit diesen für das eigene Weltbild wichtigen Fragen. Wir sprechen deshalb hier zunächst über die Modellbildung im allgemeinen Physikunterricht. Anschließend gehen wir auf die Unterrichtsmethoden ein, die uns zur Verfügung stehen, um den Mangel an Anschaulichkeit und an Experimenten zu kompensieren. Wir schließen dieses Kapitel mit einer Auswahl unterrichtserprobter Arbeitsaufträge.

Auf der Grundlage der Inhalte der bisherigen Kapitel kann nach unserer Erfahrung ein Unterricht stattfinden, der der modernen Sicht der Quantenphysik in hohem Maße gerecht wird. Die wesentliche Grundprinzipien werden erarbeitet und interpretiert. Quantitative Vorhersagen sind ohne überzogenen Formalismus möglich. Obwohl die Quantenphysik unanschaulich und nicht unserer direkten Erfahrung zugänglich ist, kann die Bedeutung für unser Weltbild herausgearbeitet werden. Damit haben die dargestellten Inhalte und Methoden in der heutigen Zeit hohen Bildungswert. Evaluationen zu Teilen des Konzepts wurden in [MüW02, Mül03] veröffentlicht.

---

[1] In der Schule wird statt des Begriffs „Theoriebildung" (s. Kapitel 1) meist der Begriff „Modellbildung" verwendet. Ein Grund dafür ist sicherlich, dass die in der Schule gebildeten Modelle meist sehr anschaulich sind. Wir werden den Begriff auch für die Quantenphysik benutzen, da wir ja keineswegs mit den Schülern die Quantentheorie nacherfinden, sondern nur einzelne Gesetzmäßigkeiten und Elemente der Beschreibung.

8.1 Theorie- und Modellbildung für den Physikunterricht insgesamt

In der Schule wird die Physik meist als fertiges Produkt vermittelt. Die im Unterricht zu findenden Gesetze, die vorgeführten Experimente, die Erklärungen, ja die gesamte Vorgehensweise stehen oft schon vor Stundenbeginn fest. Und nicht zuletzt weil die Schüler das wissen, ist der Physikunterricht weniger lebendig als andere Fächer: Z. B. in Deutsch oder Kunst kann das Ergebnis je nach Stunde ganz unterschiedlich ausfallen. Inwieweit kann man die Physik auf der Basis der Modellbildung weniger fixiert, individueller und schülernäher unterrichten?

8.1.1 Argumente für die Thematisierung der Modellbildung in der Schule

Wir haben erlebt, dass sich alle Schüler einer zehnten Klasse zur Entscheidung zwischen zwei Hypothesen über ein Naturgesetz mit einer Abstimmung(!) zufrieden gaben.

Es gibt zahlreiche Gründe, die Modellbildung im Physikunterricht zu behandeln:

- Die Modellbildung ist die zentrale Arbeitsweise, um physikalische Erkenntnisse zu gewinnen. Ganz im Gegensatz dazu wird in der Schulphysik häufig das Experiment als einzige Quelle der Erkenntnis angesehen (s. Kapitel 1.).

- Eine Besprechung der Modellbildung macht die Physik einfacher, weil sie transparenter wird (s. Abschnitt 8.1.2).

- Die bewusst gemachte Modellbildung bringt zusätzliche Struktur in den Physik-Unterricht. Die Phänomene werden nicht nur nach Teilgebieten abgearbeitet, sondern man versucht ein Modell und die zugehörigen Vorstellungen als wachsendes Gebäude zu errichten, in dem die verschiedenen Phänomene Platz finden. So kann die gesamte Physik als großes Bauwerk erfahren werden, ein Gesichtspunkt, unter dem sich gerade auch historische Aspekte gut behandeln lassen.

- Für jedes Modell gibt es Phänomene, bei denen das Modell versagt (z.B. Spaltphänomene beim Strahlenmodell für Licht). Damit Schüler dies nicht als Versagen der Physik empfinden, macht man ihnen vor der Bildung eines neuen Modells klar: „Wir entwerfen ein Bild von der Wirklichkeit und prüfen es auf seine Zuverlässigkeit".

- Wenn in Aufgaben Erklärungen verlangt werden, herrscht oft Unsicherheit bei den Schülern darüber, wie weit sie ausholen müssen, und was sie als gegeben voraussetzen können. Ein Beispiel: „Erkläre, warum Holz schwimmt." Reicht hier das Naturgesetz: „Weil alle Stoffe, die leichter sind als Wasser (bezogen auf die Volumeneinheit), schwimmen." oder soll man auf das Auftriebsmodell eingehen? Oder ist gar der Auftrieb selbst noch durch allgemeinere Prinzipien zu erklären, wie z. B. das Prinzip der Energieminimierung oder das der Entropiemaximierung. Im Rahmen einer bewussten Modellbildung kann man präzise fragen: „Erkläre mit einem Naturgesetz des ...-Modells (oder im Rahmen des ...-Bildes), wie bzw. warum ..."

- Gelegentlich werden Experimente zu sehr an einem Modell ausgerichtet und sogar manipuliert, um die gewünschten Gesetze daraus abzulesen. Dies mag bei aufmerksamen Schülern den Eindruck erwecken, dass sich die Natur dem Geist zu beugen habe. Wenn man die Abweichungen als Abweichungen des Modells vom Experiment sieht, müssen sie nicht mit allen Mitteln verhindert oder minimiert werden. Es genügt oft, die Theorie genauer auszuwerten (also z. B. Reibung in die Überlegungen mit einzubeziehen). Der Formalismus ist dann allerdings oft nicht mehr „von Hand" auswertbar. In vielen Fällen kann man jedoch zumindest die Tendenz der Abweichung prognostizieren. Zusätzlich ist es heutzutage wichtig, den Schülern zumindest exemplarisch zu zeigen, wie mit einem Modellbildungssystem auf dem Computer bessere Vorhersagen erstellt werden können.

• Die Präkonzepte der Schüler dürfen nicht von vornherein als „falsch" hingestellt werden. Dies ist nicht nur aus lernpsychologischen Gründen geboten, sondern auch weil es „die richtige Theorie" oder „die richtige Veranschaulichung" gar nicht gibt. Statt dessen lässt man die Mitschüler neben den Schwächen auch die Stärken des Schüler-Modells hervorheben. Dabei wird die Fähigkeit der Schüler geschult, Modelle zu beurteilen.

8.1.2 Bewusstmachen der Kluft zwischen Theorie und Wirklichkeit

Wir haben in Abschnitt 1.1 dargelegt, warum die Theorie nicht mit der Wirklichkeit identifiziert werden darf. Wenn man auf diese Kluft nicht entsprechend hinweist, wird sie von den Schülern oft nicht gesehen, was zu vermeidbaren Schwierigkeiten beim Physiklernen führt.

So schreibt Schlichting [Sch95] über die Modellobjekte „Lichtstrahlen" des Strahlenoptik-Modells:

„Viele Lernschwierigkeiten resultieren ... weniger aus der Kompliziertheit der Sachverhalte, als vielmehr aus der besonderen (physikalischen) Art und Weise, die Dinge zu sehen und zu beschreiben. Sie sind daher in den häufig anzutreffenden Bemühungen der Lehrenden begründet, die Differenz zwischen lebensweltlicher und physikalischer Sehweise einzuebnen, anstatt sie erkennbar und damit überwindbar zu machen. ...
Hilft man den Schülerinnen und Schülern nicht, wenn man klarstellt, dass derartige Konstruktionen beispielsweise nichts darüber aussagen, wie und auf welchem Wege das Licht vom Gegenstand zur Projektionsfläche gelangt? Zwingt man sie andernfalls nicht geradezu, mehr hinter den an und für sich nicht existierenden, allenfalls apparativ und dann auch nur sehr approximativ herzustellenden Lichtstrahlen zu suchen?"

Konsequenzen oder Fragestellungen, die sich aus den Modellen ergeben, sollen als solche erkannt und nicht für Eigenschaften der Phänomene gehalten werden, die eigentlich jeder sehen müsste. Schülerfragen wie die zu Beginn von Kapitel 1 gestellten können mit dem Wissen über die Theoriebildung und deren Grenzen beantwortet werden. So können Fragen ganz überflüssig werden, wie z. B. die Frage, was anschauliche Elemente wie Lichtstrahlen, Feldlinien oder Elementarmagnete nun „wirklich" sind.

8.1.3 Können Schüler selbst Modelle bilden?

Warum Schüler selbst Modelle mit erarbeiten sollen, dazu passt folgendes Zitat von G. Lichtenberg: *„Was man sich selbst erfinden muss, lässt im Verstand die Bahn zurück, die auch bei anderer Gelegenheit gebraucht werden kann."*

Jeder Schüler hat bereits physikalische Modelle gebildet oder übernommen, um sich im Leben zurecht zu finden. Diese Modelle entsprechen oftmals nicht dem Stand der Wissenschaft; dann werden sie Präkonzepte genannt. Doch auch die Entwicklung von Präkonzepten ist eine Leistung, zu der das Kind – je nach Abstraktheit des Modells– erst in einem bestimmten Alter fähig ist. Das Modell ist also im eigenen Denken gewachsen und es bewährt sich im Alltag. Deshalb sind – aus Schülersicht – schon schwerwiegende Gründe nötig, dieses Präkonzept gegen ein vom Lehrer vorgesetztes Modell einzutauschen. Dies gilt insbesondere, da dies kein einfacher Tausch, wie z.B. das Wechseln von Zündkerzen, ist: Auch die neuen Vorstellungen müssen erst in das Denken eingewoben werden. Alltagsferne Demonstrationsexperimente sind oft nicht geeignet, die Schüler von der Tragfähigkeit des neuen Modells zu überzeugen. Dies merkt man daran, dass zwar in Prüfungen oft Inhalte des Modells wiedergegeben und angewendet werden können, dass aber auf dem Schulhof oder zu Hause wieder mit den alten Konzepten erklärt und vorhergesagt wird.

Dazu kommt, dass jeder Lehrer seit vielen Jahren in den physikalischen Theorien und Vorstellungen denkt. An die Sprünge, die man selbst machen musste, um z. B. Newtons Konzept der Anziehung zu erfassen, kann man sich oft nicht mehr erinnern. Dann fällt es schwer zu verstehen, warum die Schüler „Offensichtliches" wie Newtons Sichtweise nicht übernehmen wollen. Und dann, wenn wir den Schülern unsere Sichtweise nur aufdrängen, kommt es schnell zu Äußerungen wie: „Die Physik ist, wie es nicht wirklich ist".

Schon gar nicht können wir verlangen, dass die Schüler diese Sprünge von selbst machen, also anspruchsvolle Modelle, sprich Theorien, „nacherfinden". Wir müssen die Schüler mit den Phänomenen und ihren Präkonzepten konfrontieren und dann behutsam für das neue Modell werben. Je näher die Beispiele am Alltag sind, um so mehr werden die Schüler überzeugt, dass das Modell nicht nur im Physiksaal gilt.

Können die Schüler bei der Modellbildung überhaupt etwas selbst machen?

Auch in Deutsch und Kunst können die Schüler neue Konzepte wie den Expressionismus oder die Zentralperspektive nicht selbst entwickeln. Wenn sie aber zu der neuen Sichtweise geführt werden, können sie Texte oder Bilder von dort aus selbst analysieren oder selbst herstellen. Auf die Physik übertragen heißt das jedoch nicht, dass die Schüler nach dem Lernen das Modells nur Aufgaben rechnen können. Viel wichtiger ist, dass sie aus der neuen Sichtweise heraus selbst Gesetze finden, sich Experimente zu deren Bestätigung ausdenken oder Vorhersagen des neuen Modells mit denen anderer Modelle kritisch vergleichen.

Ein Beispiel:

Ein Schüler kann das Kraftkonzept der Mechanik nicht selbst finden. Wenn er aber die Grundidee anhand von Beispielen erkannt hat und auch Messvorschriften kennen gelernt hat, so kann er selbst Kraftgesetze aus Experimenten oder Überlegungen herleiten. Wir geben hier eine Beispielaufgabe zum Hookeschen Gesetz:

Arbeitsauftrag für Schüler:

Wenn man eine Feder dehnt, übt sie eine Kraft auf die Hand aus.

Zeichnen Sie auf, wie Sie diese Kraft messen können.

Schreiben Sie in einem Satz auf, wie diese Kraft F von der Dehnung s der Feder abhängt.

*Wie würde demnach wohl ein F(s)-Schaubild aussehen? Skizzieren Sie es und **melden Sie sich.***

Holen Sie sich eine Feder, nehmen Sie eine s-F-Tabelle auf und zeichnen Sie ein F(s)-Schaubild.

Zeichnen Sie auch die Messunsicherheiten ein!

Stellen Sie eine Formel für die Federkraft auf! Welche Bedeutung haben die einzelnen Terme?

Auch das Konzept der Gesamtkraft zur Bestimmung der Beschleunigung wird ein Schüler nicht selbst finden können. Aber wenn er verstanden hat, *dass* (und wozu) die Kräfte kombiniert werden müssen, kann er selbst herausfinden, *wie* dies zu geschehen hat, damit die Natur richtig beschrieben wird. So hat in unserem eigenen Unterricht eine Schülergruppe herausgefunden, dass bei der Kombination von zwei Kraftvektoren deren Enden zu verbinden sind. Der Vektor bis zur Mitte der Verbindungsstrecke muss verdoppelt werden, um den Vektor der Ersatzkraft zu erhalten (s. Abb. 8.1). Die Schüler hatten auch andere Vorschriften ausprobiert (z. B. die Winkelhalbierende zu nehmen, s. Abb. 1.3 in Abschnitt 1.1.1), doch erst mit der Methode in Abb. 8.1 wurde die Ersatzkraft so bestimmt, wie es das Experiment forderte.

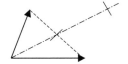 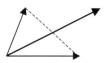

Abb. 8.1: Schülerverfahren zur Vektoraddition

Die gleichwertige Lösung mit dem Kräfteparallelogramm wurde von keinem Schüler gefunden. Sie liegt auch nicht so nahe. Aus der Intuition heraus sucht man die Richtung der Ersatzkraft in der „gewichteten Mitte" der beiden anderen Richtungen. Der Rest ist – frei nach Edison – *„Inspiration und vor allem harte Arbeit"*, in diesem Fall Ausprobieren.

8.1.4 Modellbildung in der Mittelstufe

Man kann die Modellbildung als zentrale Fachmethode bei geeigneten Inhalten schon in der Mittelstufe deutlich machen. Dabei werden jedoch nicht abstrakte Betrachtungen über die Charakteristika von Modellen im Vordergrund stehen. Vielmehr wird man die Gelegenheiten nutzen, um die Schüler selbst nach tragfähigen anschaulichen Modellen für Phänomene suchen zu lassen. Wird ein solches Modell vorgeschlagen, dann wird es nicht mit „richtig" oder „falsch" bewertet, sondern überprüft, wie es sich für Erklärungen und Vorhersagen eignet. Wenn sich das Modell dabei bewährt, dann gibt es keinen Grund, es durch die „amtliche" Vorstellung zu ersetzen. Sobald neue Fakten auftauchen, die die Unzulänglichkeit des Modells zeigen, wird man über Verbesserungen nachdenken.

Modellbildung *ohne* mathematischen Formalismus geschieht z.B. in Klasse 8 bei der Besprechung der Grundphänomene des Magnetismus: Zur Beschreibung von Abstoßung und Anziehung wird ein erstes Modell gebildet. Dabei werden Begriffe wie „Magnet", „Pol" oder „gleichnamig" eingeführt. Dann wird das Modell nach Bedarf schrittweise mit Schülerhilfe verfeinert. Die Tatsache, dass man bei Teilung eines Magneten zwei Magnete erhält, führt zum Elementarmagneten-Modell. Für die Magnetisierbarkeit müssen die kleinen Magnetchen drehbar sein. Die Temperaturabhängigkeit lässt sich zusammen mit dem Modell der Wärmebewegung beschreiben. Und um hart- und weichmagnetische Materialien zu beschreiben, kann man sich vorstellen, dass die Elementarmagnete verschieden leicht drehbar sind. Die Frage, was die Elementarmagnete nun eigentlich *sind*, die Atome, die Elektronen oder die Weißschen Bezirke, ist für die Beschreibung in der Mittelstufe nicht entscheidend: Jede Antwort brächte für die Schüler nur die Umschreibung eines Begriffs durch einen anderen unbekannten Begriff. Zudem stößt man hier an die Grenzen auch der modernen Physik: Weder ist gesichert, dass Elektronen sogenannte „Elementar"-Teilchen sind, noch sind sie überhaupt Teilchen im klassischen Sinne, noch weiß man, wie ihr Magnetfeld erklärt werden kann.

Mehr Spielraum für eigene Variationen von Modellen haben die Schüler in der Wärmelehre der Klasse 8: Die zentrale Idee, dass die Körper aus kleinsten Teilchen aufgebaut sind, haben sie in der Regel schon irgendwo gehört. Diese Vorstellung können die Schüler ausbauen, um die Phänomene zu beschreiben. Zwei Beispiele:

- Um die Längenausdehnung von Festkörpern zu beschreiben, schlug ein Schüler Teilchen mit variablem Volumen vor. (Unbefriedigend an diesem Modell ist sicherlich, dass das Problem der Ausdehnung nur zu den Teilchen weitergereicht wurde.)
- Um die Aggregatszustände zu beschreiben, entwarf eine Schülerin folgendes Bild: Im Festkörper sind die Teilchen Würfel, die großflächig zusammenkleben. Beim Schmelzen werden die Würfel zu Kugeln, die nur noch geringe „Klebeflächen" aufweisen und relativ leicht aneinandergleiten (s. Abb. 8.2).

Abb. 8.2: Schülermodell zum Phasenübergang fest–flüssig.

Natürlich kann man auch bei diesem Modell nachfragen, wie die Wandlung der Form vor sich gehen soll. (Aber auch bei der Standard-Erklärung mit Hilfe der Wärmebewegung bleiben für die Schüler Fragen offen: Die Geschwindigkeiten sind doch statistisch verteilt, warum gibt es dann eine scharfe Temperaturgrenze, bei der im gesamten Körper die Teilchen unterhalb fest und oberhalb lose gebunden sind?)

Die zwei Modelle können sogar vereinheitlicht werden. Erst wenn man Verdampfen, Längen- und Volumenausdehnung und vielleicht sogar noch die Brownsche Bewegung in ein und demselben einfachen Modell beschreiben will, erweist sich das Modell der Kugeln mit ihrer Wärmebewegung als überlegen.

Um den Schülern deutlich zu machen, dass Modelle unter pragmatischen Kriterien konstruiert werden, und dass es „das richtige Modell" nicht gibt, kann man der Lehrer exemplarisch zwei unterschiedliche Modelle für dieselbe Menge von Phänomenen vorstellen. Dies gelingt z.b. in der Optik der Klasse 9 mit der Strahlenoptik und dem Fermatschen Prinzip bei den Reflexions- und Brechungsphänomenen.

Modellbildung *mit* mathematischem Formalismus ist in der zehnten Klasse in der Elektrizitätslehre möglich. Anstelle von Versuchsreihen führt die Vorstellung einer Strömung analog der Wasserströmung direkt zu Knoten- und Maschenregel. Diese Behauptungen müssen anhand von sorgfältig (von Schülern!) überlegten Experimenten punktuell überprüft werden, um das Modell zu legitimieren. Dies geschieht ganz in der alten Tradition der Physik, z. B. sagte Galilei: *„Ich will mich im Experiment davon überzeugen, dass die beim natürlichen Fallen auftretenden Beschleunigungen mit den vorher durch die Theorie beschriebenen übereinstimmen."*

8.1.5 Modellbildung in der Oberstufe

In der Oberstufe gibt es viele Möglichkeiten, die Modellbildung am konkreten Beispiel zu thematisieren, hier einige Beispiele:

- Die Vektorfeldformulierung mit dem Überlagerungsgesetz als erfolgreiches Konzept für elektrische und magnetische Felder. Modellobjekte sind die Feldlinien.
- Die Verfeinerung des Teilchenmodells der Wärmelehre zum quantitativen Modell, um z.B. das ideale Gasgesetz abzuleiten.
- Das Wellenmodell zur Beschreibung von Interferenz und Beugung von Licht.
- Die Quantentheorie als Modell, das Quantenphänomene beschreibt.
- Die Entwicklung der Atommodelle von Thomson, Bohr, Sommerfeld bis zur quantenphysikalischen Beschreibung.

- Die klassische Kinematik und Dynamik mit zwei verschiedenen Modellen. Anläßlich der Wiederholung der Mechanik in Klasse 12 oder eines Rückblicks in Klasse 11 kann dem Newtonschen Konzept das Prinzip der kleinsten Wirkung gegenübergestellt werden:

Newtons Konzept:

Aus den Kräften und den Anfangsbedingungen kann die Bewegung vorhergesagt werden:

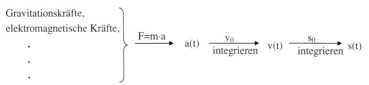

Prinzip der kleinsten Wirkung:

Die Bewegung wird aus den Potentialen und dem Anfangs- und Endort einer Bewegung innerhalb eines bestimmten Zeitintervalls ermittelt:

$$\left. \begin{array}{l} \text{Potentiale,} \\ s_1(t_1) \text{ und } s_2(t_2). \end{array} \right\} \xrightarrow{\quad \text{Wirkungsintegral minimieren} \quad} s(t)$$

Eine für Schüler verständliche quantitative Beschreibung des senkrechten Wurfs mit dem Prinzip der kleinsten Wirkung ist in Anhang D dargestellt.

Modellbildung ist auch ein Thema für fächerübergreifenden Unterricht. Schließlich werden Modelle auch in der Chemie (Schalenmodell, Valenzmodell, Orbitalmodell, Prinzip des kleinsten Zwangs), in der Biologie (Vererbungslehre, Mutations- und Selektionsmodell) oder auch in Wirtschaftslehre und Soziologie gebildet.

Spätestens in der Oberstufe haben die Schüler genug Beispiele für Modelle und ihre Entwicklung kennengelernt, um abstrahierende Aussagen über die Modellbildung als Arbeitsweise der Physik verstehen und selbst formulieren zu können. Wer nicht zu viel Zeit investieren möchte, kann zunächst lediglich eine Doppelstunde veranschlagen. Stets anhand von Beispielen aus dem bisherigen Unterricht werden die folgenden Fragen beantwortet:

- *„Was ist die Aufgabe der Physik?"*
  Sie gibt Erklärungen und macht Vorhersagen.
- *„Wie geht der Physiker dazu vor?"*
  Er bildet Modelle.
- *„Wann ist eine Theorie/ein Modell wahr?"*
  Dies ist eine schlechte Frage. Die richtige Frage heißt:
- *„Wann ist eine Theorie/ein Modell gut?"*
  Wenn sie/es beobachtungsnah und allgemein ist.
- *„Können Phänomene mit verschiedenen Modellen erklärt werden?"*
  Ja, zum Beispiel Fermats Prinzip anstelle der Strahlenoptik oder das Prinzip der kleinsten Wirkung anstelle von Newtons Gesetzen.

Das Thema stieß in der Oberstufe regelmäßig auf großes Interesse und es bietet sich an, es auf eine ganze Unterrichtseinheit auszudehnen. Diese kann ein Schauspiel über antike Modelle des Sehens (s. Abschnitt 8.4.1), eine Doppelstunde über Modellcharakteristika, eine Stunde über den Modellbildungsprozess und eine Doppelstunde über alternative Modelle enthalten [Küb97]. Die Voraussetzung hierfür und mindestens ebenso wichtig jedoch ist es, den bewussten Umgang mit der Modellbildung von der ersten Physikstunde an zu pflegen.

8.2 Bemerkungen zum Quantenphysik-Unterricht

Leider befinden wir uns, was Experimente mit einzelnen Quanten angeht, in der Schule in einer Situation, die zunächst sehr unbefriedigend erscheint: Spaltexperimente mit einzelnen Quantenobjekten sind für den Unterricht momentan noch zu teuer. Die direkte Ortsmessung von Quantenobjekten am Spalt ist zwar ein beliebtes Gedankenexperiment, aber experimentell zu aufwändig für die Schule.

8.2.1 Simulationen und Filme

Unverzichtbar für den Quantenphysik-Unterricht erscheinen uns Computer-Simulationen von Experimenten mit einzelnen Quantenobjekten, die eine übersichtliche und leicht zu steuernde Visualierung der experimentellen Ergebnisse ermöglichen. Bewährte Vertreter sind die Doppelspalt- und die Interferometer-Simulationen vom Münchner Physikdidaktik-Lehrstuhl (Downloads kostenlos unter *www.physik.uni-muenchen.de/didaktik*). Die Momentaufnahmen der Interferenzmuster in Kapitel 2 (außer den Originaldaten in Abb. 2.2) wurden mit Hilfe dieser Simulationen erstellt. Die Programme erlauben

- die Darstellung der klassischen Interferenzmuster,
- die Beobachtung, wie sich das Interferenzmuster aus Einzelereignissen bildet und
- die Blockade der einzelnen Wege.

Darüberhinaus können bei der Doppelspalt-Simulation

- die Sorte der Quantenobjekte eingestellt werden (Elektronen, Photonen, Neutronen, Atome, klassische Kugeln, usw.),
- an den Quantenobjekten z. T. eine Ortsmessung am Spalt durchgeführt werden,
- Momentaufnahmen gespeichert und verglichen werden und
- Verteilungen überlagert werden.

In der Interferometer-Simulation kann man

- die einzelnen Wege mit Polarisationsfolien versehen und
- auf den einzelnen Wegen Detektoren aufstellen, mit denen statistische Untersuchungen für die zwei Wege gemacht werden können.

Auf diese Weise können viele der in Kapitel 2 dargestellten Gedankengänge direkt anhand der Simulation nachvollzogen werden. Die Tatsache, dass es die Simulationen für zwei ähnliche, aber doch verschiedene Experimente gibt, erlaubt Transferaufgaben: Wenn Inhalte am einen Experiment im lehrerzentrierten Unterricht erarbeitet wurden, können sie von den Schülern auf das andere Experiment angewandt werden. Ein Beispiel findet sich in Abschnitt 8.4.6.

Nun kann ein Schüler skeptisch entgegnen, dass jede Simulation nur das zeigt, was vorher einprogrammiert wurde. Vertrauen in die produzierten Daten kann man auf drei Weisen schaffen:

1. Man kann veröffentlichte Ergebnisse präsentieren (z. B. von Internetseiten der Universitäten).
2. Man kann Filme von Originalexperimenten zeigen [WW01].
3. Man kann klassische Versuche vorführen, deren Intensitätsverteilungen den Verlauf der $P(x)$-Funktionen zeigen.

Es gibt Experimente, die – wenngleich sie klassisch sind – die quantenphysikalischen Eigenarten auf eindrucksvolle Weise widerspiegeln. Dazu gehören zwei Interferenzversuche mit einzeln drehbaren Polarisatoren (s. Abschnitt 8.2.2).

So bietet sich momentan als akzeptabler Ausweg aus dem eingangs beschriebenen Dilemma die Kombination von Originaldaten, Film, Simulation und klassischem Experiment.

8.2.2 Interferenzexperimente mit Polarisatoren

Das Interferenzexperiment mit der Elektronenbeugung an Grafit ist sicherlich ein außerordentlich wichtiges Experiment, an dem der Wesenszug „Fähigkeit zur Interferenz" gezeigt werden kann. Da dieser Versuch ausführlich in den Oberstufen-Schulbüchern beschrieben ist, gehen wir hier nicht näher darauf ein.

Möglicherweise stehen in naher Zukunft auch für die Schule bezahlbare Experimente mit einzelnen Photonen zur Verfügung. Eine Schülergruppe, die von W. Hirlinger beraten wird, arbeitet am Einsatz von relativ neuartigen Dioden mit besonders niedriger Dunkelzählrate, mit sogenannten Avalanche-Photodioden. Erste Ergebnisse, welche die statistische Natur der Quantenphysik zeigen, wurden bei „Jugend forscht" vorgestellt.

„Complementarity [is] perhaps the most basic principle of quantum mechanics." schreiben Scully und seine Mitarbeiter in [SEW91]. Interferenzexperimente mit Polarisationsfolien sind eine preiswerte Möglichkeit, die Komplementarität in der Schule zu zeigen. Wir sind uns durchaus bewusst, dass die Beobachtungen auch klassisch mit elektrischen Feldvektoren erklärt werden können [s. z.B. Küb01]. Aber wer die Überraschung in den Gesichtern der Schüler bei diesem Experiment gesehen hat, wird verstehen: Wir fänden es schade, wenn die Schüler die Abhängigkeit des Interferenzmusters von der Unterscheidbarkeit der klassisch denkbaren Möglichkeiten nicht sehen könnten, nur weil dieses Experiment nicht mit einzelnen Quantenobjekten in der Schule durchgeführt werden kann.

Wir beschreiben hier zunächst das Doppelspaltexperiment mit einzeln drehbaren Polarisatoren. Wir zeigen Originalaufnahmen des Schirmbilds und beschreiben sie qualitativ mit Hilfe der Wesenszüge. Für die quantitative Beschreibung verweisen wir auf [Küb01].

Hinter den Spalten eines Doppelspalts wird je ein getrennt drehbares lineares Polarisationsfilter angebracht (Prinzip siehe Abb. 8.3). Eine Bauanleitung findet sich ebenfalls in [Küb01].

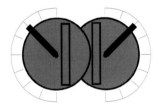

Abb. 8.3: Doppelspalt mit unabhängig gegeneinander verdrehbaren Polarisationsfolien

Der Doppelspalt wird mit in $\pm y$-Richtung (also lotrecht) polarisiertem Laserlicht ausgeleuchtet (siehe Abb. 8.4). Einige Meter dahinter wird das Licht auf einem Sichtschirm aufgefangen. Die Polarisatoren am Doppelspalt werden stets symmetrisch zur y-Achse verdreht: Wird also der am rechten Spalt um φ verdreht, so verdreht man den am linken Spalt um $-\varphi$. Der Winkel zwischen den beiden Polarisationsrichtungen beträgt demnach 2φ.

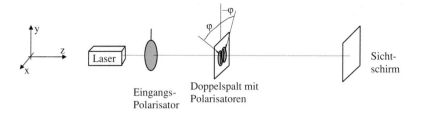

Abb. 8.4: Doppelspalt-Experiment mit Polarisationsfolien

Für $2\varphi = 0$ (beide Polarisationsfolien am Doppelspalt sind in $\pm y$-Richtung orientiert) sind die Interferenzstreifen des Doppelspalts (aufmoduliert auf das Beugungsmuster der Einzelspalte) zu sehen (s. Abb. 8.5).

Abb. 8.5: Das Beugungsbild für $2\varphi = 0^0$.

Hier zeigt sich der 2. Wesenszug, die Fähigkeit zur Interferenz. Die senkrecht polarisierten Photonen haben zwei klassisch denkbare Möglichkeiten zum Schirm zu kommen, nämlich durch den linken oder durch den rechten Spalt.

Für $2\varphi = 90^0$ kann nur die Summe der Beugungsmuster der Einzelspalt-Muster beobachtet werden (s. Abb. 8.6).

Abb. 8.6: Das Beugungsbild für $2\varphi = 90^0$.

Auch in diesem Fall gibt es zwei klassisch denkbare Möglichkeiten, allerdings sind diese nun unterscheidbar: Man könnte als Analysator eine zusätzliche Polarisationsfolie vor dem Schirm (z. B. im Abstand 0,5 m) anbringen, der das Photon auf die Polarisation 45^0 misst. Es gäbe dann zwei mögliche Messergebnisse: „wird bei 45^0 durchgelassen" und „wird bei 45^0 absorbiert". Das erste Ergebnis könnte man der klassisch denkbaren Möglichkeit „durch den rechten Spalt" zuordnen, das zweite der klassisch denkbaren Möglichkeit „durch den linken Spalt". Die Tatsache, dass wir den Photonen im Nachhinein einer der klassisch denkbaren Möglichkeiten zuordnen können, heißt nicht, dass die Photonen diese Möglichkeiten auch gewählt haben. Vor der Analysatorfolie befand sich jedes Photon in einem Überlagerungs-zustand aus beiden Möglichkeiten. Dennoch spricht man (s. Abschnitt 2.4.) von einer „Welcher-Weg"-Information. Nach dem Wesenszug der Komplementarität kann man in diesem Fall kein Doppelspalt-Interferenzmuster beobachten.

Variiert man den Winkel 2φ zwischen 0 und 90^0, so stellt man fest: Die Interferenzstreifen werden mit wachsendem Winkel 2φ immer schwächer ausgeprägt (s. Abb. 8.7).

Abb. 8.7: Das Beugungsbild für $2\varphi \approx 45^0$.

Hier zeigt sich die „Je-mehr-desto-weniger"-Eigenschaft des Komplementaritätsprinzips (s. Abb. 2.26). Wenn die Orientierung der Polarisationsfilter an den Spalten nicht senkrecht zueinander ist, ist eine zuverlässige Zuordnung zu einer der klassisch denkbaren Möglichkeiten nicht möglich.

Betrachten wir den Fall $2\varphi = 45^0$, also die beiden Filter an den Spalten sind in der Stellung $+22,5^0$ bzw. $-22,5^0$: Um „Welcher-Weg"-Information zu erhalten, könnte man vor dem Schirm einen Analysator mit der Orientierung $22,5^0$ anbringen. Es gäbe dann wieder zwei mögliche Messergebnisse: „wird bei $22,5^0$ durchgelassen" und „wird bei $22,5^0$ absorbiert". Das zweite Ergebnis könnte man der klassisch denkbaren Möglichkeit „durch den linken Spalt" zuverlässig zuordnen, denn ein Photon, das vom rechten Spalt käme, würde von einem Polarisator mit $22,5^0$ sicher durchgelassen. Der Umkehrschluss ist dagegen nicht richtig: Photonen, die vom Polarisator am Schirm durchgelassen werden, können nicht automatisch dem rechten Spalt zugeordnet werden, denn auch ein Photon, das vom linken Spalt käme, hätte eine Wahrscheinlichkeit von 0,5, den Polarisator am Schirm zu passieren (s. Abb. 8.8). Eine Zuordnung zu den klassisch denkbaren Möglichkeiten ist also nur unzuverlässig möglich, folglich kann man ein Interferenzmuster beobachten, allerdings ein kontrastärmeres.

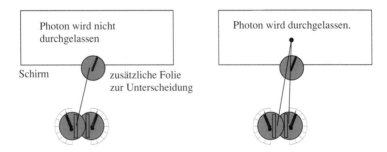

Abb. 8.8: Photonen, die nicht durchgelassen werden, gehören mit Sicherheit zur klassisch denkbaren Möglichkeit „kommt vom linken Spalt". Photonen, die durchgelassen werden, können keiner der zwei klassisch denkbaren Möglichkeiten zugeordnet werden.

Je kleiner 2φ gewählt wird, um so schwieriger ist eine solche Zuordnung und umso deutlicher (kontrastreicher) zeigt sich das Interferenzmuster. Auch bei einem Winkel von $2\varphi = 1^0$ könnte man zunächst denken, die zwei Möglichkeiten wären unterscheidbar. Unterscheidbarkeit ist aber immer Unterscheidbarkeit durch eine Messung, und es gibt keine Anordnung, die zuverlässig zwischen einem Photon mit Polarisationseigenschaft 0^0 und einem mit 1^0 unterscheiden könnte.

Ein „*Quantenradierer*"-Experiment (s. Abschnitt 5.3), lässt sich auf folgende Weise durchführen: Die beiden Polarisationsfolien werden auf $2\varphi = 90^0$ eingestellt, so dass kein Doppelspalt-Interferenzmuster zu beobachten ist. Nun bringt man eine weitere Analysator-Folie in den Strahlengang zwischen Spalte und Schirm, und zwar in $\pm y$-Richtung orientiert (s. Abb. 8.9). Das Interferenzmuster ist nun wieder sichtbar (wie in Abb. 8.5, nur mit schwächerer Intensität).

Abb. 8.9: Die „Quantenradierer"-Anordnung

Nach dem Komplementaritätsprinzip ist dies nur möglich, wenn die „Welcher-Weg"-Information nicht mehr zu erhalten („ausradiert") ist. In der Tat kann man durch eine Polarisationsmessung direkt vor dem Schirm keinerlei Messergebnisse erhalten, die einer der klassisch denkbaren Möglichkeiten („durch den linken Spalt" oder „durch den rechten Spalt") zugeordnet werden können.

An diesem Quantenradierer-Experimenten sieht man, zu welchem Zeitpunkt die klassisch denkbaren Möglichkeiten unterscheidbar sein müssen: Vor dem dritten Polarisationsfilter wären die Photonen noch unterscheidbar, dahinter sind sie es nicht mehr. Entscheidend ist die Unterscheidbarkeit *unmittelbar vor der irreversiblen Wechselwirkung mit einem makroskopischen Objekt* (Detektor, Schirm, Auge, usw.).

Wenn an der Schule ein Michelson-Interferometer zur Verfügung steht, können die gleichen Experimente auch daran gezeigt werden. Bei paralleler Orientierung der Polarisatoren in den beiden Armen kann man die Interferenzringe sehen, bei zueinander senkrecht orientierten Polarisatoren ist sie nicht beobachtbar. Wird im letzten Fall ein weiteres Polarisationsfilter vor dem Schirm angebracht, erscheinen die Ringe wieder (s. Abb. 8.10). Aufgrund der mehrfachen Intensitätsschwächung durch die Polarisationsfilter muss bei diesem Versuch gut verdunkelt werden.

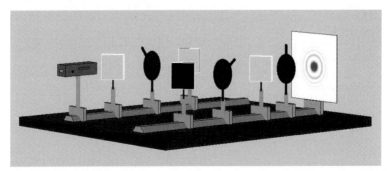

Abb. 8.10: Mach-Zehnder-Interferometer mit „Quantenradierer" (Bild aus der Münchner Interferometer-Simulation)

8.2.3 Zum Zeigerformalismus

Die Quantenphysik ist zwar unanschaulich, doch mit ihren quantitativen Vorhersagen ist sie außerordentlich erfolgreich. Deshalb sollte nicht ausgerechnet in der Quantenphysik auf quantitative Aussagen verzichtet werden. Allerdings können komplexe Zahlen oder gar der Hilbertraum-Formalismus nicht vorausgesetzt werden. Feynmans Zeigermethode ist hier ein günstiger Ausweg. Schüler müssen dazu im Wesentlichen nur wissen, wie man Vektoren addiert. Der Zeigerformalismus nach Feynman ermöglicht auf einfache Weise zwar nur Aussagen bei Interferenzexperimenten. Genau mit diesen lassen sich jedoch die Wesenszüge mit den Schülern gut erarbeiten.

Der Zeigerformalismus ist außerdem für die Schüler – viel mehr als der Wellenformalismus – offensichtlich ein Algorithmus, der nicht an physikalische Vorstellungen und Begriffe gebunden ist und damit der Interpretation bedarf. Dadurch unterstreicht er den modellierenden Charakter der Quantentheorie.

Die Zeigerregeln können die Schüler mit etwas Hilfe selbst aus der Optik in die Quantenphysik übertragen: Die Aufgabe ist dabei, die Wahrscheinlichkeitsverteilungen zu reproduzieren. Für Spaltversuche ohne Messung an den Spalten ist dies unproblematisch. Man muss das Ergebnis des Zeigerformalismus als Wahrscheinlichkeitsverteilung anstatt als Intensitätsverteilung interpretieren. Die Grundregel der Quantenphysik kann induktiv erschlossen werden, und zwar aus den Wahrscheinlichkeitsverteilungen für Spaltexperimente *mit* Messungen an den Spalten. Wie man konkret vorgehen kann, ist in Abschnitt 8.4.10 beschrieben.

Wenn die Quantentheorie mit Zeigerregeln erarbeitet und erprobt wurde, kann man sie noch einmal betrachten und darüber staunen, dass dieser Formalismus die Natur beschreibt, gerade so, als würde sich die Natur an diesen von Menschen erfundenen Algorithmus halten. Doch, um es überspitzt zu sagen: Das Quantenobjekt trägt keinen Zeiger, mit dem es alle möglichen Linien abfährt, um zu ermitteln, an welchen Stellen es sich dem Detektor offenbart, während es auf uns unbekannte Weise dorthin gelangt.

8.2.4 Der Entweder-Oder-Dualismus, das „kompro-missliche" Modell

Nach dem Entweder-Oder-Dualismus verhalten sich Quantenobjekte „je nach Experiment entweder wie eine Welle oder wie ein Teilchen". Dies ist nicht richtig.

Wir übersetzen zur Verdeutlichung verschiedene Formulierungen des Dualismus in Aussagen über eine Münze. Oft wird ja der Dualismus mit der Sicht auf eine Münze verglichen: Vorder- und Rückseite sind charakteristisch für die Münze, aber man kann nur entweder die Vorder- oder nur die Rückseite sehen, niemals beide zusammen. Welche Seite ich sehe, hängt davon ab, von welcher Seite ich hinsehe:

„Licht ist je nach Experiment eine Welle oder ein Teilchen."	„Die Münze ist je nach Ansicht eine Zahl oder ein Adler."
„Licht zeigt je nach Experiment Wellen- oder Teilchencharakter."	„Die Münze zeigt je nach Ansicht Zahl- oder Adlercharakter."
„Licht verhält sich je nach Experiment wellen- oder teilchenartig."	Die Münze sieht je nach Ansicht wie eine Zahl oder wie ein Adler aus."
„Licht muss man je nach Experiment mit dem Wellen- oder Teilchenmodell be-schreiben."	„Die Münze zeigt je nach Ansicht das Bild einer Zahl oder eines Adlers."

Die Aussagen auf der rechten Seite helfen, die auf der linken Seite einzuordnen: Die erste Aussage ist jeweils falsch, die zweite und dritte Aussage sind unpräzise und schwammig. Solche Formulierungen werden oft im Esoterik-Bereich benutzt, um fragwürdige Parallelen zu Elementen aus fernöstlichen Religionen zu ziehen. Nur die letzte Aussage könnte man vom erkenntnistheoretischen Standpunkt aus gelten lassen. Aber ist sie auch richtig?

In fast allen Experimenten zeigen die Quantenobjekte beide Aspekte (Ausnahmen sind makroskopische Bahnen wie im Fadenstrahlrohr oder in der Nebelkammer). Aus diesem Grund kommt auch die Theorie bei der Beschreibung nicht mit der Punktmechanik oder dem Wellenformalismus alleine aus. Die Quantentheorie vereint Elemente von beiden Modellen in einem neuen Modell. Diese Tatsache wird an den Hochschulen oft ebenfalls mit „Dualismus" bezeichnet. Allerdings handelt es sich hier um einen „Sowohl-Als-Auch-Dualismus". Dieser Dualismus lässt dem Physiker einige Bilder, wenn es auch nur widersprüchliche Fragmente sind. Er wird an der Hochschule verwendet mit einem reichhaltigen Erfahrungsschatz im Hintergrund – und mit dem Wissen, dass für kritische Fälle jederzeit auf den bilderlosen Formalismus zurückgegriffen werden kann.

Was ist die Quantentheorie in Bezug auf Wellen- oder Teilchenmodell? In der Analogie würde man wohl sagen: Die Münze ist weder Zahl noch Adler, auch wenn deren Bild darauf geprägt ist. Was die Münze wirklich ist, erfährt man erst im Umgang mit ihr und danach kann man – relativ abstrakt wie in der Quantentheorie – sagen, was sie ist: Ein Zahlungsmittel.

Anstelle des alten Entweder-Oder-Dualismus ist der Wesenszug der Komplementarität getreten. Wir verdeutlichen die Zusammenhänge in einer Übersicht (s. auch Abb. 8.11):

Doppelspalt-Experiment *ohne* Messung am Spalt:	Doppelspalt-Experiment *mit* Messung am Spalt:
Dualismus: „Das Quantenobjekt verhält sich wie eine Welle."	Dualismus: „Das Quantenobjekt verhält sich wie ein Teilchen."
Kritik am Dualismus: Bei einer Welle würde man eine Detektion entlang des ganzen Beobachtungsschirms erwarten. Tatsächlich erfolgt die Detektion bei jedem Quantenobjekt nur an einem Ort.	Kritik am Dualismus: Die Verteilung von Teilchen würde kein Interferenzmuster aufweisen. Tatsächlich zeigt sich im Experiment die Überlagerung von zwei Einzelspalt-Interferenzmustern." (s.Abb.8.11)
Komplementaritätsprinzip: Wenn man ein Interferenzmuster beobachten kann, sind die klassisch denkbaren Möglichkeiten nicht unterscheidbar.	Komplementaritätsprinzip: Wenn die klassisch denkbaren Möglichkeiten unterscheidbar sind, kann man kein Interferenzmuster beobachten.

Auch wenn das Teilchenbild stets bereits in den Schülerköpfen vorhanden ist, muss die Behandlung von Interferenzexperimenten mit einzelnen Quantenobjekten nicht zwangsläufig zum Dualismus führen, wie man im Kapitel 2 sieht. Dennoch sollte man den Begriff Dualismus in der Schule klären, da er in Literatur und Presse wild durcheinander in verschiedenen Bedeutungen verwendet wird.

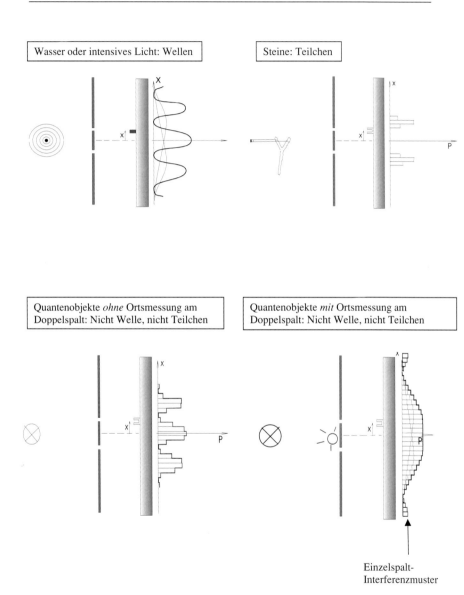

Abb. 8.11: Verschiedene Doppelspaltexperimente

8.3 Gegenständliche Veranschaulichungen

Folgende Zitate beleuchten die Ziele dieses Abschnitts: *„Von einem wirklich bildenden Physikunterricht ist man nicht nur intellektuell betroffen, sondern der ganze Mensch ist bewegt."* *[M. Wagenschein]* *„Das Wertvollste im Leben ist die Entfaltung der Persönlichkeit und der schöpferischen Kräfte."* *[A.Einstein]*

8.3.1 Eine Choreografie zum Doppelspalt-Experiment

Eine Choreografie im Quantenphysik-Unterricht, ist das nicht kindisch? Hierzu führen wir ein Zitat an aus *„Spielerisch lernen – Persönlichkeitsbildung durch Einsatz spielerischer, bildnerischer und musikalischer Elemente in der Schule"* [Wol93]:

„Eine an ganzheitlicher Persönlichkeitsbildung, an Mündigkeit und an kritischer Reflexions- und Urteilskompetenz interessierte Bildung darf auf die emanzipatorischen Handlungs- und Bildungsmöglichkeiten einer Ästhetischen Erziehung nicht verzichten. Begreift man somit das Ästhetische als menschliches Universal, dann darf sich in der Pädagogik seine Bildungswirksamkeit nicht nur in den gegenstandsaffinen Fächern Deutsch/Kunst/Musik entfalten, sondern es muss ihm in allen Fächern Geltung verschafft werden, damit es als fundierendes Prinzip den gesamten Bildungsprozess des Menschen durchwirke."

Konkret heißt das für H. Rumpf [Rum87]:

„Gegebenheiten, Widerfahrnisse als Gestalten anzuschauen – sie sich nicht begrifflich distanzierend aufzuschließen, sondern sie sich in Bildern, in Geschichten, in Szenen, in leibhaften Nachahmungen nahezubringen und nahezuhalten, das gilt unserem vorherrschenden Bild vom Lernen eher als Kindereigentümlichkeit oder als Spezialität der Künstler, kaum als ernstzunehmende Lernleistung neben der begrifflichen und distanzierenden."

Zur Legitimation wird hier z. B. Schiller angeführt, der von einer *„mittleren Stimmung"* spricht, *„in welcher Sinnlichkeit und Vernunft zugleich tätig sind, eben deswegen ihre bestimmende Gewalt gegenseitig aufheben und durch eine Entgegensetzung eine Negation bewirken. ... Der Mensch spielt nur, wo er in voller Bedeutung des Worts Mensch ist, und er ist nur da ganz Mensch, wo er spielt."* Mit „Spielen" meint Schiller jene mittlere Stimmung, in der sich der Mensch einem Sachverhalt, einem Teil der Natur mit seiner ganzen Person hingibt, ihr unvoreingenommen und nicht bewertend gegenübertritt und sie mit Respekt „beob-achtet". Als Folge kann die Einsicht aus der Sache herausspringen.

Wir haben im Unterricht Schüler als „Quantenobjekte in Interferenzexperimenten" auftreten lassen. Die Schüler haben die Choreografie selbst geplant und mussten dabei auf möglichst große Übereinstimmung mit ihrem Wissen über die Quantenphysik achten. Die Doppelspaltanordnung wurde mit Schülertischen in einem Klassenzimmer aufgestellt. Fünf Schüler wurden als Detektoren eingesetzt, der Rest spielte die Elektronen. Um das statistische Verhalten zu simulieren, suchten sich die Schüler, die die Elektronen spielten, unabhängig voneinander *vor* dem Loslaufen zwei Ziele auf dem Beobachtungsschirm aus:

a) Einen beliebigen der fünf Detektoren, für den Fall, dass sie eine Messung erfahren würden,

b) einen der Maximumstellen (links außen, rechts außen oder in der Mitte), falls keine Messung stattfinden würde.

Später beim Durchlaufen der Spaltanordnung begaben sie sich dann ohne Rücksicht auf die anderen zu ihrem ausgesuchten Punkt. Dadurch ergab sich eine wirklichkeitsgetreue, weil zufällige Verteilung auf dem Schirm.

Um deutlich zu machen, dass jede Vorstellung, wie das Elektron durch die Spaltanordnung geht, falsch ist, sollte jedes Elektron den Raum durch eine Türe in der Nähe der Kathode verlassen und durch eine andere Türe in der Nähe des Schirms wieder betreten. Vor dem

Auftreffen auf dem Schirm ist auch der geeignete Moment, den Elektronen gegebenenfalls eine „Welcher-Weg"-Information zu entlocken.

Auch die stark nichtlokale Interpretation kann dargestellt werden: So könnten Schüler je nach Öffnung der Spalte Seile spannen, welche die Elektronen ähnlich wie die Rinnen in Abb. 6.6 zu den Detektoren führen.

8.3.2 Modellobjekte für den Zeigerformalismus

Im Unterricht haben sich zwei Varianten bewährt, um die Ermittlung der Zeigerstellungen zu veranschaulichen:

Das Steckerlrad:

Zur Bestimmung der Phasen im Zeigerformalismus (s. Abschnitt 3.1.2) kann man das „Steckerlrad" einsetzen. Dies ist ein Rad mit einer Markierung, das man an einem Griff halten und so entlang der Zeigerlinien rollen lassen kann (s. Abb. 8.12). Eine handelsübliche Form ist z.b. das Zahnrad, mit dem man Schnittmuster abfährt oder – allerdings meist

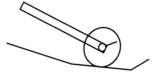

Abb. 8.12: Ein Steckerlrad

mit hoher Übersetzung – ein Landkartenmesser. Notfalls eignen sich auch Matchbox-Autos, bei denen man eines der Räder mit einer Markierung versieht.

Wenn ein Schüler z. B. das Doppelspalt-Experiment auf ein Blatt Papier zeichnet, kann er mit dem Steckerlrad die Zeigerendstellungen selbst „erfahren": Zu jeder Zeigerlinie wird der Phasenwert des zugehörigen Zeigers folgendermaßen bestimmt: Man rollt das Rad auf der Zeigerlinie ab. Beim Start muss der Zeiger nach oben zeigen. Die Zeigerstellung am Pfadende zeigt den Phasenwert an.

Mit wenig Zeitaufwand kann die gesamte $P(x)$-Funktion für ein Spaltexperiment im Unterricht erhalten werden, wenn die Zeigersummen für verschiedene x-Werte in arbeitsteiliger Einzel- oder Gruppenarbeit bestimmt werden. Damit von verschiedenen Schülern verschiedene Radumfänge benutzt werden können, werden alle Längenangaben in Einheiten des Radumfangs (also der Wellenlänge λ) angegeben.

Die Zeigerhülse:

Diese Variante aus dem Quantenphysik-Konzept von Werner [Wer00] eignet sich weniger für Arbeitsaufträge, dafür aber besonders als Demonstrationsobjekt. Sie hat den Vorteil, dass sich der Zeiger nicht von der Quelle zum Detektor bewegt. Damit wird die Vorstellung vermieden, der Zeiger würde am Objekt haften.

Das Doppelspalt-Experiment wird an die Tafel gezeichnet. An die Stelle x, für die eine Zeigerstellung bestimmt werden soll, wird ein Magnetfuß mit einer Hülse gesteckt. Über die Hülse läuft ein Band, dessen eines Ende am Punkt der Quelle befestigt (z.B. mit einem Saughaken) und dessen anderes Ende mit einem Wägestück gespannt wird (s. Abb. 8.13).

Abb. 8.13: Eine drehbare Hülse zeigt die Phase an.

Verändert man die Entfernung zwischen der Quelle und dem Punkt x, so wird durch das Band die Hülse gedreht. Ein Zeiger, der auf der Hülse befestigt ist, zeigt die Stellung der Hülse an. Den Doppelspalt kann man durch Stabmagnete darstellen. Dann kann man das Band durch die zwei Öffnungen laufen lassen; die zugehörigen Zeigerstellungen werden automatisch angezeigt. Wenn man den Magnetfuß verschiebt (also x verändert), zeigt der Zeiger (jeweils für eine Zeigerlinie) auf der Hülse kontinuierlich die Änderung der Phase an.

8.3.3 Veranschaulichungen der Wellenpakete

Die zeitliche Entwicklung der Wellenpakete kann man durch Wattebäusche veranschaulichen [Scw02]. Die Wattebäusche können durch Auseinanderzupfen zum Zerfließen gebracht, an Spiegeln reflektiert und an Strahlteilern geteilt werden. Bei einer Ortsmessung kann der Bauch schnell zu einem kleinen Klumpen geknüllt werden.

Auch hier besteht – wie beim Rollenspiel – die Gefahr, das Modellobjekt „Wattebausch" mit dem Quantenobjekt (z. B. „Elektron") zu identifizieren. Das wäre, als würde man den Massenpunkt, mit dem man in der Mechanik rechnet, mit der Kugel selbst identifizieren. Dies geschieht zwar in der Mechanik ständig und ohne Schaden, aber ob man mit einer solchen Identifikation in der Quantenphysik der Oberstufe den Schülern hilft, mag jeder selbst entscheiden. Schwächere Schüler können vielleicht die Unterscheidung zwischen Modellobjekt und Quantenobjekt nicht in der nötigen Konsequenz durchhalten. Sie wollen wissen, „wie und was das Quantenobjekt wirklich ist", obwohl diese Antwort in der Quantenphysik nicht beantwortbar ist, da die Phänomene nicht unserer direkten Erfahrung zugänglich sind.

Die sauberere und sicherere Version ist sicherlich, den Schülern die Kluft zwischen der theoretischen Beschreibung und der Wirklichkeit deutlich zu machen und die Wattebäusche nur als Veranschaulichung für den Formalismus zu benutzen. Wie (und ob) die Quantenobjekte selbst im Raum verteilt sind, darüber können wir keine Aussage machen.

In der Regel werden in der Mittelstufe die Elektronen eingeführt, um die Ladungen in Atomen und Festkörpern zu beschreiben. Dies führt dazu, dass die Schüler sich früh das Teilchenbild der Elektronen aneignen und auch bereitwillig das Bohrsche Atommodell annehmen. Die unanschauliche Relativierung dieser Modelle durch die Quantenphysik fällt erfahrungsgemäß schwer.

Es gibt Unterrichtsgänge, die in der Mittelstufe ohne Teilchenmodell für Elektronen auskommen. Z. B. wird im Karlsruher Physikkurs das „Elektronium" eingeführt, das Atomkerne und Festkörper umgibt. Wenn man das „Elektronium" teilweise entfernen will, so stellt man fest, dass die entfernte Ladungsmenge immer ein Vielfaches der Elementarladung ist. Auch dieses Modell muss in der Oberstufe aufgegeben werden (s. Abschnitt 6.2.4). Dennoch erscheint es uns für die Mittelstufe eine bemerkenswerte Alternative zum Teilchenmodell zu sein.

8.3.4 Quantenphysik-„Spiele"

Beim Entwerfen von Gesellschaftsspielen muss man eine gute Spielidee haben und anschließend Spielregeln an die Erfordernisse der möglichen Spielsituationen anpassen, ganz ähnlich wie man für ein physikalisches Modell zuerst die Idee braucht und dann die passenden Gesetze ableitet. Beim Entwurf eines Quantenphysik-Spiels könnte es also darum gehen, die Quantenphänomene oder einen Quantenformalismus durch Spielregeln nachzuempfinden. Um die Parallele zur Theoriebildung zu erfahren, sollten die Schüler das Spiel selbst entwerfen. Die Spielidee für das erste Spiel stammt von uns, die für das zweite Spiel von einer Gruppe von Schülerinnen.

„Ritter und Bauern":

Bei diesem Spiel wird der Zeigerformalismus mit Hilfe von Figuren und Hölzern nachgebildet:

Auf einen Spielplan werden große Felder in verschiedenen Farben gezeichnet, in welche Symbole für die Elemente von Spaltexperimenten gestellt werden können, z. B. Holzleistchen für die Spalte, Symbole aus Draht für die Quellen, kleine Quader für die Detektoren und Lämpchen für die Messungen am Spalt. An die farbigen Felder wird je eine Winkelskala gezeichnet (s. Abb. 8.14)

Für jedes Feld werden ein Ritter und mehrere kleinere Bauern aus Ton geformt. Die Ritter erhalten Helme aus bunten Reißzwecken in den Farben der jeweiligen Felder und verfügen über einen Vorrat verschieden langer *Lanzen* aus Holzspießchen. Die Bauern dagegen bekommen je einen *Speer* aus einem Streichholz, so dass alle Speere die gleiche Länge haben.

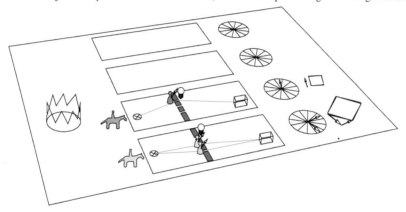

Abb. 8.14: Das Quantenphysik-Spiel aufgestellt für den Dreifachspalt mit einer Spaltmessung am linken Spalt

Der König wird durch eine Papierkrone symbolisiert. Der Spielverlauf ist dann folgender: Das Spaltexperiment und die Detektorstellung, für die die Wahrscheinlichkeit bestimmt werden soll, werden festgelegt. Jeder Teilmenge von Zeigerlinien zu ununterscheidbaren Möglichkeiten wird nun ein Feld mit einem Ritter (noch ohne Lanze) zugeordnet. Nun bekommt jeder Ritter so viele Bauern zugewiesen, wie er Zeigerlinien „verwaltet". Entlang dieser Linien wird mit dem Steckerlrad für jeden Bauern die Speerstellung ermittelt und mit je einem Streichholz in der Winkelskala des zugehörigen Ritters markiert. Die Bauern*speere* eines jeden Ritters werden aneinandergelegt, um so dessen *Lanzen*länge zu bestimmen (s. Abb. 8.15). Deren Quadrat bestimmt man durch rechtwinkliges Abtragen der Lanze auf dem Spielplan (s. Abb. 8.14 am rechten Rand). Diese Quadrate sind die Abgaben der Ritter an den König.

Abb. 8.15: Zeigeraddition mit Bauern und Rittern

Nach der kreativen Stunde kann das gebastelte Spiel eingesetzt werden, um die Quantenphysikregeln auch bildhaft und handlungsmäßig zu verinnerlichen. Die folgende Übersicht stellt die Quantenphysikregeln und die Spielregeln gegenüber.

Quantenphysikregeln	Spiel (König, Ritter, Bauer)
Formulieren des Experiments: Für welches Ereignis wird die Übergangswahrscheinlichkeit gesucht?	*Der König braucht mehr Geld. Allerdings müssen bei der Beschaffung gewisse Hindernisse, (Spalte, Messungen, etc.) überwunden werden.*
Wo finden Ortsmessungen statt? Welche Möglichkeiten sind damit unterscheidbar?	*Er überlegt, welche Ritter er mit verschiedenen Aufgaben betrauen kann. (Z. B.: Ein Ritter hat die Aufgabe, alle Zeigerlinien zu erledigen, die mit einer bestimmten Menge von Lämpchen (Messungen) zu tun haben).*
Bestimmen der Teilmengen von ununterscheidbaren Zeigerlinien.	*Die Ritter setzen für jede Zeigerlinie einen Bauern ein.*
Bestimmen der Längen der Zeigerlinien. Bestimmen der Phasenwerte der Zeiger.	*Die Bauern durchlaufen die Linien und geben danach ihre Speere in der ermittelten Richtung ab.*
Addieren der Zeiger. Quadrieren des Summenzeigers.	*Für jeden Ritter werden die Speere seiner Bauern aneinander gelegt. Daraus ergibt sich die Lanzenlänge des Ritters. Das Quadrat davon ist der Beitrag des Ritters zu den Abgaben.*
Addieren der Wahrscheinlichkeiten.	*Die Beiträge der einzelnen Ritter werden aufsummiert dem König übergeben.*

Ein solches Spiel führt zwar nicht zu neuen physikalischen Erkenntnissen, aber es dient dazu, das Modell und seine Struktur besser zu lernen und emotional positiv zu besetzen.

Das „Polarisatorspiel":

Das „Polarisatorspiel" versucht die Phänomene am Mach-Zehnder-Interferometer nachzubilden.

Der Spielplan (s. Abb. 8.16) wurde von Schülerinnen gebastelt und enthält drehbare Kartons für die Polarisatoren.

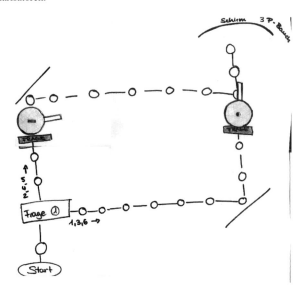

Abb. 8.16 Spielplan für das „Polarisatorspiel"

Es folgen die von den Schülerinnen formulierten Spielregeln:

- Die Männchen stellen sich am Start auf.
- Jeder würfelt, bis er am ersten Fragefeld ankommt. Dort gibt es Fragekärtchen. Wenn die Frage richtig beantwortet wird, werden die Polarisatoren parallel gestellt, der Spieler darf würfeln (Interferenzmuster) und die Augenzahl auf sein Konto buchen und sich wieder aufs Startfeld stellen. (keine Messung)
- Wer die Frage falsch beantwortet, muss die Polarisatoren senkrecht zueinander stellen. Er würfelt abwechselnd mit den anderen Spielern, bis er das Frage-Feld an einem der Polarisatoren erreicht. Wenn er die Polarisatorfrage richtig beantwortet, darf er seinen Weg zum Schirm fortsetzen, um dort 3 Punkte zu sammeln. Falls er die Polarisatorenfrage falsch beantwortet (Absorption), muss er sofort zurück zum Startfeld und darf keine Punkte für sich verbuchen.

Das Spiel spiegelt also folgende Eigenschaften des Interferometer-Experiments wieder:

- Ohne Polarisatoren ist der Versuchsausgang stark schwankend.
- Mit Polarisatoren besteht eine gewisse Wahrscheinlichkeit, gar nicht am Schirm anzukommen; diejenigen, die ankommen, tragen zu einem gleichmäßigen Ergebnis bei.

8.4 Beispiele für Arbeitsaufträge

„Man soll Denken lehren, nicht Gedachtes." [C. Gurlitt]

Die folgenden Arbeitsaufträge sollen exemplarisch zeigen, wie die Quantenphysik mit den Schülern erarbeitet werden kann. Der erste Arbeitsauftrag beschäftigt sich mit der Modellbildung selbst.

8.4.1 Modellbildung im Griechenland der Antike

In inszenierten Rededuellen können einzelne Schüler mit Kreativität und humorvoller Selbstdarstellung dem ganzen Kurs einen emotionalen Zugang zur Modellbildung ermöglichen, z. B. indem sie eine Diskussion griechischer Gelehrter aufführen. Im antiken Griechenland traten die verschiedenen Gelehrten auf der Agora auf und boten ihre Einsichten dem Publikum im kommerziellen Wettstreit feil [Cre88]. Es braucht nicht viel Fantasie, sich vorzustellen, wie z.b. Pythagoras, Leukippos oder Aristoteles sich im Streitgespräch gegenüberstehen, auch wenn sich diese Personen tatsächlich nie getroffen haben.

Genau diese Fantasie kann man bei den Schülern ansprechen. Dazu schildert man ihnen die Situation und ermuntert sie, sich anhand kurzer Texte mit den konkurrierenden Modellen der Gelehrten des antiken Griechenlands vertraut zu machen. Argumente und Gegenargumente sollen die Akteure selbst zusammenstellen. Die anderen Schüler spielen das Agora-Publikum. Dessen Aufgabe ist es, den Rednern aufmerksam zuzuhören, ihre Fragen zu beantworten oder selbst zu fragen und am Ende den besten Redner zu ermitteln. Eine besondere Aktivierung des Publikums ist im Grunde gar nicht nötig, da der Unterhaltungswert der Darbietung bei halbwegs begabten und vorbereiteten Protagonisten sehr hoch ist.

Bereits im antiken Griechenland gab es verschiedene Modelle vom Licht und vom Sehvorgang. Schon damals war einigen bewusst, dass die „Wahrheit" von keinem der Konkurrenten in Anspruch genommen werden durfte, wie Platons Höhlengleichnis beweist. In Anlehnung an Weinmann [Wei80, S.60ff.] lassen sich vier markante Modelle unterscheiden:

Nach <u>Pythagoras</u> *entsteht das Sehen durch eine heiße Ausdünstung, die vom Auge zu dem Gegenstand strömt; infolge des Widerstandes, den sie bei dem Kalten findet, wird sie von den sichtbaren Gegenständen zurückgedrängt und lässt so deren Empfindung zum Auge gelangen. Diese Anschauung geht sicherlich von der uralten mystischen Vorstellung aus, dass das Auge feuriger Natur sei und Licht ausstrahle. Als Beweis werden die Form und der Glanz der Augen sowie die Erscheinung herangezogen, dass manche Tiere auch bei Nacht sehen können. [...] Dies geschieht augenblicklich, d.h. mit unendlicher Geschwindigkeit, da wir ja beim Öffnen der Augen sofort die entferntesten Stellen des Himmels sehen. Die Sehstrahlen gehen vom Auge in Form eines Kegels aus, dessen Spitze im Auge liegt. Ihre Geradlinigkeit wird von Euklid als Axiom angenommen und von Heron und Damianos theoretisch begründet mit Hilfe des teleologischen Prinzips, „dass die Natur nichts vergeblich tue und sich niemals umsonst abmühe". Danach ist der Sehstrahl deshalb gerade, weil er in dieser Gestalt den kürzesten Weg vom Auge zum Gegenstand zurückzulegen braucht [Fermatsches Prinzip!]. Nach Ptolemäus wird die Sehkraft eines Strahls auf seinem Weg beständig vermindert, indem der Strahl immer mehr von der Dunkelheit der ihn umgebenden Luft annimmt. Die Luft wirkt also störend und bewirkt so, dass man einen weit entfernten Gegenstand nur undeutlich sieht. [...]*

<u>*Leukippos, Epikur, Lukrez*</u>*: Danach lösen sich von der Oberfläche eines gesehenen Körpers dauernd Atome ab, die als Abbilder des Gegenstandes durch die Luft fliegen, in das Auge eindringen und in ihm die Gesichtsempfindung auslösen. Diese Bilder bewegen sich geradlinig nach allen Seiten mit außerordentlich großer Geschwindigkeit [...]. Die Luft wirkt*

dabei störend, indem sie durch ihren Widerstand eine Abstumpfung der Bilder bewirkt, weshalb weit entfernte Gegenstände nur verschwommen gesehen werden.

Aristoteles: Das Licht ist nichts Körperliches, das sich zwischen Gegenstand und Auge bewegt; vielmehr erfolgt der Vorgang des Sehens durch eine Einwirkung des Gegenstandes auf das Auge vermittels des dazwischen liegenden Mediums. Dieses Medium ist [...] dunkel, kann aber durch die Einwirkung leuchtender Körper durchsichtig, d. h. hell gemacht werden. Diese qualitative Veränderung geschieht momentan; sie befähigt jetzt das durchsichtige Medium, die Einwirkung der Farben des gesehenen Gegenstandes auf das Auge zu vermitteln. [...] Wäre das Medium nicht da, so könnte man nichts sehen.

Stoiker (Heraklit, Seneca): Danach ist – wie bei Aristoteles – für den Sehvorgang ein Medium, nämlich die Luft, unbedingt erforderlich. Allerdings ist die Richtung des Vorganges eine andere: Von dem seelischen Zentralorgan gelangt das „Sehpneuma" in die Pupille und versetzt die zwischen dieser und dem Gegenstand liegenden Luft in einen Spannungszustand. Dieser pflanzt sich in kugelförmigen Wellen zeitlos, d. h. mit unendlicher Geschwindigkeit, fort und nimmt dabei die Gestalt eines Kegels an, dessen Spitze in der Pupille liegt. Auf diese Weise betastet das Auge mit Hilfe der gespannten Luft den Gegenstand, wodurch dessen Gestalt rückwärts dem Auge vermittelt wird. Die von Natur aus dicke Luft kann allerdings nur dann eine Spannung übertragen, wenn sie durch das Sonnenlicht verdünnt wird; im Dunkeln ist also der Sehvorgang nicht möglich.

Dazu kann man folgende Arbeitsanweisung ausgeben:

1. *Lesen Sie die vier Texte über den Sehvorgang durch.*
2. *Überlegen Sie sich, welche Naturphänomene mit Licht die Griechen wohl kannten. Wie könnte man sie mit dem jeweiligen Modell erklären? Legen Sie bei Ihren Ausführungen Wert auf die Ästhetik des Modells, vielleicht auch auf das Poetische an der Erscheinung (wer eine Theorie in Verse fassen kann, hat bei den Zuhörern bestimmt einen großen Pluspunkt!)*
3. *Versuchen Sie, Gegenargumente gegen die anderen Modelle zu finden, aber ohne moderne Sichtweise und Erkenntnisse! Heben Sie ruhig auch Gemeinsamkeiten hervor: „Das mit dem Medium ist zwar richtig, aber ..."*
4. *Seien Sie höflich, das weiß das Publikum zu schätzen.*
   Seien Sie geistreich, das hat Unterhaltungswert.

Jeder beginnt mit einem Plädoyer von ca. 3 Minuten.

8.4.2 Präparation von Eigenschaften

Bevor man die Wesenszüge aus Kapitel 2 bespricht, hat es sich bewährt, zunächst die Begriffe *Eigenschaft* und *Präparation* genau zu definieren (eine ausführliche Darstellung findet sich in [MüW00, Milq]).

Einem Objekt kann eine bestimmte Eigenschaft nur zugeschrieben werden (es ist „auf diese Eigenschaft präpariert"), wenn eine Messung auf diese Eigenschaft zu 100% diese Eigenschaft reproduziert. Zwei Beispiele sind auf der folgenden Arbeitsanweisung aufgeführt: Der Lichtstrahl, der von einem Strahlteiler durchgelassen wird, ist nicht auf die Eigenschaft „wird durchgelassen" präpariert, da an einem weiteren Strahlteiler nicht 100% des Lichts durchgelassen werden. Dagegen kann aus weißem Licht mit einer Kombination von Prisma und Blende eine Sorte mit der Eigenschaft „wird um 30^0 abgelenkt" ausgeblendet werden: Eine weitere Prisma-Blendenkombination wird dieses Licht zu 100% im 30^0-Winkel ablenken.

Experiment 1:

Licht fällt auf einen halbdurchlässigen Spiegel (oder eine Glasplatte). Ein Teil des Lichts wird durchgelassen, ein Teil wird reflektiert:

a) *Wie kann man das durchgelassene Licht auf die Eigenschaft „wird durchgelassen" testen?*
   Zeichnen Sie das zugehörige Experiment auf.

b) *Sagen Sie das Versuchsergebnis voraus!*
   Hat das durchgelassene Licht nach dem abgebildeten Experiment die Eigenschaft „wird durchgelassen"?
   Kann man mit einem halbdurchlässigen Spiegel das Licht auf die Eigenschaft „wird durchgelassen" präparieren?

Experiment 2:

Licht fällt auf ein Prisma. Nur das Licht, das in einem Winkel von 30^0 gebrochen wird, kann durch die Blende treten.

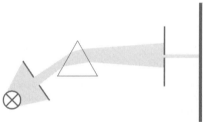

a) *Wie kann man das austretende Licht auf die Eigenschaft „wird um 30^0 abgelenkt" testen?*
   Zeichnen Sie das zugehörige Experiment auf.

b) *Sagen Sie das Versuchsergebnis voraus!*
   Hat das aus dem abgebildeten Experiment austretende Licht die Eigenschaft „wird um 30^0 abgelenkt"?

c) *Auf welche der folgenden Eigenschaften kann man mit Prisma und Blende testen?*
   Intensität, Wellenlänge, Farbe, „Wird von Glasplatte durchgelassen"

d) *Schließen sich die Eigenschaften „grün" und „blau" aus?*

8.4.3 Konsequenzen aus dem 1. Wesenszug „Statistisches Verhalten" für unser Weltbild

Die folgenden Fragen versuchen, eine Brücke zwischen den Vorhersagen der Quantentheorie und der Alltagswelt der Schüler zu schlagen.

1. *Ein Photon geht durch eine Doppelspaltanordnung. Wovon hängt es ab, ob das Photon auf der linken oder auf der rechten Seite des Beobachtungsschirms detektiert wird?*
   Anmerkung: Das Doppelspalt-Experiment ist nur eines von einer Vielzahl von Quantenphysik-Experimenten, deren Ausgang ebenfalls von ....
   abhängen.
   (Beispiele: Kernzerfall, Stoß von Quantenobjekten, Emission eines Photons, ...)

2. *Einstein wandte sich einmal gegen die Quantentheorie, indem er sagte: „Gott würfelt nicht." Was hat ihm an der Quantentheorie nicht gefallen?*

3. *Was ist Ihre Meinung? Wodurch wird bestimmt, ob folgende Ereignisse eintreten oder nicht:*
   a) ob ein Mensch im Lotto gewinnt,
   b) ob ein Mensch mit seinem/r Partner/in glücklich wird,
   c) ob ein Mensch blaue oder braune Augen bekommt,
   d) ob ein Mensch verunglückt,
   e) ob ein Mensch zum Mörder wird.

4. *Vorüberlegung zu Schrödingers Katze: Angenommen, eine Katze sitzt in einer Kiste, in der ein Doppelspaltexperiment durchgeführt wird. Wenn das Photon auf der linken Seite des Beobachtungs-schirms detektiert wird, wird dadurch ein Apparat in Gang gesetzt, der die Katze tötet. Wird das Photon auf der rechten Seite detektiert, dann überlebt die Katze.*
   Wovon hängt es also letztlich ab, ob die Katze überlebt?

5. *Ein Würfel wird geworfen. Kurz bevor er liegen bleibt, steht er kurz auf der Kante zwischen der „Eins" und der „Zwei" und fällt dann nach vorne oder zurück. Wovon hängt es letztlich ab, auf welche Seite er fällt?*

6. *Stellen Sie sich vor, Sie stehen vor einer Entscheidung. (Z.B. ob Sie etwas in rot oder in blau oder in einer anderen Farbe kaufen). Wovon hängt es ab, wie Sie sich entscheiden?*

7. *Welche biochemischen Prozesse sind für unser Denken verantwortlich? Was denken Sie, wovon hängt es ab, ob Ihnen etwas einfällt oder nicht?*
   Würden Sie es für möglich halten, dass dafür ein Quantenprozess (s. Beispiele in Aufgabe 1) verantwortlich ist?

8. *Aus der Sichtweise des Determinismus (Mechanistische Sichtweise) läuft die Welt vorherbestimmt ab, wie ein Uhrwerk.*
   Angenommen, der Determinismus wäre die allgemein akzeptierte Sichtweise der Welt: Wie würden Sie sich verteidigen, wenn Sie wegen einer Straftat vor Gericht stünden?

9. *Wie würden Sie sich verteidigen, wenn nicht die Mechanik, sondern die Quantenphysik unsere Handlungen bestimmen würde?*

10. *Überlegen Sie sich noch einmal Aufgabe 3. Ist das eintretende Ereignis determiniert, ist es durch die Quantenphysik bestimmt? Oder wodurch?*

8.4.4 Links oder rechts oder ...?

Der folgende Arbeitsauftrag dient zur Wiederholung des Widerspruchsbeweises, aus dem die Unbestimmtheit bezüglich der Eigenschaft Ort gefolgert werden muss. (Die Alternative mit der Nichtlokalität wird hier außer Acht gelassen.)

Person A und B machen je eine Aussage über das Doppelspaltexperiment mit Elektronen ohne Ortsmessungen an den Spalten.

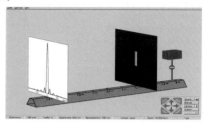

Person A sagt: „Auch wenn man nicht weiß, durch welchen Spalt das Elektron geht: Das Elektron geht immer entweder durch den linken oder durch den rechten Spalt."

Person B sagt: „Man kann dem Elektron keinen Spalt zuschreiben, durch den es gegangen ist."

Beschreiben Sie, wie man durch Experimente mit dem Doppelspalt (z.T. durch Abdecken von Spalten) entscheiden kann, wer recht hat.

Was ist das experimentelle Ergebnis? Wer hat also recht, A oder B? Begründung!

Lösung:

Experiment: Man lässt einzelne Elektronen durch einen Doppelspalt auf einen Schirm gelangen.

Zuerst öffnet man nur den linken Spalt.

Dann öffnet man nur den rechten Spalt.

Schließlich öffnet man beide Spalte.

Ergebnis: Ist nur der linke Spalt offen, so bekommt man eine breite Verteilung (Einzelspalt-muster), ebenso, wenn man nur den rechten Spalt öffnet.

Wenn man beide Spalte öffnet, bekommt man jedoch ein Doppelspalt-Interferenzmuster.

Begründung, warum B recht hat:

Wenn A recht hätte, und man würde beide Spalte öffnen, dann würde das Elektron entweder links oder rechts durchgehen. Wenn es links durchgeht, trägt es zu einer breiten Verteilung bei, wenn es rechts durchgeht, auch. Folglich müsste sich bei zwei geöffneten Spalten die Summe der zwei Einzelspaltmuster ergeben.

Dies ist nicht der Fall, also muss die Annahme von A falsch sein.

8.4.5 Auf einem Auge blind

Dieser Arbeitsauftrag dient zur Wiederholung der Komplentarität.

Elektronen werden durch ein Doppel-spaltexperiment geschickt. Mit einer Lichtquelle <u>am linken Spalt</u> stellt man zuverlässig fest, ob dort ein Elektron durchgeht.

a) Erwarten Sie am Schirm Doppelspalt-Interferenz? Begründen Sie mit einem Wesenszug der Quantenphysik !

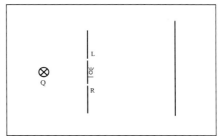

b) Person C behauptet:

„Die Elektronen werden durch die Wechselwirkung mit dem Licht aus ihrer ursprünglichen Bahn gestoßen. Kein Wunder, dass sie nicht zum Doppelspaltmuster beitragen."

Wie kann man Person C mit diesem Gedankenexperiment widerlegen?

Lösung:

Zu a):

Man bekommt keine Interferenz, weil man bei jedem Elektron weiß, ob es links oder rechts durchgegangen ist:
Bei Emission eines Elektrons und Lichtstreuung am linken Spalt ist es links durchgegangen.
Bei Emission eines Elektrons und keiner Lichtstreuung links ist es rechts durchgegangen.
Man erhält also in jedem Fall eine „Welcher-Weg"-Information. „Welcher-Weg"-Information und die Beobachtung eines Interferenzmusters schließen sich aber aus.

Zu b):

Wenn ein Elektron links nicht registriert wird, wird es von keinem Photon beeinflusst, weil kein Stoß stattfindet. Obwohl also ein Teil der Elektronen ohne Stoß durch den rechten Spalt fliegt, tragen auch sie nicht zu einem Doppelspaltmuster, sondern zum Einzelspaltmuster bei.

8.4.6 Transfer vom Doppelspalt zum Interferometer

Besonders motivierend ist die Übertragung der Wesenszüge auf das Interferometer, wenn die Schüler selbst mit der Interferometer-Simulation (z. B. im Computerraum) arbeiten dürfen. Zu diesem Zweck wurde die folgende Arbeitsanweisung erstellt.

Im Lauf der Bearbeitung verteilt der Lehrer die Wesenszüge an die verschiedenen Gruppen. Zu jedem Wesenszug soll ein Beispiel-Phänomen in der Simulation gefunden werden, das diesen Wesenszug zeigt. Dieses Beispiel wird anschließend von jeder Gruppe in einer Live-Präsentation mit Beamer oder Projektor vorgestellt. Für die Bearbeitung des Arbeitsblatts wird eine knappe Stunde benötigt, für die Präsentation jedes Prinzips etwa fünf Minuten, also ist eine Doppelstunde für diese Arbeitsform ausreichend.

A. *Kennenlernen*
Starten Sie das Programm durch Doppelklick auf „Interfer.exe".
Probieren Sie und beobachten Sie!
Wenn Sie mit der Programmbedienung nicht zurechtkommen, melden Sie sich.

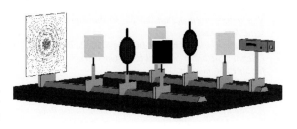

B. *Die Grundprinzipien der Quantenphysik*
Finden Sie Versuche, die einen der Wesenszüge zeigen.
Sie können Photonen polarisieren (mit Polarisatoren) oder blockieren (mit Detektoren).
Notieren Sie Aufbau und Ergebnis.
Wenn Sie dies für zwei Wesenszüge geschafft haben, melden Sie sich.

C. *Vorbereitung einer Präsentation*
Üben Sie (beide!) die Programmbedienung für die Präsentation Ihres Experiments (für den Ihnen zugewiesenen Wesenszug), Sie sollen es im Anschluss mit dem Beamer für den ganzen Kurs vorführen.

Schriftliche Zusammenfassung für den Kurs
Stellen Sie (für den Ihnen zugewiesenen Wesenszug) auf einer halben DIN A4-Seite zusammen:
Überschrift: Der Wesenszug ....
a) Zeichnung des Versuchsaufbaus von oben (Laser rechts oben).
b) Kurze Beschreibung der Durchführung (Wieviele Photonen, wird der Versuch mehrmals mit verschiedener Anordnung durchgeführt, ...)
c) Darstellung des Versuchsergebnisses in Worten oder mit Schirmbildern
d) Inwiefern zeigt der Versuch den Wesenszug?

Wer nicht fertig wird, muss mir die Zusammenfassung morgen ins Fach legen.

8.4.7 Wahrscheinlichkeitsvorhersagen für das Interferometer-Experiment

Beim folgenden Arbeitsauftrag wird der 1. Wesenszug „Statistisches Verhalten" geübt.

Wenn man Laserlicht durch ein Interferometer-Experiment (ohne Polarisatoren) schickt, bekommt man auf dem Schirm ein Muster von Beugungsringen.

a) *Ein Physiker schickt ein einzelnes Photon durch eine Interferometeranordnung (ohne Polarisatoren). Welche Vorhersage kann man für das Schirmbild machen? Zeichnen Sie hier außerdem rechts ein typisches Schirmbild für 1 Photon ein. (Angedeutet ist das klassische Schirmbild).*

b) *Nun schickt er einen Pulk von ca. 50 Photonen durch seine Anordnung. Welche Vorhersage kann man nun für das Schirmbild machen? Zeichnen Sie außerdem rechts ein typisches Schirmbild für 50 Photonen ein.*

c) *50 Physiker bauen an 50 verschiedenen Orten der Erde das identische Interferometer-Experiment (ohne Polarisatoren) auf. Jeder schickt nur **ein** Photon durch die Anordnung und kopiert sein Ergebnis auf eine Folie. Bei einem Treffen legen die 50 Physiker ihre Folien übereinander. Welche Vorhersage kann man für das entstehende Gesamtbild machen? Zeichnen Sie auch für diese 50 Photonen rechts ein typisches Schirmbild.*

Lösung:

Das Photon wird nur an genau einem Ort detektiert. Über diesen Ort kann man keine Vorhersage machen. (Außer dass es auf keinem der Minimumskreise auftreffen wird.)

Das Bild besteht aus 50 einzelnen Detektionspunkten. Diese Punkte sind statistisch verteilt, allerdings folgt die Häufigkeit in etwa der klassischen Intensitätsverteilung. D. h. viele Detektionen auf den Ringen, weniger dazwischen. Im typischen Fall wird man die Ringe bereits erahnen können.

Die Lösung ist die gleiche wie im Fall b), da auch einzelne Photonen, die überhaupt nicht miteinander wechselwirken, zu diesem Interferenzbild beitragen. Es kommt nur auf die Präparation des Einzelphotons an.

8.4.8 Folienschießen

Hier muss das Komplementaritätsprinzip angewendet werden. Das Experiment ist ein Gedankenexperiment:

Ein Heliumatom wird auf eine extrem dünne Folie (einatomige Schicht, s. Abb. rechts) von regelmäßig angeordneten Atomen geschossen. Es wird dort reflektiert und auf einem Schirm aufgefangen.

Es können zwei Ereignisse eintreten:

I: Das Heliumatom wird reflektiert und lässt die dünne Schicht unversehrt.

II: Das Heliumatom wird reflektiert, schlägt dabei aber ein Atom aus der dünnen Schicht.

Man beobachtet:

Im Fall I trägt das reflektierte Heliumatom zu einem Interferenzmuster bei, im Fall II trägt es zu einer breiten Verteilung bei.

Erklären Sie dieses Ergebnis mit der Quantentheorie.

Heliumquelle

Dünne Folie

Schirm

Lösung:

Die Anordnung erinnert an jene, bei der Licht an der Gitterstruktur einer CD gestreut wird. Die Tatsache, dass ein Interferenzmuster möglich ist, überrascht also nicht. In der Quantentheorie gilt: „Welcher-Weg"-Information und die Beobachtung eines Interferenzmusters schließen sich gegenseitig aus.

Im Fall I. kann man nicht feststellen, von welchem der Atome das Heliumatom reflektiert wurde (klassisch gedacht). Man hat also keine „Welcher-Weg"-Information, man kann ein Interferenzmuster beobachten.

Im Fall II kann man feststellen, von welchem Atom das Helium reflektiert wurde (von dem, wo jetzt das Loch in der Folie ist). Man hat „Welcher-Weg"-Information, also kann man kein Interferenzmuster beobachten.

8.4.9 Reproduktion der Wahrscheinlichkeitsverteilung des Doppelspaltexperiments

Mit diesem Arbeitsauftrag sollen die Zeigerregeln (ohne Komplementaritätsprinzip) geübt werden. Dabei soll über die Modellbildung reflektiert werden.

Besorgen Sie sich ein „Steckerlrad" aus dem Nähkasten, (selbstgebastelt, ein Matchbox-Auto mit markiertem Reifen ...). Damit die Messung möglichst genau wird, sollte das Rad möglichst wenig Schlupf, an einer Stelle eine Markierung (Zeiger), und einen Durchmesser von höchstens 3cm haben.

Betimmen Sie den Umfang des Steckerlrads möglichst genau. (Messen Sie z.B. die Strecke von 10 Umdrehungen und teilen Sie durch 10.) Den Umfang nennen wir eine „Wellenlänge" λ.

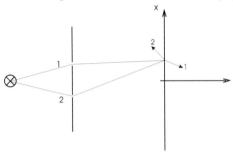

Zeichnen Sie nun auf die Mittellinie eines genügend großen Blatts (DIN A3) einen Doppelspalt (Spaltabstand λ), eine Quelle im Abstand 2λ vom Doppelspalt und einen Projektionsschirm im Abstand 3λ vom Doppelspalt. Zeichnen Sie den Projektionsschirm als x-Achse mit Längeneinheit λ und mit dem Nullpunkt auf der Symmetrieachse der Anordnung. Bestimmen Sie mit dem Steckerlrad für die x_n-Werte 0; ±0,25λ; ±0,5λ, ±0,75λ, ±1,0λ und ±1,25λ jeweils die zwei Zeiger für die zwei Zeigerlinien durch beide Spalte.

Zeichnen Sie die zwei Zeiger (Länge 1cm) an den Stellen x_n ein.

Im Experiment erhält man für die Detektionswahrscheinlichkeit in Abhängigkeit von der Detektorstellung x ein Interferenzmuster. Durch welche Regel kann man mit Hilfe der Zeigerpaare ein Interferenzmuster erhalten? Gibt es verschiedene Möglichkeiten?

Bestimmen Sie die Summenzeiger, messen Sie deren Länge und tragen Sie über den x_n-Werten auf: die Länge, das Quadrat der Länge und die vierte Potenz der Länge.

Messungen am Experiment ergeben folgende Wahrscheinlichkeitskurve:

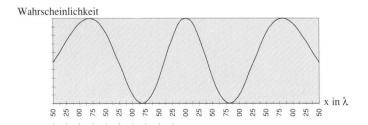

Welche Regel eignet sich also für die Reproduktion der experimentellen Ergebnisse?

8.4.10 Die Grundregel selbst finden

Mit diesem Arbeitsauftrag sollen die Schüler die Grundregel – zuerst addieren, dann quadrieren oder umgekehrt – möglichst selbst finden:

1. *Zeichnen Sie die erwartete Verteilung P(x) in die jeweiligen Diagramme unter Aufgabe 2. Hinweis: Zu welcher Verteilung muss ein Quantenobjekt beitragen, von dem man den durchflogenen Spalt kennt?*

Q ⊗

L
M
R

Schirm

Gehen Sie im Folgenden davon aus, dass diese P(x)-Funktionen experimentell bestätigt wurden.

2. *Wie kann man den quantitativen Verlauf von P(x) mit Zeigern vorhersagen? Schreiben Sie rechts neben jedes Schaubild, wie man die Zeiger jeweils kombinieren muss.*

Für den 3-fach-Spalt ohne Messung:

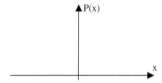

Für den 3-fach-Spalt mit Messung am Spalt L:

Für den 3-fach-Spalt mit Messung an zwei Spalten, L und M:

Für den 3-fach-Spalt mit Messung an allen drei Spalten:

Lösungen:

Dreifachspalt ohne Ortsmessung:

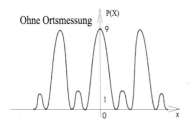

Regel:
Addieren der drei Zeiger, dann
quadrieren.

Dreifachspalt mit einer Ortsmessung:

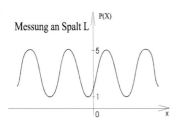

Zwei Zeiger sind zu addieren, dann
zu quadrieren, der dritte Zeiger ist
sofort zu quadrieren.
Dann werden die Quadrate addiert.

Dreifachspalt mit zwei Ortsmessungen:

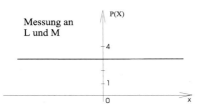

Alle drei Zeiger werden einzeln
quadriert und dann die Quadrate
addiert.

Dreifachspalt mit drei Ortsmessungen:

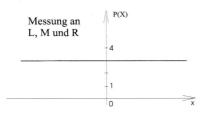

Alle drei Zeiger werden einzeln
quadriert und dann die Quadrate
addiert.

Natürlich ist dieses Arbeitsblatt schwierig, die Lehrperson kann jedoch Impulse und Hilfen geben. Schülern, die auch dann noch nicht weiterkommen, kann man die $P(x)$-Verteilungen vorgeben (s. Lösungsblatt).

Nach Bearbeitung des Dreifachspalts mit einer Messung könnte man auf folgende Regel kommen: „Wird am Spalt gemessen, so wird zuerst quadriert, dann addiert, sonst umgekehrt." Diese Regel ist aber falsch, wie der Dreifachspalt mit zwei Messungen zeigt. Tatsächlich hat man ja bereits mit diesen zwei Messungen vollständige „Welcher-Weg"-Information. Abstrahieren führt zu der richtigen Regel: „Vektoriell addieren bei Ununterscheidbarkeit, ansonsten getrennt quadrieren."

8.4.11 Lernzielkontrolle zum Dreifachspalt, qualitativ

Bei dieser Arbeitsanweisung müssen die Schüler das Zeigerrezept anwenden und dabei das Komplementaritätsprinzip berücksichtigen:

Wassermoleküle werden auf einen Dreifachspalt geschossen und dahinter auf einem Schirm aufgefangen.

a) Warum müssen die Wassermoleküle alle etwa die gleiche Geschwindigkeit haben, damit nach vielen Wiederholungen des Versuchs ein deutliches Interferenzmuster entsteht?

Zeichnen Sie die zugehörige Verteilung P(x) rechts ein.

Beschreiben Sie, wie man mit Hilfe von Pfeilen eine Vorhersage für das Auftreffen der Wassermoleküle auf dem Schirm machen kann. Zeichnen Sie auch ein Beispiel-Pfeildiagramm.

b) Nun wird der mittlere Spalt beleuchtet, so dass man (lediglich) feststellen kann, ob ein Wassermolekül diesen Spalt passiert (s. schematische Abb. rechts). Welches Ergebnis erwarten Sie nun auf dem Schirm? Zeichnen Sie die Verteilung P(x) ein.

Beschreiben Sie, wie man dieses Ergebnis mit Hilfe des Pfeilformalismus bekommt. Zeichnen Sie auch ein Beispiel-Pfeildiagramm.

Wie hängt der Ort des 1. Maximums vom Abstand d zweier benachbarter Spalte ab? Notieren Sie eine Formel!

c) Wie ändert sich die Verteilung P(x), wenn die Messung am mittleren Spalt nur mit einer Zuverlässigkeit (z. B. von 50 %) funktioniert?

Lösung:

a) *Für ein scharfes Interferenzmuster müssen*
   alle Moleküle gleichen Impuls, also gleiche
   Geschwindigkeit v haben, weil die
   Wellenlänge λ die Lage der Maxima
   bestimmt und λ = h/(mv) ist.

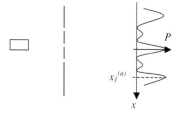

Beim Dreifachspalt gibt es drei Möglichkeiten,
für jede nehmen wir einen rotierenden Zeiger.
Jeder rotierende Zeiger misst, wie oft λ in die
Länge der Zeigerlinie passt, dadurch erhält $P(x) =$
man einen Pfeil. Da die Möglichkeiten nicht
unterscheidbar sind, werden die drei Pfeile
vektoriell addiert und dann quadriert.

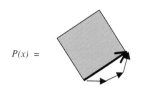

Dadurch entsteht das bekannte Muster für den Dreifachspalt. Diese Kurve stellt die
Wahrscheinlichkeitsverteilung dar. Sie gibt an, wie groß die (relative) Wahrscheinlichkeit
für ein Molekül ist, an einer bestimmten Stelle x aufzutreffen.

b) *Nun erwartet man das Doppelspaltmuster,*
   addiert zu einem Einzelspaltmuster.

   Wieder hat man drei Möglichkeiten, also
   drei Pfeile. Nun ist allerdings eine
   Möglichkeit von den beiden anderen
   unterscheidbar. Der zugehörige Pfeil
   wird getrennt quadriert, die beiden anderen
   werden zuerst vektoriell addiert, dann quadriert.
   Die beiden Teilwahrscheinlichkeiten werden addiert.

   Der Doppelspalt, bestehend aus dem linken und dem
   rechten Spalt, hat den Spaltabstand 2d.
   Folglich ist der Ort $x_1^{(b)}$ des 1. Maximums: $P(x) =$
   $x_1^{(b)} = Abstand(Spalte,Schirm) \cdot λ/(2d) = 0{,}5 \cdot x_1^{(a)}$

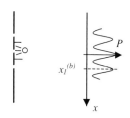

c) *Man erhält eine Verteilung, die sich aus*
   den Verteilungen der Teilaufgaben a) und b)
   zusammensetzt.

Anhang A: Herleitung einer Unbestimmtheitsrelation für polarisierte Photonen

Photonen können mit Hilfe eines entsprechend ausgerichteten Polarisationsfilters so präpariert werden, dass sie eine Polarisationseigenschaft haben. Die Unbestimmtheit beträgt dann für diese Polarisation 0. Nicht möglich ist dagegen die Präparation eines Photons, so dass es zwei verschiedene Polarisationseigenschaften gleichzeitig hat, außer die entsprechenden Polarisationsrichtungen stehen senkrecht aufeinander (s. Abschnitt 2.4.4).

Wir suchen nun eine Beziehung analog zur Orts-Impuls-Unbestimmtheitsrelation. Diese ist für die Unbestimmtheit bzgl. zweier Größen, nämlich Ort und Impuls, für jedes Quantenobjekt erfüllt. Anstatt von Ort und Impuls betrachten wir zwei Polarisationsrichtungen φ_1 und φ_2. Wir suchen eine Beziehung für die Unbestimmtheiten $\Delta \Pi_{\varphi_1}$ und $\Delta \Pi_{\varphi_2}$, die für jedes Photon unabhängig von seiner Polarisation erfüllt ist.

Dazu erinnern wir uns zunächst an die Formel für die Unbestimmtheit, die ein Photon mit Polarisation in 0^0-Richtung an einem Filter mit Orientierung φ hat (s. Abschnitt 2.4.4):

$$\Delta \Pi_{\varphi} \, (0^0\text{-Photon}) = \tfrac{1}{4} \sin^2(2\varphi).$$

Da es für die Durchlasswahrscheinlichkeit nur auf den Winkel zwischen der Polarisation α der Photons und der Orientierung φ des Filters ankommt, kann man verallgemeinern (s. Abb. A.1):

$$\Delta \Pi_{\varphi} \, (\alpha\text{-Photon}) = \tfrac{1}{4} \sin^2[2(\varphi - \alpha)].$$

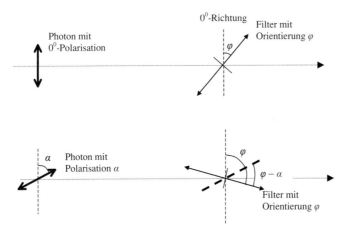

Abb. A.1: Für die Durchlasswahrscheinlichkeit und die Unbestimmtheit kommt es nur auf den Zwischenwinkel $\varphi - \alpha$ an. Sie sind in beiden Fällen gleich groß.

So wird ein Photon mit Polarisationseigenschaft α von einem Polarisationsfilter mit Orientierung $\varphi = \alpha$ sicher durchgelassen. Ein Photon mit Polarisationseigenschaft $\alpha = \varphi + 90^0$ wird vom gleichen Filter mit Sicherheit absorbiert (s. Abb. A.2). Für diese Photonen ist die Unbestimmtheit $\Delta \Pi_{\varphi} = 0$.

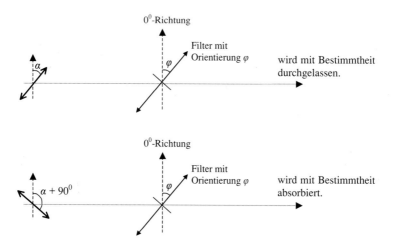

Abb. A.1: Oben: Photonen mit Polarisation mit $\alpha = \varphi$ werden mit Sicherheit durchgelassen. Unten: Photonen mit $\alpha = \varphi + 90^0$ (die Richtung der dünnen kurzen Linie, die senkrecht auf der Orientierungsrichtung des Filters steht) werden mit Sicherheit absorbiert.

Da wir für die Unbestimmtheitsrelation die Unbestimmtheit bzgl. zweier Polarisationsrichtungen brauchen, betrachten wir nun zwei Polarisationsrichtungen φ_1 und φ_2 mit dem Zwischenwinkel $\delta = \varphi_1 - \varphi_2$ (s. Abb. A.3).

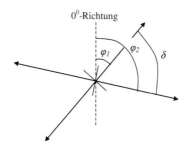

Abb. A.3: Nun werden zwei Filter mit Zwischenwinkel δ betrachtet.

Wenn $\delta = 0^0$ ist, dann kann ein Photon mit Polarisation $\alpha = \varphi_1 = \varphi_2$ beide mit Sicherheit passieren. Ebenso wird ein Photon mit Polarisation $\alpha = \varphi_1 + 90^0 = \varphi_2 + 90^0$ mit Sicherheit absorbiert. Auch wenn $\delta = 90^0$, hat ein Photon mit Polarisation $\alpha = \varphi_1$ für beide Richtungen φ_1 und φ_2 die Unbestimmtheit 0: Vom φ_1-Filter wird es mit Sicherheit durchgelassen, vom φ_2-Filter mit Sicherheit absorbiert. In all diesen Fällen ist $\Delta \Pi_{\varphi_1}(\alpha = \varphi_1) = \Delta \Pi_{\varphi_2}(\alpha = \varphi_1) = 0$. Wir können deshalb für $\delta = 0^0$ und $\delta = 90^0$ nur triviale Unbestimmtheitsrelationen aufstellen:

$$\Delta \Pi_{\varphi_1} \cdot \Delta \Pi_{\varphi_2} \geq 0 \qquad \text{oder} \qquad \Delta \Pi_{\varphi_1} + \Delta \Pi_{\varphi_2} \geq 0.$$

Für $0 < \delta < 90^0$ kann ein Photon nicht mehr gleichzeitig bestimmte Polarisationseigenschaften in beide Richtungen φ_1 und φ_2 haben. Wir suchen für diese Fälle eine Unbestimmtheitsrelation. Eine solche Unbestimmtheitsrelation sollte für Photonen mit beliebiger Polarisation gelten. Da es für ein Paar von Polarisationsrichtungen immer Photonen gibt, die bzgl. der einen Richtung bestimmt sind, also Unbestimmtheit 0 haben, während die Unbestimmtheit in der anderen Richtung endlich ist, müsste jede Unbestimmtheitsrelation in Produktform auf der rechten Seite eine 0 stehen haben.

$$\Delta\Pi_{\varphi 1} \cdot \Delta\Pi_{\varphi 2} \geq 0.$$

Wir suchen deshalb eine Unbestimmtheitsrelation von der Form

$$\Delta\Pi_{\varphi 1} + \Delta\Pi_{\varphi 2} \geq \ldots .$$

Ein zirkular polarisiertes Photon wird von linearen Polarisationsfiltern beliebiger Vorzugsrichtung mit der Wahrscheinlichkeit 0,5 durchgelassen. Es ist bezüglich jeder linearen Polarisationsrichtung maximal unbestimmt, für ein solches Photon gilt: $\Delta\Pi_{\varphi 1}(\text{zirk.}) + \Delta\Pi_{\varphi 2}(\text{zirk.}) = \frac{1}{4} + \frac{1}{4} = \frac{1}{2}$.

Bei Photonen mit elliptischer Polarisation sind die Unbestimmtheiten kleiner, am kleinsten sind sie bei linear polarisierten Photonen. Wir untersuchen also linear polarisierte Photonen, um eine Untergrenze für eine Unbestimmtheitsrelation zu erhalten:

$$\Delta\Pi_{\varphi 1} + \Delta\Pi_{\varphi 2} \geq \Delta\Pi_{\varphi 1}(\text{lin.pol.}) + \Delta\Pi_{\varphi 2}(\text{lin.pol.})$$

Zur Berechnung drehen wir das Koordinatennetz so, dass

$$\varphi_1 = \frac{\delta}{2} \text{ und } \varphi_2 = -\frac{\delta}{2} \text{ (s. Abb. A.4)}.$$

Für ein Photon mit Polarisationsrichtung α gilt:

$$\Delta\Pi_{\delta/2}(\alpha) + \Delta\Pi_{-\delta/2}(\alpha) = \frac{1}{4}\sin^2[2(\delta/2 - \alpha)] + \frac{1}{4}\sin^2[2(-\delta/2 - \alpha)]$$

Abb. A.4:

Wir suchen eine Abschätzung, die unabhängig von der Polarisationsrichtung α der Photonen ist. Deshalb variieren wir α, um die kleinste Unbestimmtheit zu erhalten. Aufgrund des $\sin^2$-Verlaufs der Funktionen ist es plausibel (und eine Kurvendiskussion zeigt):

Wenn $\delta < 45^0$, also wenn $\varphi_1 = \dfrac{\delta}{2} = -\varphi_2 < 22{,}5^0$, dann sind die Unbestimmtheiten minimal, wenn $\alpha = 0^0$ oder $\alpha = 90^0$ (s. Abb. A.5)

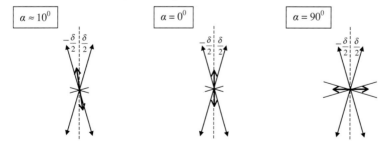

Abb. A.5: Die Photonen mit $\alpha = 0^0$ oder mit $\alpha = 90^0$ haben minimale Unbestimmtheiten. So hat das z. B. das Photon links zwar eine kleinere Unbestimmtheit bzgl. der Orientierung $-\delta/2$ als das Photon mit $\alpha = 0^0$, aber eine viel größere Unbestimmtheit bzgl. der Orientierung $\delta/2$. Das Photon mit $\alpha = 90^0$ wird mit relativ großer Bestimmtheit von beiden Filtern absorbiert.

Damit erhält man:

$\Delta \Pi_{\delta/2} + \Delta \Pi_{-\delta/2} \geq \frac{1}{4} \sin^2[2(\delta/2 - 0^0)] + \frac{1}{4} \sin^2[2(-\delta/2 - 0^0)] = \frac{1}{2} \sin^2(\delta).$

Wenn $45^0 < \delta < 90^0$, also wenn $22,5^0 < \varphi_1 = \dfrac{\delta}{2} = -\varphi_2 < 45^0$, dann sind die Unbestimmt-

heiten minimal, wenn $\alpha = 45^0$. Wir zeigen dies exemplarisch in Abb. A.6. Daraus folgt:

$\Delta \Pi_{\delta/2} + \Delta \Pi_{-\delta/2} \geq \frac{1}{4} \sin^2[2(\delta/2 - 45^0)] + \frac{1}{4} \sin^2[2(-\delta/2 - 45^0)] = \frac{1}{2} \cos^2(\delta).$

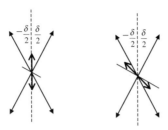

Abb. A.6: Das Photon mit $\alpha = 0^0$ hat bzgl. der gezeichneten Orientierungen eine deutlich größere Unbestimmtheit als in Abb. A.5. Für diesen Fall hat das Photon mit $\alpha = 45^0$ eine kleinere Unbestimmtheit bzgl. der Orientierung $-\delta/2$, es hat aber auch eine sehr kleine Unbestimmtheit bzgl. der Orientierung $\delta/2$: Es wird fast mit Sicherheit absorbiert.

Wir setzen für δ wieder $\varphi_1 - \varphi_2$ ein und erhalten eine Unbestimmtheitsrelation, die lautet:

Für jedes Photon (bzw. für jedes Ensemble von identisch präparierten Photonen) mit beliebiger Polarisation gilt für die Summe der Unbestimmtheiten bezüglich zweier Polarisationsrichtungen φ_1 und φ_2 stets

$$\mathrm{Min}[\tfrac{1}{2} \sin^2(\varphi_1 - \varphi_2), \tfrac{1}{2} \cos^2(\varphi_1 - \varphi_2)] \leq \Delta \Pi_{\varphi_1} + \Delta \Pi_{\varphi_2} \leq \tfrac{1}{2}.$$

Anhang B: Berücksichtigung des Einzelspalteffekts beim Doppelspaltmuster

Die Modulation des Doppelspaltmusters mit dem Einzelspaltmuster ist ein Effekt, den man bei jedem Doppelspaltversuch mit Laserlicht beobachten kann (s. Abb. B.1).

Abb. B.1: Oben: Muster eines Doppelspalts mit sehr engen Spalten,
Mitte: Muster eines Einzelspalts E
Unten: Muster eines Doppelspalts bestehend aus zwei Einzelspalten E

Für den Einzelspalt müssen wir im Prinzip unendlich viele Zeigerlinien berücksichtigen. Wir haben zehn Vertreter in der Abb. B.2 in der Fraunhofer-Näherung dargestellt.

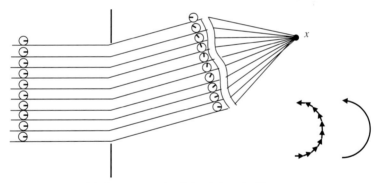

Abb. B.2: Zehn ausgewählte Zeigerlinien beim Einzelspalt

Beim Übergang zu unendlich vielen Zeigern würde die Phase zwischen erstem und letztem Zeiger konstant bleiben, bestimmt vom Gangunterschied zwischen erster und letzter Zeigerlinie. Im Grenzfall würden wir also als Zeigerschlange den Halbkreis in Abb. B.2 rechts unten erhalten.

Wenn der Endpunkt x verändert wird, ändert sich der Winkel zwischen den einzelnen Gliedern der Zeigerschlange, deren Länge bleibt aber gleich (s. Abb. B.3). Das Quadrat der Summe ergibt die vertraute Einzelspaltfunktion.

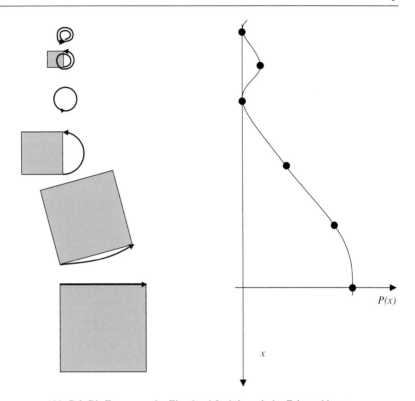

Abb. B.3: Die Erzeugung der Einzelspaltfunktion mit der Zeigerschlange

Auch beim Doppelspalt muss man eigentlich für jeden Spalt viele Zeigerlinien berücksichtigen (s. Abb. B.4).

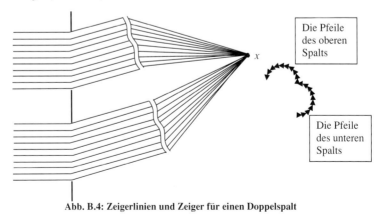

Abb. B.4: Zeigerlinien und Zeiger für einen Doppelspalt

Der Summenzeiger ist die Summe der zwei Zeigerschlangen der beiden Einzelspalte. Deren relative Phase ist bestimmt durch den Gangunterschied der beiden Spalte. Man kann also die Einzelspaltschlangen durch je einen Zeiger für jeden Spalt ersetzen (s. Abb. B.5).

Abb. B.5: Die Pfeilschlangen werden durch Zeiger mit dem Phasenunterschied des Doppelspalts ersetzt.

Allerdings muss die Zeigerlänge der Ersatzzeiger so lang wie die Zeigerschlangen sein. Wir bekommen also zusätzlich zum Effekt aufgrund des Gangunterschieds vom Doppelspalt einen Effekt vom Einzelspalt, der die Zeigerlänge beeinflusst (s. Abb. B.6). Dies bedeutet nichts anderes, als dass die Doppelspaltfunktion mit der Intensität der Einzelspaltfunktion multipliziert wird: $P(x) \sim P_{doppel}(x) \cdot P_{einzel}(x)$

Dies bedeutet auch, dass es zwei Möglichkeiten für Nullstellen gibt, nämlich wenn entweder die Doppelspalt- oder die Einzelspaltfunktion 0 wird. Auch dies kann man in Abb. B.6 erkennen.

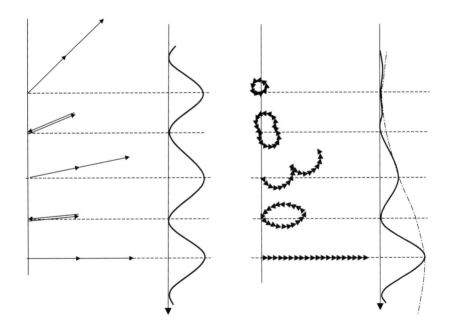

Abb. B.6: Doppelspaltfunktion (———) ohne und mit Einzelspalteinfluss (–·–·–)

Anhang C: Erklärung des Interferenzmusters beim Interferometer

Um die Entstehung des Interferenzmusters beim Interferometer (s. Abschnitt 5.1) zu erklären, betrachten wir den klassischen Strahlengang. Für jeden der beiden Teilstrahlen kann man die virtuelle Lichtquelle durch zwei Achsenspiegelungen konstruieren. In Abb. C.1 ist dies für den oberen Teilstrahl dargestellt.

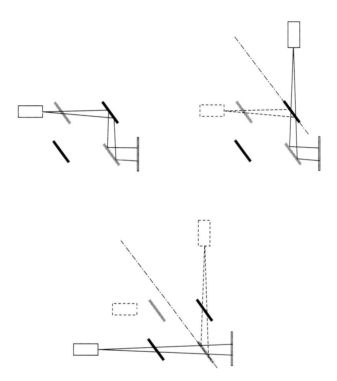

Abb. C.1: Konstruktion der virtuellen Lichtquelle für den oberen Teilstrahl: oben rechts Achsenspiegelung am rechten Spiegel; unten: Achsenspiegelung am rechten Strahlteiler

Führt man dies für beide Teilstrahlen durch, so erhält man zwei virtuelle Lichtquellen. Wenn die Wege exakt gleich lang sind, liegen die virtuellen Lichtquellen aufeinander. Dann gibt es keine Gangunterschiede und auch kein Interferenzmuster. Ein Muster sieht man nur, wenn die virtuellen Lichtquellen unterschiedliche Abstände d_1 und d_2 vom Schirm haben (s. Abb. C.2).

In Abb. C.2 liegen beide virtuellen Lichtquellen auf der optischen Achse, was die radiale Symmetrie des Musters erklärt. Abweichungen von der radialen Symmetrie erwartet man also, wenn die virtuellen Lichtquellen nicht genau hintereinander stehen.

Außerdem sieht man an der Abb. C.2, dass der Gangunterschied abhängt:

1. vom Ort auf dem Schirm: Je kleiner der Abstand x des Orts auf dem Schirm von der optischen Achse, um so mehr nähert sich der Gangunterschied dem maximalen Gangunterschied $d_1 - d_2$ an. Für $x \to \infty$ geht der Gangunterschied gegen 0.

2. von der Differenz der Abstände d_1 und d_2 der virtuellen Lichtquellen zum Schirm: Dies lässt sich experimentell leicht überprüfen: Vergrößert man $d_1 - d_2$ durch Bewegen des einen Spiegels, so werden die Gangunterschiede größer, die Kreise des Interferenzmusters rücken dichter zusammen.

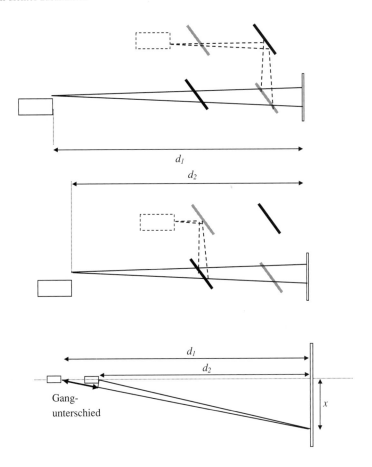

Abb. C.2: Zur Erklärung der Gangunterschiede im Mach-Zehnder-Interferometer:
Oben und Mitte: Die zwei virtuellen Lichtquellen erhält man durch Spiegeln.
Unten: Der Gangunterschied zum Punkt x wird ermittelt.

Aufgabe:

Bestätigen Sie diese Überlegungen, indem Sie eine Formel für den Gangunterschied Δs in Abhängigkeit von x und den Abständen d_1 und d_2 aufstellen.

Lösung:

Für große Abstände gilt in guter Näherung (s. Abb. C.3):

$$\frac{\Delta s}{d_1 - d_2} = \cos\alpha \, , \, wobei \, \tan\alpha \approx \frac{x}{d_1} \approx \frac{x}{d_2} \, .$$

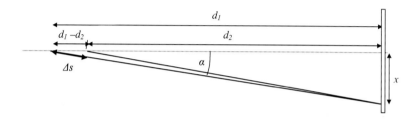

Abb. C.3: Berechnung des Gangunterschieds Δs

Mit $\cos\alpha = \sqrt{\dfrac{1}{1 + \tan^2\alpha}}$ *erhält man:* $\Delta s = (d_1 - d_2) \cdot \sqrt{\dfrac{d_1^2}{d_1^2 + x^2}} \, .$

Tatsächlich ist der Gangunterschied proportional zur Differenz $d_1 - d_2$.

Für $x \to \infty$ geht die Wurzel gegen 0, also auch der Gangunterschied.

Für $x \to 0$ geht die Wurzel gegen 1, also der Gangunterschied gegen $d_1 - d_2$.

Anhang D: Das Hamiltonsche Prinzip für den senkrechten Wurf

Das Hamiltonsche Prinzip bietet für die klassische Mechanik einen völlig anderen Ansatz als der Ansatz von Newton: Ein Körper bewegt sich in jedem Zeitintervall so, dass die zugehörige *Wirkung* – die Differenz aus kinetischer und potentieller Energie des Körpers, integriert über die Zeit – ein Minimum annimmt.

Newtons Gleichungen lassen sich mit Hilfe des Hamiltonschen Prinzips herleiten. Hinter beiden steht also eigentlich der gleiche Formalismus. Da aber der grundlegende Gedanke bei Newton und bei Hamilton so unterschiedlich ist, kann man zumindest für den Schulgebrauch von zwei alternativen Theorien sprechen.

Um exemplarisch zu zeigen, dass das Hamiltonsche Prinzip die Phänomene ebenso gut beschreibt wie Newtons Gesetz, wenden wir es auf den senkrechten Wurf an:

Ein Körper im homogenen Schwerefeld soll sich im Zeitintervall $[-t_0; t_0]$ von einem Punkt $(x_0; y_0)$ zu genau wieder diesem Punkt bewegen.

Im Schwerefeld erfährt der Körper nach Newton eine konstante Beschleunigung. Das t-y-Schaubild muss deshalb ein Parabelbogen sein. Da Anfangs- und Endpunkt der Bahn identisch sind, muss der Parabelbogen symmetrisch sein. Wenn wir die maximale Flughöhe h nennen, lautet die t-y-Abhängigkeit bekanntlich (s. Abb. D.1)

$$y(t) = -\frac{g}{2} t^2 + h.$$

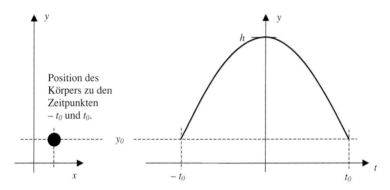

Abb. D.1: Körper im Schwerefeld: Newton sagt einen Parabelbogen vorher

Welche Vorhersage liefert das Hamiltonsche Prinzip?

Dazu betrachten wir die Wirkung S für verschiedene t-y-Abhängigkeiten, genannt *Pfade*. Beginnen wir mit dem einfachen Pfad $y(t) \equiv y_0$, das heißt der Körper würde einfach im Zeitraum von $-t_0$ bis t_0 in der Höhe y_0 verweilen (s. Pfad A in Abb. D.2a). (Der Körper verharrt im Schwerefeld – ohne Einwirkung weiterer Kräfte – natürlich *nicht* an einem Punkt. Wenn die Voraussage des Hamiltonschen Prinzips für diesen Fall den Beobachtungen entsprechen soll, dann muss der Parabel-Pfad eine kleinere Wirkung haben). Setzt man den Potentialnullpunkt auf die Höhe y_0, dann sind für den Pfad A Bewegungsenergie und potentielle Energie 0, also ist auch die Wirkung 0. Kann man einen Pfad finden, für den die Wirkung kleiner, also negativ wird?

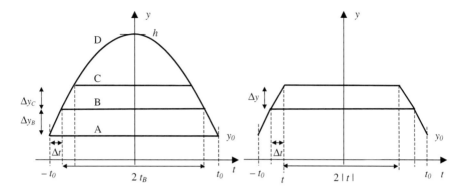

Abb. D.2: Körper im Schwerefeld:
a) verschiedene Pfade A, B, C und D mit jeweils kleinerer Wirkung
b) Optimierung von Pfad B um einen Schritt

Da die potentielle Energie negativ eingeht, muss man Pfad A so ändern, dass die potentielle Energie längs des neuen Pfads größer ist. Dazu muss der Körper am Anfang nach oben und am Ende nach unten *bewegt* werden, sodass der Gewinn an (negativ eingehender) potentieller Wirkung mit einem Zuwachs an kinetischer Wirkung „erkauft" wird. Deshalb hebt man den Körper anfangs in einem Zeitintervall Δt um eine kleine Strecke Δy_B an und senkt ihn am Schluss wieder. Dann ist für die gesamte restliche Zeitdauer $2t_B$ die potentielle Energie vergrößert (s. Pfad B in Abb. D.2a). Für die Zeit $2t_B$ kann man die Prozedur wiederholen (s. Pfad C). Weil $2t_B$ aber kleiner als $2t_0$ ist, wird nun bei dem gleichen Einsatz von Bewegung die gewonnene potentielle Wirkung kleiner. Die Bewegung „lohnt sich" also nicht mehr im gleichen Maße wie vorher, deshalb wird Δy_C kleiner gewählt. Setzt man dieses Verfahren iterativ fort, so wird man schließlich für $y(t)$ einen symmetrischen Bogen bekommen (s. Pfad D in Abb. D.2a).

Man kann zeigen, dass dieser Bogen eine Parabel ist: Dazu bestimmen wir für eine der Iterationen (s. Abb. D.2b) zu kleinem, aber festem Δt diejenige Hubstrecke Δy, für welche die Wirkungsabnahme ΔS maximal ist. Für kleine Δt kann die Hub-Geschwindigkeit durch $\Delta y/\Delta t$ angenähert werden. Da der Körper nur am Anfang und am Schluss der Bewegung jeweils während der Zeit Δt bewegt wird, beträgt der Beitrag zum Wirkungsintegral: $2\Delta t \cdot \frac{1}{2} \cdot m \cdot (\Delta y/\Delta t)^2$. Während der Zeit $2 \mid t \mid$ ist die potentielle Energie um den Betrag $m \cdot g \cdot \Delta y$ kleiner. Damit erhalten wir insgesamt für ΔS :

$$\Delta S = 2\Delta t \cdot \tfrac{1}{2} \cdot m \cdot (\Delta y/\Delta t)^2 - 2 \cdot \mid t \mid \cdot m \cdot g \cdot \Delta y.$$

Leitet man ΔS nach Δy ab und beachtet die Vorzeichen, so erhält man die Gleichung

$$\Delta y/\Delta t = -g \cdot t.$$

Integration führt auf die Gleichung $y(t) = -\dfrac{g}{2}t^2 + h$, in Übereinstimmung mit Newton.

Variationen des Pfades in horizontaler Raumrichtung vergrößern das Wirkungsintegral übrigens nur, da sie die Bewegungsenergie erhöhen, aber nichts an der potentiellen Energie ändern.

Literaturverzeichnis

[Arn99]   M. Arndt et al., *Wave-particle duality of C_{60}*, Nature **401**, 680, 1999.

[AGR81]   A. Aspect, P. Grangier, G. Roger, *Experimental tests of realistic local theories via Bell's theorem*, Phys. Rev. Lett. **47**, 460, 1981.

[Asi73]   I. Asimov, *Biographische Enzyklopädie der Naturwissenschaften und der Technik*, Herder, Freiburg i.B., 1973.

[Bad96]   F. Bader, *Eine Quantenwelt ohne Dualismus* inklusive Diskette mit PC-Programmen, Schroedel, Hannover,1996.

[Bal56]   H. Balmer, *Beiträge zur Geschichte der Erkenntnis des Erdmagnetismus*, Sauerländer & Co., Aarau, 1956.

[BDJ01]   M. Böhm, A. Denner, H. Joos, *Gauge Theories of the strong and elektroweak Interaction*, Teubner, Stuttgart, 2001.

[BrF77]   A. Brachner, R. Fichtner, *Quantenmechanik für Lehrer und Studenten*, Schroedel, Hannover, 1977.

[Cla88]   J. F. Clauser et al., *Proposed experiment to test local hidden-variable theories*, Phys. Rev. Lett. **23**, 880, 1969.

[Cre88]   L. DeCrescenzo, *Geschichte der griechischen Philosophie – Von Sokrates bis Plotin*, Diogenes Verlag Zürich, 1988.

[DNR98]   S. Dürr, T. Nonn, G. Rempe, *Origin of quantum-mechanical complementarity probed by a 'which way' experiment in an atom interferometer*, Nature **395**, 33, 1998.

[Eng92]   B. Englert et al., *Surrealistic Bohm Trajectories*, Z. Naturforsch. 47a, 1175-1186, 1992.

[Fey58]   R. P. Feynman, *Der Wert der Wissenschaft*, Blätter der Physik, 1958.

[Fey64]   R. P. Feynman, R. B. Leighton, M. Sands, *The Feynman Lectures on Physics, Volume I – III*, Addison-Wesley, Reading, 1964.

[Fey65]   R. P. Feynman, *Quantum Mechanics and Path Integrals*, McGraw-Hill, New York, 1965.

[Fey88]   R. P. Feynman, *QED, die seltsame Theorie des Lichts und der Materie*, Piper, München, 1988.

[Fri00]   J. R. Friedman et al., *Detection of a Schrödinger's Cat State in an rf-SQUID*, Nature **406**, 43, 2000.

[GäZ91]   R. Gähler, A. Zeilinger, *Wellenoptische Experimente mit sehr kalten Neutronen*, Physik und Didaktik 3, 1994, S. 217; übersetzt aus: American Journal of Physics **59**, 1991, S. 316.

[GrR86]   P. Grangier, G. Roger, A. Aspect, *Experimental Evidence for a photon anticorrelation effect on a beamsplitter*, Europhys. Lett. **1**, 173, 1986.

[GrZ97]   G.Greenstein, I.Zajonc, *The Quantum Challenge*, ISBN 0-7637-0216-1, London, 1997.

[HeS95]   R. Hedrich, *Was ist eine physikalische Theorie?* und M. Stöckler, *Modell, Idealisierung und Realität – Theoretische Modelle im Lichte der Wissenschaftstheorie* in Praxis der Naturwissenschaften, Aulis, Köln, 1995.

[Hei67]   W. Heisenberg, *Goethe-Jahrbuch*, NF 29, 1967.

[Hel87]   T. Hellmuth, H. Walther, A. Zajonc, W. Schleich, *Delayed-choice experiments in quantum interference*, Phys. Rev. A 35, 2532, 1987.

[Jön61]   C. Jönsson. *Elektroneninterferenzen an mehreren künstlich hergestellten Fein-spalten*, Z. Phys. **161**, 454, 1961.

[Kom01]   M. Komma, *Quantenphysik mit Maple*, http://www.ikg.rt.bw.schule.de/fh/hydrod/h71.html

[Küb95]   J. Küblbeck, *Modellbildung in der Physik am Beispiel der Quantenphysik, ein Unterrichtsversuch im Grundkurs Physik der Klasse 13*, Staatliches Seminar für Schulpägagogik, Stuttgart, 1995.

[Küb97]   J. Küblbeck, *Modellbildung in der Physik insbesondere in der Quantenphysik mit einem Unterrichtsvorschlag für Grund- und Leistungskurs*, Heft PH22 und CD PH33, Landesinstitut für Erziehung und Unterricht Baden-Württemberg, 1997/2001.

[Küb01]   J. Küblbeck, *Der Quantenradierer: Ein einfaches Experiment mit Polarisations-folien am Doppelspalt für den Physikunterricht*, Praxis der Naturwissenschaften Physik, 2001/1.

[Küb02]   J. Küblbeck, *Energieniveaus und Orbitale*, Mathematischer und Naturwissen-schaftlicher Unterricht (MNU) **55**, 1/2002.

[Kuh95]   W. Kuhn in *Begriffs- und Theoriebildung*, Praxis der Naturwissenschaften, Aulis, Köln, 1995.

[Lal01]   F. Laloe, *Do we really understand quantum mechanics? Strange correlations, paradoxes, and theorems*, Am. J. Phys. **69**/6, 655-701, 2001.

[Man90]   Z.Y. Ou, L.J. Wang, X.Y. Zou, L. Mandel, *Evidence for phase memory in two-photon down conversion through entanglement with the vacuum"*, Phys. Rev. A, **41**, 566-568, 1990.

[Milq]   *Münchener Internet-Projekt zur Lehrerfortbildung in Quantenmechanik*, http://www.cip.physik.uni-muenchen.de\~milq.

[Mon96]   C. Monroe, D. M. Meekhof, B. E. King, D. J. Wineland, *A „Schrödinger Cat" Superposition State of an Atom*, Science **272**, 1131, 1996.

[MüW00]   R. Müller, H. Wiesner, *Das Münchner Unterrichtskonzept zur Quantenmechanik* und *Photonen im Mach-Zehnder-Interferometer – ein Zugang zur Deutung der Quantenphysik,* beide in „Physik in der Schule", 38, S. 126ff. und S. 338ff., 2000.

[MüW02]   R. Müller, H. Wiesner, *Teaching Quantum Mechanics on an Introductory Level*, American Journal of Physics **70**, 200, 2002.

[Mül03]   R. Müller, *Quantenphysik in der Schule*, Habilitationsschrift, Logos, Berlin, 2003.

[NSD86]   W. Nagorney, J. Sandberg, H. Dehmelt, *Shelved optical electron amplifier: Observation of quantum jumps*, Phys. Rev. Lett. **56**, 2797, 1986.

[Pfa94]   T. Pfau et al., *Loss of Spatial Coherence by a Single Spontaneous Emission*, Phys. Rev. Lett. **73**, 1223, 1994.

[Pop72]   K. Popper, *Naturgesetze und theoretische Systeme* in H. Albert (Hrsg.), *Theorie und Realität,* Mohr, Tübingen, 1972.

[RBH01]   J. M. Raimond, M. Brune, S. Haroche, *Manipulating quantum entanglement with atoms and photons in a cavity*, Rev. Mod. Phys 73, 565, 2001.

[Row01]   M. A. Rowe et al., *Experimental Violation of a Bell 's Inequality with Efficient Detection*, Nature **409**, 791, 2001.

[Rum87]   H. Rumpf, *Belebungsversuche, Ausgrabungen gegen die Verödung der Lern-kultur*, Weinheim/München 1987.

[Sak85]   J. J. Sakurai, *Modern Quantum Mechanics*, Benjamin/Cummings, Menlo Park, 1985.

[Sal99] W. Salm, *Zugänge zur Quantentheorie*, Praxis Schriftenreihe Physik Band 56, Aulis, Köln, 1999.

[Sch95] J. Schlichting, *Sonnentaler fallen nicht vom Himmel* in „Mathematisch-naturwissenschaftlicher Unterricht 48/4", S.206-207, Dümmler, Bonn 1995.

[Scw02] H. Schwarze, persönliche Mitteilung, Mai 2002.

[SEW91] M. O. Scully, B.-G. Englert, H. Walther, *Quantum Optical Tests of Complementarity*, Nature **351**, 111, 1991.

[Sin99] S. Singh, *Geheime Botschaften*, Hanser, München, 1999.

[Spr67] *Sprache und Wirklichkeit*, dtv, München, 1967.

[STC64] Science Teaching Center, *Physics – a new introductory course*, S.8-18, Massachusetts Institute of Technology, 1964.

[Ton89] A. Tonomura et al., *Demonstration of single-electron buildup of an interference pattern*, American Journal of Physics **57**, 1989, S. 117.

[Wal00] C. H. van der Wal, et al., *Quantum superposition of macroscopic persistent-current states*, Science **290**, 773, 2000.

[WJS98] G. Weihs, T. Jennewein, Ch. Simon, H. Weinfurter, A. Zeilinger, *Violation of Bell's Inequality under Strict Einstein Locality Conditions*, Phys. Rev. Lett. **81**, 5039, 1998.

[Wei80] K. F. Weinmann, *Die Natur des Lichts – Einbeziehung eines physikgeschichtlichen Themas in den Physikunterricht*, Wissenschaftliche Buchgesellschaft, Darmstadt, 1980.

[Wer00] Johannes Werner, *Vom Licht zum Atom - Ein Unterrichtskonzept zur Quantenphysik unter Nutzung des Zeigermodells*, Logos, Berlin, 2000.

[Wie88] H. Wiesner, *Beiträge zur Didaktik des Unterrichts über Quantenphysik in der Oberstufe*, Westarp, Essen, 1988.

[Wol93] A. Wolters, *Persönlichkeitsbildung durch Einsatz spielerischer, bildnerischer und musikalischer Elemente in der Schule*, Ministerium für Kultus und Sport Baden-Württemberg, 1993.

[WW01] Online-Film von R.Wynands und A. Weis, Universität Bonn, download unter www.iap.uni-bonn.de/P2K/schroedinger/klicker.avi.

[Zim68] J. Ziman, *Public Knowledge. The social dimension of science*, S.74, Cambridge, 1968.

Index

A

Aspect-Experimente 133
Atommodell 124

B

Bahnbegriff in der Quantenmechanik 35
Bellsche Ungleichung 77
  Experimente 133
Bewährung einer Theorie 16
Bohmsche Theorie 101
Bohrsches Atommodell 124

C

Choreografie zum Doppelspaltexperiment 151
Computersimulationen 163
  Downloadmöglichkeit 143
Computersimulationen 143

D

Dekohärenz 69, 81, 85, 132
Doppelspaltexperiment 25
  mit Elektronen 109
  mit Fulleren-Molekülen 113
  mit Helium-Atomen 112
  mit Neutronen 111
  mit polarisiertem Licht 144
Dreifachspalt 53, 58, 166
Dualismus 148

E

Eindeutige Messergebnisse 36
  Experimente 119, 123, 129
Element der Realität 80
Ensemble 98
Ensemble-Interpretation 98
EPR-Argument 80
Ereignis 27
Erklärung 15
Everetts Theorie 107

F

Fähigkeit zur Interferenz 29, 62, 97
  Experimente ... 110, 111, 112, 113, 119, 123, 126
Feynmanregeln 60
Führungswelle 103
Fulleren-Moleküle 32, 113
Fundamentalprinzip 59

G

Ganzheitlichkeit der Messung 42
Grundregel 59, 167

H

Hamiltonsches Prinzip 181
He-He-Streuung 34, 44

I

Instrumentalistische Interpretation 107

Interferenz .... Siehe Fähigkeit zur Interferenz
Interferenzexperimente mit Polarisatoren 144
Interferometer . Siehe Mach-Zehnder-Interferometer
Interferometer-Experimente
  im Unterricht 163
Interpretation von Theorien 19
Interpretationen des Formalismus 96

K

Kaonenzerfall 60
Klassisch denkbare Möglichkeiten 31
Kollaps 56, 65
Kollaps der ψ-Funktion 106
Komplementarität 41, 57, 66, 68, 90, 144, 162
  Experimente 114, 120
Konsistente Geschichten 107
Kopenhagener Interpretation 100
Korrelationen 73

L

Lokale Theorien 72, 77

M

Mach-Zehnder-Interferometer 88, 119
Messproblem 84, 98, 106
Methoden der Physik 21
Modell 10, 137
Modellbildung 136
Mögliche Messergebnisse 37, 55, 65, 81

N

Nichtlinearer Kristall 90
Nichtlokalität 72, 79, 102, 105

O

Ortseigenschaft von Quantenobjekten 46, 97
Ortsmessung 39

P

Polarisationseigenschaft 28
  Messung 39
Präparation 37, 98, 158
  durch Messung 38, 81, 98
  Grenzen der Präparierbarkeit 42
Psi-Funktion 61

Q

Quantenpotential 103
Quantenradierer 92, 147
Quantensprünge 124, 127

R

Ramsey-Interferometer 124
Realistische Interpretationen 103

S

Schrödingers Katze 81, 97
  Experimente 129
Semiklassische Theorie 118

Spiele zur Quantenphysik 153
Spin 40
Standardinterpretation 35
Statistische Interpretation 98
Statistisches Verhalten 27, 50, 62, 97, 164
    Experimente 111, 119, 129
Steckerlrad 152
Stern-Gerlach-Experiment 40
Strahlteiler 27, 89, 117

T

Theorie 10
Theoriebildung 21

Ü

Überlagerungszustand 63, 64, 100, 124, 129, 132
Überprüfbarkeit von Theorien 17
Umpräparation .... Siehe Präparation durch Messung
Unbestimmte Zustände 36, 38, 127
    theoretische Beschreibung 63
Unbestimmtheitsrelation 46, 99
    für polarisierte Photonen 47
    und Komplementarität 115
Unterscheidbare Möglichkeiten 43, 57, 145
Unvollständigkeit 80

V

Verborgene Parameter 73, 74
Verschränkte Zustände 67, 72, 78, 81
Verzögerte Entscheidung 120
Vollständigkeit der Quantentheorie 80
Vollständigkeit einer Theorie 19
Vorhersagen 15

W

Wahrscheinlichkeit 50, 62, 99
Welcher-Weg-Information ....
.... 41, 58, 82, 91, 93, 114, 121, 130, 145
Wellenpakete 62
Wesenszüge der Quantenphysik 25, 49
    im Unterricht 163
    und Formalismus 61, 70

Z

Zeigerformalismus 50
Zeigerformalismus im Unterricht 148
Zeigerhülse 152
Zeigerlinien 51
Zeigerregeln 50, 56, 58, 59, 148, 166
Zustandsreduktion 56